智能手机维修
从入门到精通

（第3版）

主　编　侯海亭　李　翠
副主编　徐宏毅　马彦发　倪邦火

U0228520

清华大学出版社
北京

内 容 简 介

本书由多位业界知名手机维修专家联合编写，循序渐进地介绍了智能手机维修的必备知识，主要内容包括：智能手机的构成、智能手机的元器件、智能手机维修工具的使用、智能手机的电路基础、智能手机各单元电路故障检查与维修方法等。本书以目前市面上拥有量比较大的 iPhone 手机、华为手机等为例进行介绍并融入 5G 手机技术，注重实战，通俗易懂，兼顾先进性和实践性是本书的一大特色。为便于读者高效地掌握本书内容，编者还为本书录制了教学视频，读者扫描本书提供的二维码即可学习。

本书可作为维修从业人员、手机维修初学者掌握手机维修基础和技能提升的学习用书，也可用作大中专职业院校通信技术专业及职业技能等级培训的教学用书。

图书在版编目（CIP）数据

智能手机维修从入门到精通 / 侯海亭等主编.—3 版.—北京：清华大学出版社，2020.8（2025.1重印）
ISBN 978-7-302-56252-8

Ⅰ．①智… Ⅱ．①侯… Ⅲ．①移动电话机—维修 Ⅳ．①TN929.53

中国版本图书馆 CIP 数据核字（2020）第 151770 号

责任编辑：王金柱
封面设计：王　翔
责任校对：闫秀华
责任印制：沈　露

出版发行：清华大学出版社
　　　　网　　　址：https://www.tup.com.cn，https://www.wqxuetang.com
　　　　地　　　址：北京清华大学学研大厦 A 座　　　　　邮　　编：100084
　　　　社 总 机：010-83470000　　　　　　　　　　　邮　　购：010-62786544
　　　　投稿与读者服务：010-62776969，c-service@tup.tsinghua.edu.cn
　　　　质 量 反 馈：010-62772015，zhiliang@tup.tsinghua.edu.cn

印 装 者：三河市铭诚印务有限公司
经　　销：全国新华书店
开　　本：190mm×260mm　　　　印　　张：24.25　　　　字　　数：659 千字
版　　次：2014 年 2 月第 1 版　2015 年 5 月第 2 版　2020 年 10 月第 3 版　　印　　次：2025 年 1 月第 4 次印刷
定　　价：89.00 元

产品编号：087971-01

本书编委会

（排名不分先后）

主 任 委 员：侯海亭　李　翠

副主任委员：徐宏毅　邱贵兰　马彦发　梁　亮　郭　贤　倪邦火

委　　　员：侯海亭　山东鲁大职业培训学校校长

李　翠　济南职业学院电子工程学院讲师

徐宏毅　山东汇工实业有限公司总经理

侯昭湘　北京动力时代资讯有限公司总经理

倪邦火　深圳市富达冷冻设备有限公司

梁　亮　济南传媒学校招就办主任

张来斌　山东鲁大职业培训学校技术总监

郭　贤　济南职业学院电子工程学院讲师

王玉庆　临沂市手机维修行业协会会长

张志衡　深圳市潜力创新科技有限公司

吕　波　哈尔滨天目职业技能培训学校校长

张亚鹏　西安首修职业技能培训学校有限公司校长

李　伟　济南市鲁科教育培训学校校长

王金伟　山东鲁大职业培训学校运营总监

文　龙　深圳兰德手机维修培训学校校长

林志江　济南恒远科技有限公司总经理

郭仁栋　山东金林通讯器材有限公司总经理

姚　斌　国杰手机维修培训学校校长

王青松　新恒技术科技深圳有限公司总经理

尹海港　徐州同创职业技术培训学校校长

李　雷　东莞修机匠手机维修服务公司技术总监

林佳富　深圳市惠民通配件有限公司总经理

姬全喜　深圳市蚂蚁昕科技有限公司总经理

[前言]
Preface

从第一部手机进入中国到现在已经 30 年了，在这 30 年的时间里，通信技术发生了翻天覆地的变化，从传呼机、模拟手机到数字机，再到智能手机。从模拟通信系统、GSM数字通信系统到第五代移动通信系统，随之带来的是智能手机的日新月异。

本书以目前流行的iPhone手机、华为 4G/5G手机为例，介绍智能手机构成、智能手机元器件、智能手机维修工具使用、智能手机故障检查维修方法、智能手机电路基础、智能手机各单元电路故障维修等知识。本书的特点是将 5G通信技术、智能通信终端技术引入教材，以常见智能手机检测与维修岗位工作过程为依据编写教学内容，以项目过程为载体，项目的选取符合手机维修工程师工作逻辑，能够形成体系，让读者在完成项目的过程中逐步提高职业能力。

本书由济南职业学院电子工程学院山东鲁大职业培训学校、济南握奇通信科技有限公司组织编写，参与编写的人员有：侯海亭、李翠、徐宏毅、邱桂兰、马彦发、梁亮、郭贤、倪邦火、楼斌、樊致尧等。本书在编写过程中得到许多机构的支持，其中包括深圳潜力创新科技有限公司、北京动力时代资讯有限公司、深圳市富达冷冻设备有限公司、深圳市爱思维颂网络科技有限公司、深圳美修信息科技有限公司等。

本书是教育部国家职业教育专业教学资源库建设项目——智能终端技术与应用专业教学资源库教材。中国电子商会培训认证中心项目教材、中国电子商会社会团体标准《移动通讯终端维修工程师》培训教材。

修德须忘功名，读书定要深心，生活从不眷顾因循守旧、满足现状者，从不等待不思进取、坐享其成者，而是将更多机遇留给善于和勇于创新的人们。希望更多的有志青年学有所成，在智能通信终端维修行业大展宏图。

由于编者自身水平有限，对于书中的错误，敬请广大读者予以指正。如果您在学习过程中遇到难以解决的问题，可以访问智能终端技术与应用专业教学资源库网站（http://jinanzyk.36ve.com）学习。

编者
2020 年 7 月

Contents

第1章

智能手机构成

    随着制造工艺的发展，智能手机的功能越来越丰富，智能手机使用了更先进的iOS或Android操作系统,可以支持更多的频段和制式,使用了专门的处理器芯片可以处理更多的多媒体应用程序。

    本章我们以常见智能手机为例，介绍智能手机的机械结构、智能手机的电路结构和智能手机的操作系统，为读者掌握智能手机维修技术打下基础。

第1节　智能手机的机械结构

    智能手机机械结构部分主要由屏幕组件、摄像头组件、扬声器组件、指纹组件、SIM卡组件、电池、主板、外壳、FPC等组成，打开智能手机外壳就可以看到智能手机的机械结构组件，如图1-1所示。

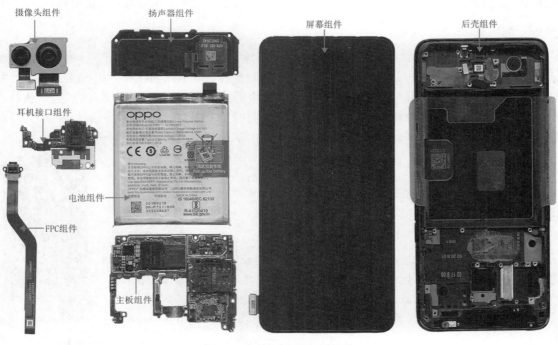

图 1-1　智能手机的机械机构

1.1.1 屏幕组件

智能手机的屏幕组件一般由显示屏和电容式触摸屏组成，屏幕组件是实现人机交互的重要组成部分。智能手机的屏幕组件如图 1-2 所示。

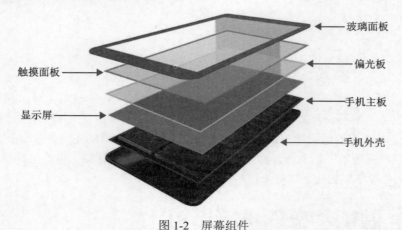

图 1-2 屏幕组件

下面我们主要对智能手机的显示屏、触摸屏和屏幕组件相关参数进行介绍。

1. 显示屏

显示屏是智能手机显示当前工作状态（电量、信号强度、时间日期、交互界面等状态信息）或输入人工指令的重要部件，位于智能手机正面的中央位置，是人机交互最直接的窗口。

2. 触摸屏

在智能手机中使用的触摸屏都是电容式触摸屏，电容式触摸屏技术是利用人体的电流感应进行工作的，在两层ITO导电玻璃涂层上蚀刻出两个互相垂直的ITO导电线路，当电流经过驱动线中的一条导线时，如果外界有电容变化的信号，那么就会引起另一层导线上电容节点的变化。侦测电容值的变化可以通过与之相连的电子回路测量得到，再经由A/D控制器转为数字信号让应用处理器做运算处理取得（X，Y）轴位点，进而达到定位的目的。

3. 屏幕组件参数

在智能手机中，与屏幕组件相关的参数主要有：屏幕尺寸、屏幕色彩、屏幕材质、分辨率等。

（1）屏幕尺寸

智能手机屏幕大小指的是智能手机屏幕对角线的长度，这个长度的单位使用的是英寸。如某智能手机屏幕对角线长为12.7cm，换算成英寸就是 5 英寸，也就表示这个智能手机是 5.0 英寸的智能手机。（英寸的换算单位：1 英寸=2.54 厘米。）

智能手机屏幕尺寸如图 1-3 所示。

图 1-3 手机屏幕尺寸

（2）屏幕色彩

屏幕色彩实质上即为色阶的概念。色阶是表示手机液晶显示屏亮度强弱的指数标准，也就是通常所说的色彩指数。

（3）屏幕类型

目前主流的智能手机屏幕材质都可归结为两类：TFT-LCD与OLED。这两种屏幕从原理上讲有着本质的区别，LCD是依赖背光面板发光，而OLED是采用了自发光技术。

1.1.2　摄像头组件

智能手机的摄像功能指的是手机可以通过内置或外接的摄像头拍摄静态图片或短视频，作为智能手机的一项新的附加功能，手机的摄像功能得到了迅速的发展。智能手机的摄像功能离不开摄像头，摄像头是组成数码相机功能的重要部件。

摄像头组件捕捉的影像，通过数字信号处理芯片进行处理，送到应用处理器，再通过显示屏显示出来。

摄像头组件如图 1-4 所示。

图 1-4　摄像头组件

1.1.3　扬声器组件

智能手机中的扬声器用来将模拟的电信号转换为声音信号，扬声器是一个电声转换器件，有时也称为喇叭。扬声器的特点是频率范围宽（20Hz~20kHz）、动态范围大、高音质、失真小。

扬声器组件如图 1-5 所示。

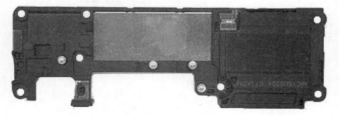

图 1-5　扬声器组件

1.1.4 指纹组件

智能手机指纹组件其实是一个电容式指纹模块,利用硅晶元与导电的皮下电解液形成电场,指纹的高低起伏会导致二者之间的压差出现不同的变化,借此可实现准确的指纹测定。这种方式适应能力强,对使用环境无特殊要求,同时整个组件体积还比较小,因而使得该技术在手机端得到了比较好的推广。

指纹组件主要有控制电路、指纹芯片和FPC接口组成,如图1-6所示。

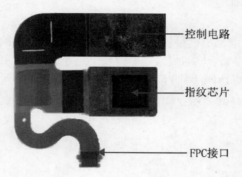

控制电路

指纹芯片

FPC接口

图1-6 指纹组件

1.1.5 SIM 卡组件

智能手机的SIM卡组件实际上是一个能同时插入两张SIM卡或一张SIM卡、一张TF卡的组件。

SIM卡是带有微处理器的芯片,内有5个模块,每个模块对应一个功能,分别是CPU(8位/16位/32位)、程序存储器ROM、工作存储器RAM、数据存储器EEPROM和串行通信单元,这5个模块集成在一块集成电路中。

这5个模块被胶封在SIM卡片内部,与普通IC卡的封装方式相同。这5个模块必须集成在一块集成电路中,否则其安全性会受到威胁,因为芯片间的连线可能成为非法盗用SIM卡内部数据的重要突破口。

SIM卡在与手机连接时,最少需要5条连接线,分别是电源(VCC)线、时钟(CLK)线、数据I/O口(DATA)、复位(RST)线、接地端(GND),另外,还有一个编程端口(VPP),该编程端口很少使用。

SIM卡组件又可分为Mini SIM卡、Micro SIM卡和Nano SIM卡,如图1-7所示。

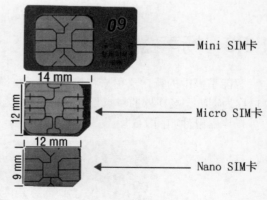

Mini SIM卡

Micro SIM卡

Nano SIM卡

图1-7 SIM 卡组件

1.1.6　电池

　　智能手机电池是为手机提供电力的储能工具，由三部分组成：电芯、保护电路和外壳，mAh是电池容量的单位，中文名称是毫安时。

　　目前手机电池一般为锂离子电池（有时也简称锂电池），正极材料为钴酸锂。标准放电电压 3.7V，充电截止电压 4.2V，放电截止电压 2.75V。电量的单位是Wh（瓦时），因为手机电池标准放电电压统一为 3.7V，所以也可以用 mAh（毫安时）来替代。这两类单位在手机电池上的换算关系是：瓦时=安时×3.7。

　　在使用电池时应注意的是，电池放置一段时间后会进入休眠状态，此时容量低于正常值，使用时间亦随之缩短。但锂离子电池很容易激活，只要经过 3~5 次正常的充放电循环就可激活电池，恢复正常容量。由于锂离子电池本身的特性，决定了它几乎没有记忆效应。

　　智能手机电池如图 1-8 所示。

图 1-8　智能手机电池

1.1.7　主板

　　主板英文缩写为PCB（Printed Circuit Board）或PWB（Printed Wire Board），是用绝缘材料作为基材，按照要求切成一定尺寸的板材，绝缘板上有铜箔，并根据布线要求进行打孔（如元件孔、紧固孔、金属化孔等），来实现电子元器件之间的相互连接。由于这种板采用电子印刷技术制作，故被称为"印刷"电路板。

　　主板是手机的重要组成部分，材质为多层绝缘板，它用作支撑各种元器件，并能实现它们之间的电气连接或电绝缘。手机的主板由PCB板、电阻、电容、电感、二极管、三极管、场效应管、接口器件、传感器、集成电路等元器件组成。用于实现内部和外部信号的处理及手机所有功能的控制，包括显示、充电、开关机、功能应用等。

　　在手机中，主板通过多个接口排线和各个功能部件进行连接，例如：电源开关排线、屏幕排线、前置摄像头、主摄像头、耳机/听筒排线、触控排线、底部按键排线等。

　　在手机中，起到主导作用的是集成电路，每一个集成电路都有不同的功能，认识并了解每一个芯片的功能和外部电路结构，是掌握和学习智能手机电路原理和故障维修的必经之路。

　　手机主板主要有主板基材、触点、元器件、接口、测试点和屏蔽罩构成，如图 1-9 所示。

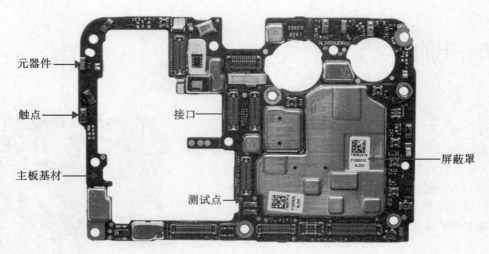

元器件

触点

主板基材

接口

测试点

屏蔽罩

图 1-9　手机主板

1.1.8　外壳

外壳是智能手机的重要组成部分，根据手机的设计不同可分为：前壳、中壳、后壳等；有些手机只有前壳和后壳。

外壳的材质有塑料、金属、玻璃、陶瓷等，整体来看，塑料的聚碳酸酯手机外壳有着成本最低、对电磁没有干扰影响的优势，然而外观、硬度上与金属、玻璃、陶瓷外壳相比却又有一定的差距；金属材质的手机外壳各项指标都很好，但对电磁信号有屏蔽性；玻璃、陶瓷材质的外壳虽然外观、硬度上较好，但成本非常高。

智能手机外壳如图 1-10 所示。

图 1-10　智能手机外壳

1.1.9 FPC

FPC（Flexible Printed Circuit）又称软性电路板或挠性电路板，是20世纪70年代美国为发展航天火箭技术发展而来的技术，是以聚酯薄膜或聚酰亚胺为基材制成的一种印刷电路板，通过在可弯曲的塑料片上嵌入电路，在狭小的有限空间中摆放大量精密元件，从而形成可弯曲的柔性电路。

FPC在手机中的应用非常广泛，一是做简单的电路连接，比如我们常说的手机屏幕"排线"，二是做复杂的电路连接，就是手机两块主板之间的电路连接等。

智能手机的FPC如图1-11所示。

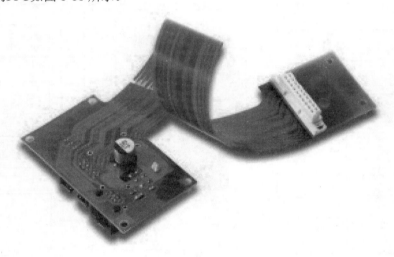

图1-11　智能手机的FPC

第2节　智能手机的电路结构

智能手机的电路结构可以分为射频处理器电路、基带处理器电路、应用处理器电路、存储器电路、电源管理电路、音频处理器电路、显示触摸电路、传感器电路、摄像处理电路、功能电路、接口电路等。

智能手机电路结构由主板来承载，主板是非常重要的部件，它与各部件之间通过FPC或触点进行连接，主板完成了智能手机的所有电路功能，智能手机信号的输入、输出、处理、发送以及整机的供电、控制等工作都需要主板来完成。

智能手机的电路结构如图1-12所示。

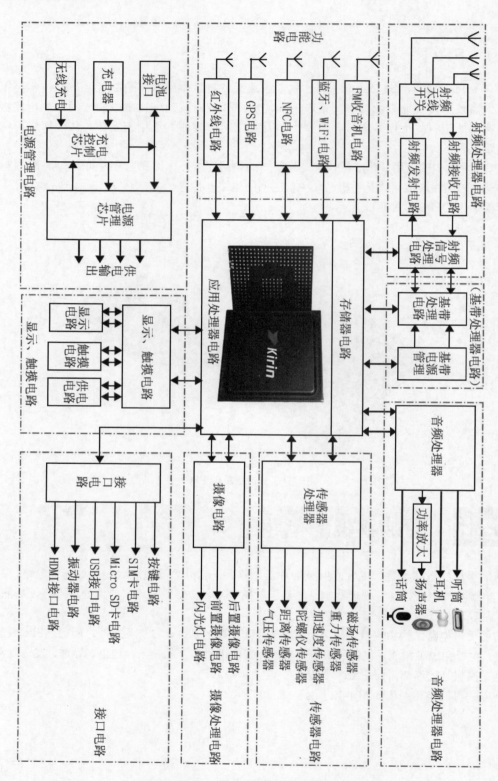

图 1-12 智能手机的电路结构

智能手机的硬件构成如图 1-13 所示。

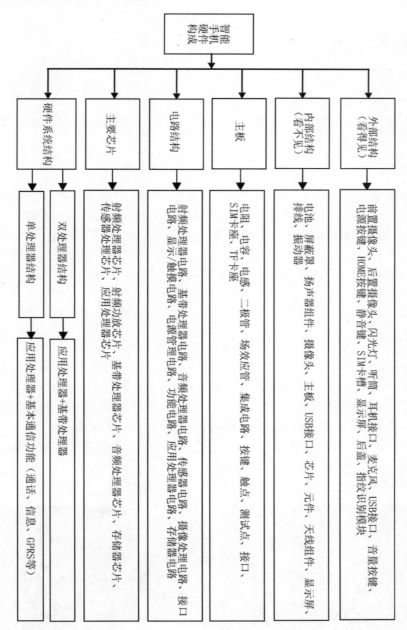

图 1-13　智能手机的硬件构成

1.2.1　射频处理器电路

射频处理器在智能手机中的作用非常重要，其用于完成多频段信号的接收和发射、信号的调制和解调功能。

射频处理器电路由射频天线开关、射频接收电路、射频发射电路、射频信号处理电路等组成。

1.2.2 应用处理器电路

在Android系统的手机中大部分采用单处理器结构，为了描述方便，在本书中把应用处理器、基带处理器、存储器放在一起讲解。

在iOS系统的手机中大部分采用双处理器结构，与Android系统相比，他们各有优缺点，在此不再赘述。

1. 基带处理器

基带处理器是智能手机的重要部件，相当于协议处理器，负责数据处理与存储，主要组件为中央处理器（CPU）、数字信号处理器（DSP）、存储器（SRAM、ROM）等单元。

基带处理器中CPU的基本作用是完成以下两个功能：一个是运行通信协议物理层的控制码；另一个是控制通信协议的上层软件，包括表示层或人机界面（MMI）。DSP的基本作用是完成物理层大量的科学计算功能，包括信道均衡、信道编解码以及电话语音编解码。存储器用来存储基带处理器运行的数据和程序。

基带处理器生产厂家全球只有7家，分别是高通、英特尔、华为、联发科、展讯、中兴、三星。

2. 应用处理器

应用处理器的全名叫多媒体应用处理器（Multimedia Application Processor），简称MAP。它是在低功耗CPU的基础上扩展音视频功能和专用接口的超大规模集成电路。

应用处理器是伴随着智能手机而产生的，刚开始是以协处理器的地位出现在智能手机中，随着智能手机技术的发展，应用处理器很快在智能手机中占据了主导地位。

智能手机应用处理器生产厂家有八家，分别是高通、联发科（MTK）、海思麒麟、苹果、德州仪器、三星Exynos（猎户座）、松果、英伟达。

常见应用处理器如图1-14所示。

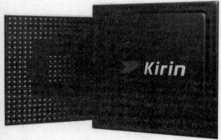

图1-14　常见应用处理器

3. 存储器

手机内存一般分为RAM和ROM。RAM运行内存通常是作为操作系统或其他正在运行程序的临时存储介质，也称作系统内存。ROM则是机身存储空间，主要包含自身系统占据的空间和用户可用的空间两部分。ROM相当于PC机上的硬盘，用来存储和保存数据。

1.2.3　电源管理电路

电源管理电路在智能手机电路中至关重要，它所起的作用是为智能手机各个单元电路、功能电路提供稳定的直流电压、负责对电池进行充电。如果该电路出现问题，将会造成整个电路工作的不稳定，甚至造成智能手机无法开机。

1.2.4　音频处理器电路

智能手机的音频处理电路负责处理手机声音信号，它负责接收和发射音频信号的处理，是智能手机音频处理的关键电路。

音频处理器主要由接收音频电路、发射音频电路、数字语音信号处理电路、D/A及A/D转换电路、送话电路、听筒电路、耳机电路、音频放大电路等组成。

1.2.5　显示触摸电路

智能手机中，显示触摸电路由显示屏及触摸屏、供电电路、背光电路、控制电路、接口电路等组成，用于完成触摸指令的执行及智能手机各种状态的显示工作。

1.2.6　传感器电路

随着技术的进步，智能手机已经不再是一个简单的通信工具，而是具有综合功能的便携式电子设备。

智能手机的虚拟功能，比如交互、游戏都是通过处理器强大的计算能力来实现的，但是与现实结合的功能则是通过传感器来实现的。目前我们使用的智能手机中，一般都会有十个以上的传感器，这些传感器将外部环境的信息转换为信号送到智能手机内部，经过信号处理后在屏幕上显示出来或执行相应的指令。

传感器电路由磁场传感器、重力传感器、加速度传感器、陀螺仪传感器、距离传感器、气压传感器等组成。

1.2.7　功能电路

智能手机的功能电路是为实现部分功能应用而设计的电路，不同的手机其功能电路和设计也各不相同。例如FM收音机电路、WiFi/蓝牙电路、NFC电路、GPS电路、红外线电路等。

1.2.8 接口电路

智能手机接口电路是手机内部与外部设备进行信息交互的桥梁，主要用于完成人机之间的交互功能。接口电路包括按键电路、SIM卡电路、Micro SD 卡电路、USB接口电路、振动器电路、HDMI接口电路等。

第3节 智能手机的操作系统

手机作为便携的移动通信工具，经历数年的发展与演变已经成为人们生活中不可缺少的一部分。现在手机在功能上可谓"麻雀虽小，五脏俱全"，不仅具备最基本的通话和短信功能，还具备了音乐、视频播放、上网、拍照、游戏、导航、支付等功能，可以实现人们的一切办公和生活所需。智能手机采用独立的操作系统，可以由用户自行安装满足自己个性化需求的第三方软件及游戏，同时经过近几年的发展和普及，价格已平民化，成为人们选购的主流。

智能手机操作系统是一种运算能力及功能比传统功能手机更强的操作系统。它们之间的应用软件互不兼容，因为可以像个人电脑一样安装第三方软件，所以智能手机有丰富的功能。智能手机能够显示与个人电脑所显示出来一致的正常网页，它具有独立的操作系统以及良好的用户界面，它拥有很强的应用扩展性，能方便随意地安装和删除应用程序。

目前应用在智能手机上的操作系统主要有Android（谷歌）、iOS（苹果）、Harmony（鸿蒙）、Windows phone（微软）、Symbian（诺基亚）、BlackBerry OS（黑莓）、Web os、Windows mobile（微软）等，其中iOS和Andriod为主流。以下主要对iOS、Android和Harmony作一简介。

1.3.1 苹果公司的 iOS 系统

iOS系统是由苹果公司为iPhone开发的操作系统，它主要是给iPhone、iPod Touch、iPad及Apple TV 使用。就像其基于的 Mac OS X操作系统一样，它也是以Darwin为基础，原本这个系统名为iPhone OS，直到 2010 年 6 月 7 日WWDC（WorldWide Developers Conference，苹果全球开发者大会）宣布改名为iOS。

iOS系统的Logo如图 1-15 所示。

图 1-15　iOS 系统的 Logo

iOS系统由两部分组成，即操作系统和能在iPhone等设备上运行原生程序的技术。由于iPhone

是为移动终端而开发，所以要解决的用户需求就与Mac OS X有些不同，尽管在底层的实现上iPhone与Mac OS X共享了一些技术。iPhone最主要的用户体验和操作性都依赖于能够使用多点触控直接操作，用户通过与系统交互（包括滑动、轻按、挤压及旋转等方式）完成所有操作，这些设计的核心都来源于乔布斯的一句话，"我所需要的手机只有一个按键"。

iOS系统的界面如图 1-16 所示。

图 1-16　iOS 系统的界面

1.3.2　谷歌公司的 Android 系统

Android系统是一种基于Linux的自由及开放源代码的操作系统，主要使用于移动设备，如智能手机和平板电脑，由谷歌公司和开放手机联盟领导及开发。

Android操作系统最初由Andy Rubin开发，主要支持手机。2005 年 8 月由谷歌收购注资，2007 年 11 月，谷歌与 84 家硬件制造商、软件开发商及电信营运商组建开放手机联盟共同研发改良Android系统。随后谷歌以Apache开源许可证的授权方式，发布了Android的源代码。

第一部Android智能手机发布于2008 年 10 月，然后，Android逐渐扩展到平板电脑及其他领域上，如电视、数码相机、游戏机、智能手表等。

Android系统的Logo如图 1-17 所示。

Android 系统在操作与整体界面的感觉上很像iPhone和BlackBerry的混合体，它绝大部分功能依靠触摸屏即可轻松搞

图 1-17　Android 系统的 Logo

定,但依旧保留了轨迹球和菜单,此外还沿袭了手机惯用的Home及Back按钮。当然更为重要的是,Android秉承了谷歌的一贯作风——选择开源模式,这也是其如此受欢迎的最主要的原因,同时其也与谷歌的相关服务进行了紧密的集成,如Gmail和Google Calendar。

Android系统的界面如图1-18所示。

图 1-18　Android 系统界面

1.3.3　华为公司的 Harmony 系统

在2019年8月9日,华为在东莞举行华为开发者大会,正式发布了操作系统鸿蒙OS(Harmony)。鸿蒙OS是"面向未来"、基于微内核的面向全场景的分布式操作系统,它将适配手机、平板、电视、智能汽车、可穿戴设备等多终端设备。

Harmony系统是基于微内核的全场景分布式OS,可按需扩展,实现更广泛的系统安全,主要用于物联网,特点是低时延,甚至可到毫秒级乃至亚毫秒级。

Harmony系统实现模块化耦合,对应不同设备可弹性部署,Harmony系统有三层架构,第一层是内核,第二层是基础服务,第三层是程序框架。可用于大屏、PC、汽车等各种不同的设备上。

图 1-19　华为 Harmony 系统的 Logo

Harmony系统的Logo如图1-19所示。

第2章
智能手机的元器件

本章主要介绍智能手机的元器件，包括电子电路通用元器件电阻、电容、电感、二极管、三极管、场效应管，手机专用器件时钟晶体、ESD防护器件、EMI防护元件、麦克风（MIC）、受话器和扬声器以及集成电路等。识别这些元器件并掌握其工作原理，是学习手机原理图识图和故障维修的基础。

第1节　智能手机基本元件 ▶

电阻、电容、电感是电子产品中最基本、最常用的电子元器件，也是智能手机主板的重要组成部分，只有掌握它们的工作原理才能更好地学习手机维修技术。

2.1.1　电阻

电阻器在手机维修中一般称为电阻，智能手机主板上使用的电阻主要是贴片电阻，贴片电阻（SMD Resistor）是金属玻璃釉电阻器中的一种，是将金属粉和玻璃釉粉混合，采用丝网印刷法印在基板上制成的电阻器，它具有耐潮湿、耐高温、温度系数小等特点。

1．电阻的外形结构

电阻是手机中应用最广泛的元器件之一，在手机中几乎所有的电路都有电阻存在，电阻的阻值有些标注在电阻的表面，有些不标注；未标注阻值的电阻需要查阅手机电路原理图或通过测量才能获得其具体阻值。

贴片电阻的表面为黑色，底部为白色，精密电阻表面也有其他的颜色；贴片电阻的外形呈矩形薄片状，引脚在元器件的两端。贴片电阻外形结构如图 2-1 所示。

贴片电阻的底部白色 →
贴片电阻的表面黑色 →
→ 标注阻值的精密电阻

图 2-1　贴片电阻的外形结构

2．电阻的电路符号

在手机电路原理图中，各种电子元件都有它们特定的表达方式，即元器件电路符号。

电阻的电路符号通常如图 2-2 所示。

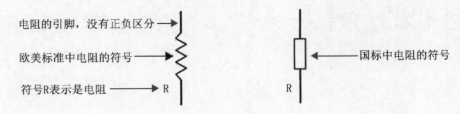

电阻的引脚，没有正负区分 →

欧美标准中电阻的符号 →

符号R表示是电阻 → R

R ← 国标中电阻的符号

图 2-2　电阻的电路符号

左边是欧美标准中电阻的符号，右边是国标中电阻的符号。注意，左边电阻符号不要与电感符号相混淆。

3．电阻的工作原理

在生活中，为了拦住河流，人们会在河道中建一道拦河坝，这样在大旱之年可以拦住水流，大涝之年可以放开水闸不至于漫堤。电阻的作用与拦河坝类似。

在物理学中，用电阻来表示导体对电流阻碍作用的大小。导体的电阻越大，表示导体对电流的阻碍作用越大，和河道中拦河坝一样，修建的越高对河流的阻力越大。不同的导体，电阻也不同，电阻是导体本身的一种特性。电阻的主要物理特性是变电能为热能，是一个耗能元件，电流经过它就会产生热能。当流经它的电流过大时，它会发热直至烧坏。

对信号来说，交流与直流信号都可以通过电阻，但会有一定的衰减。换句话说，电阻对交流信号和直流信号的阻碍作用是一样的。这样也方便分析交直流电路中电阻的作用。

（1）欧姆定律

导体的电阻是它本身的一种性质，其大小取决于导体的长度、横截面积、材料和温度，即使它两端没有电压，没有电流通过，它的阻值也是一个定值。这个定值在一般情况下可以看作是不变的，对于光敏电阻和热敏电阻来说，电阻值是不定的。对于一般的导体来讲，还存在超导的现象，这些都会影响电阻的阻值。

在同一电路中，导体中的电流跟导体两端的电压成正比，跟导体的电阻值成反比，这就是欧姆定律，基本公式是 $I=U/R$。

欧姆定律由乔治·西蒙·欧姆提出，为了纪念他对电磁学的贡献，物理学界将电阻的单位命名为欧姆，以符号 Ω 表示。

（2）电阻的串并联

①电阻的串联

两个电阻首尾相接中间没有分支，就是电阻的串联。在串联电阻电路中，经过每个电阻的电流一样，但每个电阻两端的电压不同。

电阻的串联电路如图 2-3 所示。

电阻串联后的总电阻增大（AB间的电阻），$R_总=R_1+R_2$。

在串联电路中，流经 R_1 的电流 I_1 等于流经 R_2 的电流 I_2，等于总电流 $I_总$。

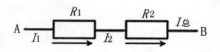

图 2-3 电阻串联

②电阻的并联

若两个或几个电阻的连接方式是首首相连、尾尾相连，则为电阻的并联。在并联电阻电路中，每个电阻两端的电压一样，但流过每个电阻的电流一般不同。

电阻并联如图 2-4 所示。

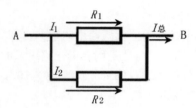

图 2-4 电阻的并联

并联电阻的总电阻会减小（AB的电阻），$1/R_总 = 1/R_1 + 1/R_2$。

在并联电路中，流经R_1的电流I_1和流经R_2的电流I_2之和等于总电流$I_总$。

③电阻的混联

在实际电路中，电阻的并联与串联有时是同时存在的，如图 2-5 所示电阻的串并联关系是：R_2和R_3并联，并联后再与R_1、R_4串联。

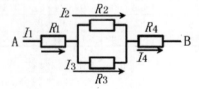

图 2-5 电阻混联

流经R_1的电流I_1等于流经R_4的电流I_4，也等于流经R_2的电流I_2与流经R_3的电流I_3之和。

4．电阻单位及标注方法

（1）电阻单位

电阻的单位是欧姆，简称欧，用希腊字母"Ω"表示。常用的还有kΩ（千欧）、MΩ（兆欧）。其换算关系是：1MΩ=1000kΩ，1kΩ=1000Ω。

（2）电阻阻值标注方法

①数字索位标称法

数字索位标称法就是在电阻体上用三位数字来标识其阻值。其中第一位和第二位为有效数字，第三位表示在有效数字后面 0 的个数，这一位不会出现字母。

例如：472 表示 4700Ω；151 表示 150Ω。

如果是小数，则用R表示小数点；用m代表单位为毫欧姆（mΩ）的电阻。

例如：2R4 表示 2.4Ω；R15 表示 0.15Ω；1R00 表示 1.00Ω；R200 表示 0.200Ω；R005 表示 5.00mΩ；6m80 表示 6.80mΩ。

数字索位标称法的电阻示例如图 2-6 所示。

R047 表示阻值为 0.047Ω ⟶
⟵ 8R20 表示阻值为 8.20Ω

图 2-6　电阻的数字索位标称法

②E96 数字代码与字母混合标称法

数字代码与字母混合标称法也是采用三位标明电阻阻值，即"两位数字加一位字母"，其中两位数字表示的是 E96 系列电阻代码，第三位是用字母代码表示的倍率。

例如：51D 表示"332×10^3，332kΩ"；39Y 表示"249×10^{-2}，2.49Ω"。

E96 系列电阻代码表如图 2-7 所示。

代码	1	2	3	4	5	6	7	8	9	10	11	12	13	14	15	16	17
阻值	100	102	105	107	110	113	115	118	121	124	127	130	133	137	140	143	147
代码	18	19	20	21	22	23	24	25	26	27	28	29	30	31	32	33	34
阻值	150	154	158	162	165	169	174	178	182	187	191	196	200	205	210	215	221
代码	35	36	37	38	39	40	41	42	43	44	45	46	47	48	49	50	51
阻值	226	232	237	243	249	255	261	267	274	280	287	294	301	309	316	324	332
代码	52	53	54	55	56	57	58	59	60	61	62	63	64	65	66	67	68
阻值	340	348	357	365	374	383	392	402	412	422	432	442	453	464	475	487	499
代码	69	70	71	72	73	74	75	76	77	78	79	80	81	82	83	84	85
阻值	511	523	536	549	562	576	590	604	619	634	649	665	681	698	715	732	750
代码	86	87	88	89	90	91	92	93	94	95	96						
阻值	768	787	806	825	845	866	887	909	931	953	976						

图 2-7　E96 系列电阻代码表

倍率代码表如图 2-8 所示。

A	B	C	D	E	F	G	H	X	Y	Z
10^0	10^1	10^2	10^3	10^4	10^5	10^6	10^7	10^{-1}	10^{-2}	10^{-3}

图 2-8　倍率代码表

色环标称法在手机电阻中应用较少，在此不再赘述。

5. 电阻在电路中的作用

电阻在电路中的作用非常大，其作用一般有 4 种，即限流、分压、分流、转化为内能。此外，还可以与电容器一起组成滤波器及延时电路，在电源电路或控制电路中用作取样电阻，在半导体电路中用作偏置电阻来确定电路的工作点等。电阻在电路中的应用非常多，也非常重要。

（1）限流作用

为使通过电路的电流不超过额定值或实际工作需要的规定值，以保证电路的正常工作，通常在电路中串联一个电阻，如图 2-9 中所示的 R_1。

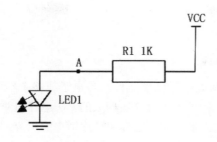

图 2-9　限流电阻

在电源与电路的A之间接入电阻时，A点的电压就比电源电压低（VCC的电压），可以为发光二极管提供合适的电压。电阻R_1同时限制该条支路的电流，保护发光二极管不会因为电流太大而烧坏，这种电阻在电路中一般称为降压电阻或者是限流电阻。

（2）分压作用

一般手机电路都有额定电压值，如图 2-10 所示，若电源U_1比额定电压高，则不可把电路直接接在电源上。可以用两只电阻构成分压电路，将U_1降低为U_2，U_2符合电阻分压公式$U_2=U_1*R_2/(R_1+R_2)$，电路便能在额定电压下工作，该电路中的R_1和R_2一般称为分压电阻。

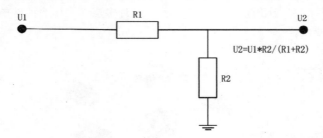

图 2-10　分压电阻

（3）分流作用

当在电路的干路上需同时接入几个工作电流不同的电路时，可以在额定电流较小的电路两端并联接入一个电阻，起到分流作用。如图 2-11 所示中的R_1或R_2，电路满足电流分流公式：$I=I_1+I_2$，这种电阻在电路中一般称为分流电阻。

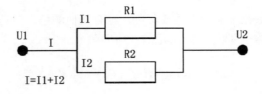

图 2-11　分流电阻

（4）将电能转化为内能的作用

电流通过电阻时，会把电能全部（或部分）转化为内能。用来把电能转化为内能的用电器叫电热器，如电烙铁、电炉、电饭煲、取暖器等。

2.1.2 电容

电容是电容器的简称。电容是一种储能元件，是电子线路中不可缺少的重要元件。电容器是由两个相互靠近的金属电极板，中间夹绝缘介质构成的。在电容的两个电极上加电压时，电容器就能储存电能。手机中的电容一般为多层陶瓷电容和贴片钽电解电容，其中多层陶瓷电容在智能手机中最为常见。

电容广泛用于高低频电路和电源电路中，可起到耦合、滤波、旁路、谐振、升压、定时等作用。

1. 电容的外形结构

在智能手机中电容的数量仅次于电阻，贴片多层陶瓷电容是手机中最常见的一种电容，是手机中使用量最多的一种。

（1）贴片多层陶瓷电容

贴片多层陶瓷电容表面颜色从黄色到浅灰色都有，且上下两面的颜色一致；贴片多层陶瓷电容一般没有黑色，而且看起来比电阻更"胖"一点；贴片多层陶瓷电容两端的颜色是银白色，是电容的焊点，如图 2-12 所示。

图 2-12　贴片多层陶瓷电容外形特征

贴片多层陶瓷电容是无极性电容。

（2）贴片钽电解电容

贴片钽电解电容表面颜色一般为黑色或黄色，也有其他颜色，但是不多见。贴片钽电解电容的表面标注了电容容量和电容的耐压值，如图 2-13 所示。

图 2-13　贴片钽电解电容外形特征

贴片钽电解电容是有极性电容，在贴片钽电解电容的表面，有标志线或凸起的一端是正极。

2. 电容的电路符号

在手机电路原理图中，无极性电容符号一般是两条平行线，然后在这两条平行线上引出两条引线来，无极性电容没有极性区分。

无极性电容的符号如图 2-14 所示。

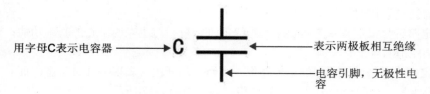

图 2-14　无极性电容电路符号

在有极性电容中，有 "+" 符号的一端为电容的正极，在国标旧电容符号中，电容正极用一个矩形表示。

有极性电容的符号如图 2-15 所示。

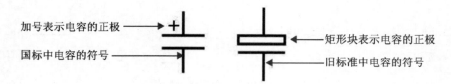

图 2-15　有极性电容电路符号

3. 电容的工作原理

电容器是一种能储存电荷的容器，它是由两片靠得较近的金属片，中间再隔以绝缘物质而组成。

可以将电容理解为一个蓄水池，蓄水池越大，蓄水池装满水后水量越大，其标称电压就相当于蓄水的水位对底部的压强。电容器容量的大小，就相当于蓄水的容积。水源流入时大时小（波动），不会影响用水的稳定性。如果用水量大于水源，蓄水池没有水了，其流量和水源流入一样（波动）。所以电容起到 "蓄水" 的作用。

（1）电容的串并联

在电路中，电容也有串联与并联两种接入方式，两个电容首尾相接中间无分支就是串联，两个电容首首连接、尾尾连接则是并联，如图 2-16 所示。

电容串联　　　　　　　　　电容并联

图 2-16　电容的串并联

但电容的串/并联与电阻的串/并联不同，电容的串联使电容的总电容减少，并联使总电容增大。

电容器并联时，相当于电极的面积加大，电容量也就加大了。并联时的总容量为各电容量之和，即$C_{并}=C_1+C_2+C_3+\cdots\cdots$电容并联时，耐压值取决于耐压最小的电容，这个有点类似于木桶原理。一个木桶能盛多少水，不取决于最长的那块木板，而是由最短的木板决定。

电容串联时，相当于电容极板距离变长，电容容量减少，串联时电容总容量为各电容倒数之和。$C_{串}=1/C_1+1/C_2+1/C_3\cdots\cdots$电容串联时，耐压值相当于所有电容耐压值之和。

（2）电容的特性

①"隔直通交"特性

电容的电路符号很形象，是两块相互绝缘的平行板，这也表明了它的基本功能：隔直通交，电容的一切功能都源自于此。

对于恒定直流电来说，理想的电容就像一个断开的开关，表现为开路状态。而对于交流电来讲，理想电容则为一个闭合开关，表现为通路状态，如图2-17所示。

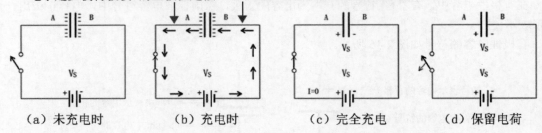

（a）未充电时　　（b）充电时　　（c）完全充电　　（d）保留电荷

图2-17　电容的隔直通交特性

图2-17详细描述了直流电受电容阻挡的原因。事实上，电容并非立刻将直流电阻隔，当电路刚接通时，电路中会产生一个极大的电流值，然后随着电容不断充电，极板电压逐渐增强，电路中的电流不断减小，最终电容电压和电源电压相等且反向，从而达到和电源平衡的状态。

这里有很关键的一点需要明确，无论是直流还是交流环境，理想的电容内部是不会有任何电荷（电流）通过的。只是两极板电荷量对比发生了变化，从而产生了电场。

②储能特性

把电容的两个电极分别接在直流稳压电源的正、负极上，过一会儿即使把电源断开，两个引脚间仍然会有残留电压（可以用万用表观察），可以说电容储存了电荷。电容极板间建立起电压，积蓄起电能，这个过程称为电容的充电。充好电的电容两端有一定的电压，电容储存的电荷向电路释放的过程，称为电容的放电。

电容的储能特性如图2-18所示。

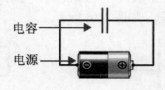

电容

电源

图2-18　电容的储能特性

③容抗特性

交流电能够通过电容，但是将电容接入交流电路中时，由于电容不断充电、放电，所以电容极板上所带电荷对定向移动的电荷具有阻碍作用，物理学上把这种阻碍作用称为容抗，用字母Xc表示。电容对交流电的阻碍作用叫作容抗。

电容量大，交流电容易通过电容，说明电容量大，电容的阻碍作用小，信号通过电容后，其幅度会发生变化，即电容输出端的信号幅度比输入端的小。

交流电的频率高，交流电也容易通过电容，说明频率高，电容的阻碍作用也小。电容的容抗随信号频率的升高而减小，随信号频率的降低而增大，对于交流信号，频率高的信号比频率低的信号更容易通过电容到其他电路中去。

4．电容单位及标注方法

（1）电容的单位

电容的符号是C，在国际单位制里，电容的单位是法拉，简称法，符号是F，常用的电容单位有毫法（mF）、微法（μF）、纳法（nF）和皮法（pF）（皮法又称微微法）等。

换算关系是：1 法拉（F）= 1000 毫法（mF）=1000000 微法（μF），1 微法（μF）= 1000 纳法（nF）= 1000000 皮法（pF）。

（2）电容容量标注方法

①直标法

用数字和单位符号直接标识。如 10μF表示 10 微法，有些电容用μ表示小数点，如μ47 表示 0.47 微法。

例如：100，表示 100μF，如图 2-19 所示。

②文字符号法

用数字和文字符号有规律地组合来标识容量。如p10 表示 0.1pF，1p0 表示 1pF，6p8 表示 6.8pF，2μ2 表示 2.2μF。

③数学计数法

用三位数字标识，前两位表示有效数字，第三位表示在有效数字后面 0 的个数。例如：107，表示量为：10×10000000pF=100μF；如果标值 473，即为 47×1000pF=0.047μF（后面的 7 和 3，都表示 10 的多少次方）。又如：332=33×100pF=3300pF。

100表示100μF

图 2-19　直标法

数学计数法如图 2-20 所示。

107表示10×10000000pF=100μF

6V表示钽电容的耐压值是6伏

图 2-20　数学计数法

5．电容在电路中的作用

电容在手机电路中具有隔直通交、通高频阻低频的特性，广泛应用在耦合、隔直、旁路、滤波、调谐、能量转换和自动控制等电路。

（1）滤波电容

它接在直流电压的正负极之间，以滤除直流电源中不需要的交流成分，使直流电平滑，通常采用大容量的电解电容，也可以在电路中同时并接其他类型的小容量电容以滤除高频交流电。

在手机中，滤波电容主要应用于电源管理电路、供电电路等，如图2-21所示。

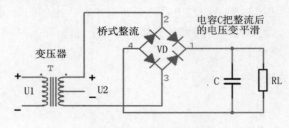

图2-21　滤波电容

（2）退耦电容

所谓退耦，即防止前后电路电流大小变化时，在供电电路中所形成的电流冲动对电路产生影响。换言之，退耦电路能够有效地消除电路之间的寄生耦合。

退耦电容并接于放大电路的电源正负极之间，防止由电源内阻形成的正反馈而引起的寄生振荡。退耦电容的取值通常为47μF~200μF，退耦压差越大，电容的取值应越大。所谓退耦压差指前后电路网络工作电压之差。

在手机的功放电路中，供电脚都接有大容量的退耦滤波电容，这个电容的作用是用来稳定功放的供电电压，可以大大减小负载等的波动对电源的影响，这就是退耦作用。退耦电容多采用贴片钽电容和贴片铝电解电容。

（3）旁路电容

旁路，是指给信号中的某些有害部分提供一条低阻抗的通路。在交直流信号电路中，将电容并接在电阻两端或由电路的某点跨接到公共电位上，为交流信号或脉冲信号设置一条通路，以避免交流信号成分因通过电阻产生压降衰减。

电源中高频干扰是典型的无用成分，需要将其在进入下一级电路之前滤除掉，一般我们采用电容达到该目的。用于该目的的电容就是旁路电容，它利用了电容的频率阻抗特性（理想电容的频率特性随频率的升高，阻抗降低），可以看出旁路电容主要针对高频干扰（高是相对的，一般认为20MHz以上为高频干扰，20MHz以下为低频纹波）。

旁路电容和退耦电容的区别是：旁路是把输入信号中的干扰作为滤除对象，而去耦是把输出信号的干扰作为滤除对象，防止干扰信号返回电源。

退耦电容和旁路电容的应用如图2-22所示。

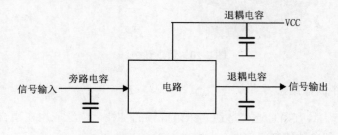

图2-22　旁路电容和退耦电容在电路中的应用

（4）耦合电容

在交流信号处理电路中，耦合电容用于连接信号源和信号处理电路或者作为两个放大器的级间连接，用于隔断直流，让交流信号或脉冲信号通过，使前后级放大电路的直流工作点互不影响。

耦合电容的应用如图 2-23 所示。

图 2-23　耦合电容

在手机中，以上 4 种用途是最常见的，除此之外，电容在电路中还有调谐、补偿、中和、稳频、反馈等作用。

2.1.3　电感

当线圈通过电流后，在线圈中会形成磁场感应，感应磁场又会产生感应电流来抵制通过线圈中的电流，这种电流与线圈的相互作用关系称为电的感抗，也就是电感。利用此性质制成的电感元件叫电感器，简称电感。

手机中的电感主要应用在电源管理电路和升压电路中，在射频处理器电路、音频处理器电路中也有应用。手机中的电感主要是贴片电感，也称为片式电感器。

1. 电感的外形结构

电感是用绝缘导线（例如漆包线、纱包线等）绕制而成的电磁感应元件，是智能手机中常用的元件之一。

在手机中，电感的外形特征不同，差别也较大，手机中的电感一般有两个引脚，贴片电感没有正负极性之分，可以互换使用。

（1）绕线电感

绕线电感是用漆包线绕在骨架上做成的，根据不同的骨架材料、不同的匝数而有不同的电感量及Q值。它有 4 种外形，如图 2-24 所示。

塑封绕线电感内部有骨架绕线，外部有磁性材料屏蔽，经塑料模压封装而成，其主要应用在手机低频电路。塑封绕线电感的主要外部特征是：外部有塑封黑色材料，内部用线圈绕制而成，两端有引线。

塑封绕线电感　　陶瓷（铁氧体）骨架绕线电感　　功率电感　　一次成型电感

图 2-24　绕线电感的外形结构

陶瓷（铁氧体）骨架绕线电感是用长方形骨架绕线而成（骨架有陶瓷骨架或铁氧体骨架）的电感。陶瓷（铁氧体）骨架绕线电感在低频和高频电路中都有应用，主要特征是外部或侧面能看到绕制的线圈，两端无引线。

功率电感是由方形或圆形工字形铁氧体为骨架，采用不同直径的漆包线绕制而成。主要用于电源、DC/DC电路中，用做储能器件或大电流LC滤波器件（降低噪声电压输出）。功率电感的主要外形特征是：线圈绕在一个圆形的或方形的磁芯上，屏蔽式电感的颜色一般为黑色，是铁氧体磁芯的颜色，从外部看不到线圈。有些大功率贴片电感是非屏蔽式，从侧面可以看到线圈。

一体成型电感是由数控自动绕线机绕制好的空心线圈，一体成型电感需要外接电极并植入特定的模具，填入磁性粉末，高压压制成型，高温固化后加上防氧化涂层而成的一体化结构的电感器。在高频和高温环境下仍然保持优良的温升电流及饱和电流特性。主要应用在电源、CPU电路等低电压、大电流的环境中，目前在高端手机中应用较多，是功率电感的替代产品。

（2）叠层电感

顾名思义，"叠层电感"就是说有很多层叠在一起，这些"层"一般是铁氧体层或者陶瓷层。叠层电感是用磁性材料采用多层生产技术制成的无绕线电感。它采用铁氧体膏浆（或陶瓷层）及导电膏浆交替层叠并采用烧结工艺形成整体单片结构，有封闭的磁回路，所以有磁屏蔽作用。叠层电感具有高的可靠性，由于有良好的磁屏蔽，又无电感器之间的交叉耦合，所以可实现高密度安装。

铁氧体叠层电感和陶瓷叠层电感在外形上无太大区别，主要应用于电源管理电路。常见的叠层电感如图 2-25 所示。

两端银白色的是焊点 —— 外观为灰黑色，比电阻颜色浅

图 2-25　叠层电感

（3）薄膜电感

薄膜电感是在陶瓷基片上用精密薄膜采用多层工艺技术制成，具有高精度且寄生电容极小等特点，如图 2-26 所示。

薄膜电感的外形结构，一端有色点 —— 薄膜电感的内部结构

图 2-26　薄膜电感

薄膜电感主要应用在手机射频处理器电路中，贴片电感的主要外形特征是两端银白色是焊点，中间白色，一端有色点，部分中间是绿色，部分中间是蓝色，它们的外形类似电容，但仔细观察还是有明显的区别。

（4）印刷电感（微带线）

手机中的印刷电感（微带线），它不是一个独立的元件，而是在制作电路板时，利用高频信号的特性，运用弯曲的导线（铜箔）之间的距离形成一个电感或互感耦合器，起到滤波、耦合的作用。

印刷电感（微带线）一般有两个方面的作用：一是它能有效地传输高频信号；二是与其他固体器件，如电感、电容等构成一个匹配网络，使信号输出端与负载很好地匹配。印刷电感如图 2-27 所示。

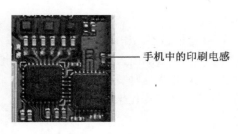

手机中的印刷电感

图 2-27　印刷电感

2．电感的电路符号

在电路原理图中，电感符号是一个用导线绕成的线圈，注意与电阻符号的区别。图 2-28 是手机电路图中常见电感的电路符号。

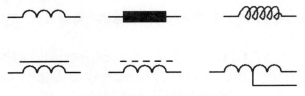

图 2-28　电感的电路符号

3．电感的工作原理与特性

（1）电感的工作原理

当一根导线中有恒定电流流过时，总会在导线四周激起恒定的磁场，当把这根导线弯曲成为螺旋线圈时，根据电磁感应定律，就能断定螺旋线圈中发生了磁场。将这个螺旋线圈放在某个电流回路中，当这个回路中的直流电变化时（如从小到大或许相反），电感中的磁场也会发生变化，变化的磁场会带来变化的"新电流"，由电磁感应定律可知，这个"新电流"一定和原来的直流电方向相反，从而在短时间内对直流电的变化构成一定的抵抗力。只是一旦变化完成，电流稳定起来，磁场也不再变化，便不再有任何障碍发生。电生磁、磁生电，两者相辅相成。

如果觉得上面一段描绘十分难懂、拗口，不妨从另一个角度来说明。假定有一条人工渠，渠边有一个大大的水车，水车很重，需要较大流量的渠水才能推进它。首先，渠道中没有水的时候，水车是不会转动的。接下来开启闸门放水，在放水最开始的时候，水流会从小到大，那么水车是怎样变化的呢？

水车会随着水的到来而快速旋转和水同步？显然不是，由于惯性和阻力的存在，水车会迟缓地开始转动，过一段时间后才会和水流构成稳定的均衡。在水车"起步"、开始迟缓转动的进程中，实际上也是水车在阻拦水流向前，抵抗水流变化的进程。在水流流动、水车转速稳固后，水和水车构成一种调和共生的关系，就互不干预了。

那么假如关掉闸门呢？关掉闸门后，水会逐步减少，流速也会下降。在水的流速下降的时候，水车并不能快速和水流建立新的均衡，它还会依据之前的速率持续旋转一段时间，并带动水流在一定时间内维持之前的速率，接着水车会随着水流速度降低、水流减少而渐渐中止转动。恰似电感电路中电流的变化，使得电感就像是电路中的一个"整理、梳理者"。

（2）电感的特性

①电感的"通直隔交"特性

从上面的过程来看，完全可以将电感器的作用和水车等同起来，它们的核心作用都是阻止电流（水流）的变化。比如电流由小到大，水流由大到小的过程中，无论是电感器还是水车都存在一种"滞后"作用，它们能在一定时间内抵御这种变化。从另一个角度来说，正因为电感和水车拥有储存一定能量（惯性）的作用，它们才能在变化来临时试图维持原状，但需要说明的是，当能量耗尽后，则只能随波逐流了。

说到这里，电感的作用就非常清晰了——那就是"通直流，阻交流"。为什么这样说呢？如果以水车作为例子的话，直流就是恒定的一个方向的水流，水车虽然在水流开闸后的一小段时间内对水流有阻止，但一旦水车和水流达到平衡，则无论是水车还是水流都会按照规律运动，不再会有阻止发生，这就是"通直流"。作为"阻交流"，试想，如果渠道中的水流一会儿向左、一会儿向右，水车在其中也无法正常转动，最后的结果是水渠无法形成正常的运转，这就是电感的"阻交流"作用。

在直流电路中，当电感中通过直流电时，由于电感本身电阻很小，几乎可以忽略不计，因此电感对直流电相当于短路。

在交流电路中，由于电压、电流随时间变化，电感元件中的磁场不断变化，引起感应电动势，电感对交流电起着阻碍的作用，阻碍交流电的是电感的感抗，感抗远大于电感器的直流电阻，所以电感有通直流阻交流的特性，这和电容通交流阻直流的特性正好相反。

②电感的感抗特性

交流电也可以通过线圈，但是线圈的电感对交流电有阻碍作用，这个阻碍叫作感抗。交流电越难以通过线圈，说明电感量越大，电感的阻碍作用就越大；交流电的频率高，也难以通过线圈，电感的阻碍作用也大。实验证明，感抗和电感成正比，和频率也成正比。

当交流电通过电感线圈的电路时，电路中会产生自感电动势，阻碍电流的改变，形成了感抗。自感系数越大则自感电动势也越大，感抗也就越大。如果交流电频率大则电流的变化率也大，那么自感电动势也必然大，所以感抗也随交流电的频率增大而增大。交流电中的感抗和交流电的频率、电感线圈的自感系数成正比。在实际应用中，电感起着"阻交、通直"的作用，因而在交流电路中常应用感抗的特性来通低频及直流电，阻止高频交流电。

4．电感的单位及标注方法

（1）电感的单位

电感量也称自感系数，是表示电感器产生自感应能力的一个物理量。电感器电感量的大小，主要取决于线圈的圈数（匝数）、绕制方式、有无磁心及磁心的材料等。通常，线圈圈数越多、绕制的线圈越密集，电感量就越大。有磁心的线圈比无磁心的线圈电感量大；磁心导磁率越大的线圈，电感量也越大。

电感量的基本单位是亨利（简称亨），用字母H表示。常用的单位还有毫亨（mH）、微亨（μH）、纳亨（nH）和皮亨（pH），由于H太大，通常用毫亨（mH）和微亨（μH）表示。

其换算关系是：1H（亨）=1000mH（毫亨），1mH（毫亨）=1000μH（微亨），1μH（微亨）

=1000nH（纳亨），1nH（纳亨）=1000pH（皮亨）。

（2）电感量的标注方法

贴片电感采用以下三种标注方法：

- 部分nH（纳亨）级电感一般直接标识，用N或R表示小数点，如10N、47N分别表示 10nH、47nH，4N7 或 4R7 均表示 4.7nH。
- 三位数字与一位字母。前两位数字代表电感量的有效数字，第三位数字表示有效数字后面 0 的个数，单位是nH，不足 10nH的用N或R表示小数点，第四位字母代表误差。
- 有些功率电感上直接标注数字，例如 220，表示 220μH。

电感的标识方法如图 2-29 所示。

图 2-29 电感的标识方法

5．电感在电路中的作用

电感在手机电路中主要有滤波、振荡、抗干扰、升压等作用，一般要和其他元件配合使用。

（1）滤波电感

电感在电路中最常见的作用就是与电容一起，组成LC滤波电路。电容具有"阻直流，通交流"的本领，而电感则有"通直流，阻交流"的功能。如果把伴有许多干扰信号的直流电通过LC滤波电路，那么，交流干扰信号将被电容变成热能消耗掉；变得比较纯净的直流电流通过电感时，其中的交流干扰信号也被变成磁感和热能，频率较高的最容易被电感阻抗，这就可以抑制较高频率的干扰信号了。

（2）振荡电感

整流是把交流电变成直流电的过程，那么振荡就是把直流电变成交流电的过程，我们把完成这一过程的电路叫作振荡电路。

振荡电感主要是用于高频电路，与电容及三极管或集成电路组成一个谐振回路，即电路的固有振荡频率 f_0 与非交流信号的频率 f 相等，起到一个选频的作用，谐振时电路的感抗与容抗等值又反向，回路总电流的感抗最小，电流量最大（指 $f=f_0$ 的交流信号），LC（电感、电容）谐振电路具有选择频率的作用，能将某一频率 f 的交流信号选择出来或直接通过电路振荡，将一个低频信号与振荡信号互相调制信号，然后通过高频放大器将调制的信号发射出去。

（3）抗干扰电感

抗干扰电感主要是抑制电磁波干扰，主要应用于电源电路及信号处理，如磁环电感、共模电感等。

在声音信号输出电路输入处接入共模电感或磁环电感后再接听筒或扬声器，磁环在不同的频率下有不同的阻抗特性。在低频时阻抗很小，当信号频率升高后磁环的阻抗急剧变大。信号频率越高，越容易辐射出去，有的信号线是没有屏蔽层的，这些信号线就成了很好的天线，接收周围环境中各种杂乱的高频信号，而这些信号叠加在传输的信号上，就会改变传输的有用信号，严重干扰手机的正常工作。在磁环作用下，既能使正常有用的信号顺利地通过，又能很好地抑制高频干扰信号，而且成本低廉。

（4）升压电感

升压电感主要应用在使用电感的DC/DC（就是指直流转直流电源）升压电路中，在升压电路中，升压电感是将电能和磁场能相互转换的能量转换器件，当MOS（绝缘栅型场效应管）开关管闭合后，电感将电能转换为磁场能储存起来，当MOS断开后电感将储存的磁场能转换为电场能，且这个能量在和输入电源电压叠加后通过二极管和电容的滤波后得到平滑的直流电压给负载,由于这个电压是输入电源电压和电感的磁场能转换为电能叠加后形成的，所以输出的电压高于输入电压，即升压过程的完成。

第2节　智能手机半导体器件

手机的半导体器件主要包括二极管、三极管、场效应管、LDO器件、集成电路等，随着智能手机集成化程度的提高，在手机中已很少看到二极管、三极管的踪迹了，在集成电路的外围部分，只有少数的场效应管。

2.2.1　半导体

第一次听说半导体这个词，不是在学无线电的时候，而是小时候在农村老家见到的半导体收音机上，也叫"戏匣子"，那时候收音机的节目不像现在，除了戏曲、评书、新闻之外，好像别的节目很少。之所以叫半导体收音机，是因为里面使用了半导体二极管和半导体三极管。

1．什么是半导体

半导体是介于绝缘体和导体之间的物质，在特定的温度环境中，电阻率随着状态的变化而变化，具体来说，有锗、硅、钾、非晶体、砷等物质。这些物质碰到"电流、光照、加热"等状态变化时，电阻值会发生变化。

2．N型半导体和P型半导体

半导体分为N型半导体和P型半导体，如图2-30所示。

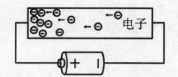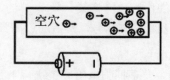

图 2-30　N 型半导体与 P 型半导体

N型半导体是靠带负电的电子导电，因为带负电（Negative），所以叫作N型半导体。N型半导体中原本均匀分布的电子，因为带负电，受到正电极的吸引而移动，聚集在正电极侧。

P型半导体是靠带正电的空穴导电，因为带正电（Positive），所以叫作P型半导体。P型半导体中原本均匀分布的空穴，因为带正电，受到负电极的吸引而移动，聚集在负电极侧。到了最后，电流将无法流动。

2.2.2　二极管

二极管又叫晶体二极管，是诞生最早的半导体器件之一，二极管的用途非常广泛，几乎所有的电子电路中都能用到它。

1．二极管的外形特征

在手机中，二极管有多种外形，按照制造材料划分可分为塑封二极管、玻封二极管、金属封装二极管。由于玻封二极管、金属封装二极管体积大，在智能手机及便携设备中很少使用，在智能手机中使用最多的是塑封二极管。

（1）二极管的极性

二极管有极性，分为正极和负极。在二极管的一端有明显的特征，有的是竖线，有的是圆环，还有的是色点。一般来说，有标识的一端就是二极管的负极，如图 2-31 所示。

图 2-31　二极管的极性

（2）二极管的引脚

在手机中，贴片二极管分为有引脚封装和无引脚封装两种。有引脚封装的贴片二极管有三种结构，第一种是引脚向外延伸，第二种是引脚向下凹在底部，第三种是轴向型引脚，如图 2-32 所示。

外延型引脚　　　　内凹型引脚　　　　轴向型引脚　　　　无引脚二极管

图 2-32　二极管的引脚外形

内凹形引脚的贴片二极管一定要与贴片钽电容的外形区分开，它们的外形和颜色非常接近。无引脚封装的贴片二极管两端无引脚，外形类似贴片电阻，一端有明显的色点。

2. 二极管的电路符号

二极管的电路符号如图 2-33 所示，二极管的两个电极分别是正极和负极，有些资料中也叫作阳极和阴极。二极管符号中间的三角箭头表示只能单向导通，中间的竖线表示二极管反向是截止。

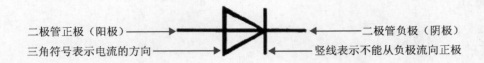

图 2-33　二极管的电路符号

二极管的电路符号比较容易理解，二极管的电路符号如果铺在马路上，就是直行的交通标志，如图 2-34 所示。

这个直行标志表示只能往箭头指示的方向行驶，不能反方向行驶，就和二极管的特性一样，正向导通，反向截止。

二极管按照功能划分又分为普通二极管、稳压二极管、发光二极管、光电二极管、变容二极管等，常见二极管的符号如图 2-35 所示。

图 2-34　直行交通标志

普通二极管　　稳压二极管　　发光二极管　　光电二极管　　变容二极管

图 2-35　常见二极管的符号

3. 二极管的工作原理和特性

（1）二极管的工作原理

在讲二极管的工作原理之前，先了解一个交通规则，就是单行线规则，城市的道路中有好多单行线，单行线就是只能向一个方向行驶。二极管也和单行线一样，只能正向导通。

二极管是把一个N型半导体和一个P型半导体接合而成的，在其界面两侧形成一个结合区，这个结合区叫PN结，如图 2-36 所示。

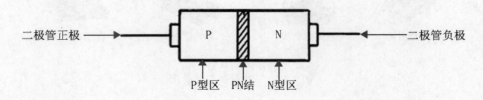

二极管正极　　　　P　　N　　　　二极管负极

P型区　PN结　N型区

图 2-36　二极管的结构

P型半导体的空穴被电池负极吸引而移动，聚集在电池负极的附近；N型半导体的电子被电池正极吸引而移动,聚集在电池正极的附近。结果,中间导电的电子和空穴越来越少,最后没有了,这时电流也无法流动。

P型半导体的空穴被电池正极排斥,往P型与N型半导体的结合面移动,因为N型半导体是和电池负极相连的,所以空穴穿过结合面继续往电池的负极移动;同样的道理,N型半导体的电子往电池的正极移动,这样就形成了电流,如图2-37所示。

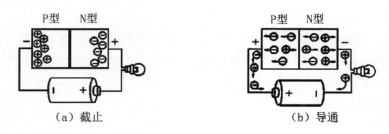

图 2-37 二极管的工作原理

（2）二极管的特性

①正向特性

在电子电路中,将二极管正极接在高电位端,负极接在低电位端,二极管就会导通,这种连接方式,称为正向偏置,如图2-38所示。

必须说明,当加在二极管两端的正向电压很小时,二极管仍然不能导通,流过二极管的正向电流十分微弱。只有当正向电压达到某一数值(这一数值称为"门槛电压",又称"死区电压",锗管约为0.1V,硅管约为0.5V)以后,二极管才能真正导通。导通后二极管两端的电压基本上保持不变(锗管约为0.3V,硅管约为0.7V),该电压称为二极管的"正向压降"。

②反向特性

在电子电路中,二极管的正极接在低电位端,负极接在高电位端,此时二极管中几乎没有电流流过,二极管处于截止状态,这种连接方式,称为反向偏置,如图2-39所示。

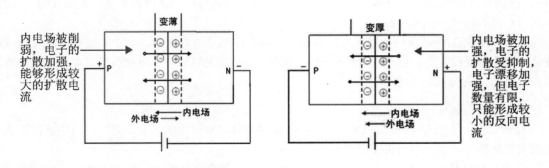

图 2-38 PN结正向偏置   图 2-39 PN结反向偏置

二极管处于反向偏置时,仍然会有微弱的反向电流流过二极管,称为漏电流。当二极管两端的反向电压增大到某一数值时,反向电流会急剧增大,二极管将失去单方向导电特性,这种状态称为二极管的击穿。

4. 二极管极性的判别

（1）观察法

小功率二极管的N极（负极），在二极管外表上大多采用一种色圈标示，有些二极管也用二极管专用符号来表示P极（正极）或N极（负极），也有采用符号标志P、N来确定二极管极性的。

（2）测量法

用数字万用表测二极管时，首先将万用表档位调到二极管档，红表笔和黑表笔分别接二极管的两个电极，然后再调换表笔测量，这时候万用表就会显示一个很大的数值和较小的数值，其中数值大的那一次，红表笔接的是二极管的正极。

5. 二极管在电路中的作用

（1）整流二极管

整流二极管利用PN结的单向导电特性，把交流电变成脉动直流电。整流二极管漏电流较大，多数采用面接触型塑料封装的二极管。

整流二极管主要应用在手机的充电电路中。在智能手机中使用的整流二极管主要是肖特基二极管，肖特基二极管是以贵金属（金、银、铝、铂等）为正极，以N型半导体为负极，利用二者在接触面上形成的势垒具有整流特性而制成的金属-半导体器件。

（2）稳压二极管

稳压二极管是一种由硅材料制成的面接触型晶体二极管，简称稳压管。此二极管是一种直到临界反向击穿电压前都具有很高电阻的半导体器件。稳压管在反向击穿时，在一定的电流范围内（或者说在一定功率损耗范围内），两端电压几乎不变，表现出稳压特性。在智能手机中，稳压二极管主要应用在稳压及保护电路中。

（3）变容二极管

变容二极管又称"可变电抗二极管"，是一种利用PN结电容（势垒电容，势垒区电荷的变化有点类似于电容的充放电，所以叫势垒电容）与其反向偏置电压的依赖关系及原理制成的二极管，所用材料多为硅或砷化镓单晶。

变容二极管工作在反向偏置状态，反偏电压愈大，则结电容愈小。由于其结电容随反向电压变化，因此可取代可变电容，用作调谐回路、振荡电路、锁相环路，如电视机高频头的频道转换和调谐电路、手机的VCO电路等。

（4）发光二极管

发光二极管（Light Emitting Diode，LED）是半导体二极管中的一种，是一种将电能转换为光能的半导体器件，第一个商用二极管产生于1960年。

发光二极管是由镓（Ga）与砷（AS）和磷（P）的化合物制成的二极管，当电子与空穴复合时能辐射出可见光，所以可以用来制成发光二极管。

发光二极管与普通二极管一样是由一个PN结组成，也具有单向导电性。当给发光二极管加上正向电压后，从P区注入到N区的空穴和由N区注入到P区的电子，在PN结附近数微米内分别与N区的电子和P区的空穴复合，产生自发辐射的荧光。电子和空穴复合时释放出的能量越多，则发出的光的波长越短。

发光二极管在智能手机及仪器中用作指示灯、组成文字或数字显示。磷砷化镓二极管发红光、磷化镓二极管发绿光，碳化硅二极管发黄光。红色发光二极管、绿色发光二极管导通电压在 2V 左右，白色发光二极管或蓝色发光二极管导通电压在 3.3V 左右。

常见的发光二极管如图 2-40 所示。

图 2-40　发光二极管

在发光二极管中，负极一般会有明显的标识，一般为支架大的一端为负极，因为负极托着发光二极管的芯片。在闪光灯二极管中，有缺角的是负极。

2.2.3　三极管

三极管又称晶体三极管，是一种具有三个有效电极，能起放大、振荡或开关等作用的半导体器件，是在手机和电子产品中应用非常广泛的半导体器件之一。

1．三极管的外形特征

（1）普通三极管

普通三极管的特征：外观为黑色，一般有 3~4 个引脚。贴片三极管的封装形式一般为SOT（Small Out-Line Transistor，小外形晶体管）。

三极管在半导体锗或硅的单晶上制作两个能相互影响的PN结，组成一个PNP（或NPN）结构，分别称为PNP型三极管或NPN型三极管。中间的N区（或P区）叫基区，两边的区域叫发射区和集电区，这三部分各有一条电极引线，分别叫基极B、发射极E和集电极C。

将三极管平放在桌面上，焊盘向下，单独引脚的一边在上方，摆放方式如图 2-41 所示，上边只有一个引脚的是集电极（C），下边左侧的引脚是基极（B），右侧的引脚是发射极（E）。

（2）功率三极管

贴片功率三极管一般有 4 个引脚，如图 2-41、图 2-42 所示，上面最宽的那一个引脚是集电极，下面引脚从左到右依次是基极（B）、集电极（C）、发射极（E）。两个集电极是连在一起的，上面的集电极其实是散热片。

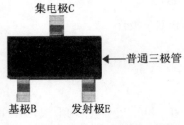

图 2-41　普通三极管的外形结构

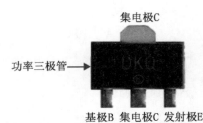

图 2-42　功率三极管的外形结构

（3）复合三极管

在手机中，为了缩小主板面积，经常采用贴片复合三极管，复合三极管有6个引脚的，也有5个引脚的，封装在一起的三极管有些是单纯的封装在一起，有些是两个三极管之间有一定的逻辑关系，如构成电子开关等，如图2-43所示。

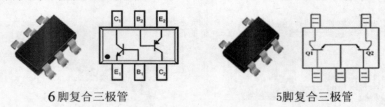

6脚复合三极管　　　　　　　　5脚复合三极管

图2-43　复合三极管

（4）数字三极管

数字三极管是将一个或两个电阻与三极管连接后封装在一起构成的，其作用是作为反相器或倒相器，广泛应用于智能手机、平板电视及显示器等电子产品中。

数字三极管通常应用在数字电路中，其外形特征与普通三极管一样，区别是其内部增加了两个电阻。有时候也称为带阻三极管，如图2-44所示。

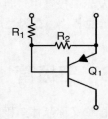

图2-44　数字三极管内部结构

数字三极管常作开关使用，例如厂家技术手册中标注 $4.7k\Omega+10k\Omega$，表示 R_1 是 $4.7k\Omega$，R_2 是 $10k\Omega$，如果只含一个电阻，要标出是 R_1 还是 R_2。

2．三极管的电路符号

在手机电路原理图中，三极管的符号用V表示。在三极管的符号中，位于竖线垂直方向的是基极（B），有箭头的是发射极（E），在发射极对面没有箭头的是集电极（C）。

三极管的电路符号如图2-45所示。

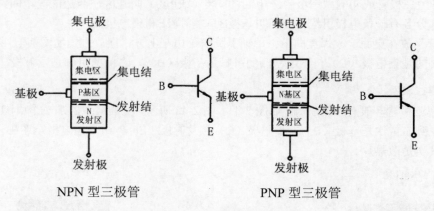

NPN型三极管　　　　　　　　　PNP型三极管

图2-45　三极管电路符号

3．三极管的工作原理

三极管按材料分有两种：锗管和硅管，而每一种又有NPN和PNP两种结构形式。NPN型三极管是把P型半导体夹在两块N型半导体中间组成的；而PNP则是把N型半导体夹在两块P型半导体中间组成的。但使用最多的是硅NPN和PNP两种三极管,两者除了电源极性不同外,其工作原理相同。

（1）NPN 型三极管的原理

如图 2-46 所示,水源通过水管连接到水龙头,通过旋转水龙头的阀门可以调节从水管流向水龙头的水的流量。在NPN型三极管的电路图中,电源、集电极、基极、发射极就类似水源、水管、阀门、水龙头,用于调节电流的流量。也就是说,通过调节基极电压,就可以调节从集电极流向发射极的电流。

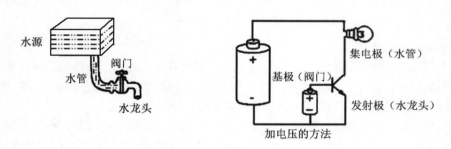

图 2-46　NPN 型三极管的原理

加电压的方法:如果水管里的水比水龙头低,水就流不出来。同样,如果集电极电压比发射极电压低,就不可能有电流流动。而且,基极电压也必须比发射极电压要高。

基极电压比发射极电压高,就有电流流动。利用很小的基极电压来控制很大的集电极电流,这个作用叫作"三极管的放大作用"。

（2）PNP 型三极管的原理

与NPN型三极管电路相同,在PNP型三极管的电路中,也是通过对基极电压的调节来调节电流的流量。但是,集电极和发射极的作用刚好与NPN型三极管相反。电流不是从集电极流向发射极,而是从发射极流向集电极,如图 2-47 所示。

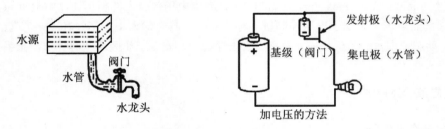

图 2-47　PNP 型三极管的原理

加电压的方法:对于PNP型三极管,发射极电压应该比集电极的电压高,而且基极电压比发射极电压低。

三极管是一种电流放大器件,但在实际使用中常常利用三极管的电流放大作用,通过电阻转变为电压放大作用。使用三极管作放大用途时,必须在它的各电极上加上适当极性的电压(称为"偏置电压"),简称"偏压",对应电流称为偏流,其组成电路叫偏置电路。

4．三极管在电路中的作用

（1）三极管的放大作用

当三极管被用作放大器使用时，其中两个电极用作信号（待放大信号）的输入端子，两个电极作为信号（放大后的信号）的输出端子。那么，三极管三个电极中，必须有一个电极既是信号的输入端子，又同时是信号的输出端子，这个电极称为输入信号和输出信号的公共电极。

按三极管公共电极的不同选择，三极管放大电路有三种：共基极电路、共射极电路和共集电极电路。

（2）三极管的开关作用

当三极管用在开关电路的时候，它工作于截止区和饱和区，相当于电路的切断和导通。由于它具有完成断路和接通的作用，被广泛应用于各种开关电路中，如常用的开关电源电路、驱动电路、高频振荡电路、模数转换电路、脉冲电路及输出电路等。

在开关电路中，三极管的作用相当于手动的开关，当三极管饱和的时候，相当于开关闭合，负载开始工作或输出信号。当三极管截止的时候，相当于开关断开，负载停止工作或不再输出信号。

（3）三极管的混频作用

三极管的混频电路是利用了三极管的非线性特性的电路，三极管的基极同时输入了载频和调制信号。如果三极管是理想的线性元件，那就不能起到混频的作用，不会产生新的频率成分，输出的仍是这两个频率。

由于三极管的非线性，产生了载频+调制信号，各次谐波频率经过集电极的谐振回路，从众多频率成分中选取出载频、载频调制、载频−调制信号、信号这三个频率，就组成了调幅波。

2.2.4　场效应管

场效应管（Field Effect Transistor，简称FET）是利用电场效应来控制半导体中电流的一种半导体器件，故因此而得名。它属于电压控制型半导体器件，具有输入电阻高（$10^8\Omega\sim10^9\Omega$）、噪声小、功耗低、动态范围大、易于集成、没有二次击穿现象、安全工作区域宽等优点，在手机中，已经逐步替代三极管。

1．场效应管的外形特征

（1）场效应管的外形特征

场效应管和三极管一样也有三个电极，分别叫作栅极（G）、漏极（D）和源极（S），相当于三极管的基极（B）、集电极（C）和发射极（E）。

在手机主板上，场效应管的颜色为黑色，大部分为三个引脚，也有些场效应管有3~6个引脚。场效应管的外形如图2-48所示。

图2-48　场效应管的外形

场效应管的外形与三极管的外形基本一致，很难从外形上进行区分，又加上手机贴片元件上很少标注型号，所以给初学者带来很大的困难。初学者可以通过测量或者对比原理图符号进行区分。

（2）场效应管的电路符号

场效应管分为绝缘栅型场效应管（MOS管）和结型场效应管，按照沟道材料又分为N沟道和P沟道。结型场效应管均为耗尽型，绝缘栅型场效应管既有耗尽型的，也有增强型的，而绝缘栅型场效应管又分为N沟道耗尽型和增强型、P沟道耗尽型和增强型四大类。

绝缘栅型场效应管（MOS管）的电路符号如图2-49所示。

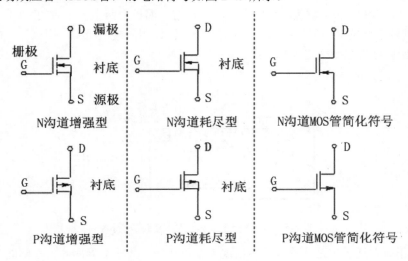

图2-49　场效应管的电路符号

2．场效应管的工作原理

场效应管是电压型控制元件，三极管是电流型控制元件，相对三极管来讲，场效应管更省电，随着制造工艺的发展，场效应管在手机中的应用越来越多。

（1）结型场效应管的工作原理

以N沟道结型场效应管为例，它的结构及符号如图2-50所示。这种场效应管在N型硅棒两端引出漏极D和源极S两个电极，又在硅棒的两侧各做一个P区，形成两个PN结；在P区引出电极并连接起来，称为栅极G，这样就构成了N型沟道的场效应管。

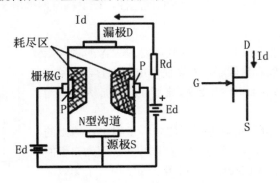

图2-50　结型场效应管结构及符号

由于PN结中的载流子已经耗尽，故PN结基本上不导电，形成了所谓的耗尽区，从图中可见，当漏极电源电压Ed一定时，如果栅极电压越负，PN结交界面所形成的耗尽区就越厚，则漏极、源极之间导电的沟道越窄，漏极电流I_d就愈小；反之，栅极电压没有那么负，则沟道变宽，I_d变大。所以用栅极电压Eg可以控制漏极电流I_d的变化，也就是说，场效应管是电压控制元件。

（2）绝缘栅型场效应管的工作原理

以N沟道耗尽型绝缘栅型场效应管为例，绝缘栅型场效应管是由金属、氧化物和半导体所组成，所以又称为金属-氧化物-半导体场效应管，简称MOS场效应管。它的结构、电极及符号如图 2-51所示，这种场效应管以一块P型薄硅片作为衬底，在它上面扩散两个高杂质的N型区，作为源极S和漏极D。在硅片表面覆盖一层绝缘物，然后再用金属铝引出一个电极G（栅极），由于栅极与其他电极绝缘，所以称为绝缘栅型场效应管。

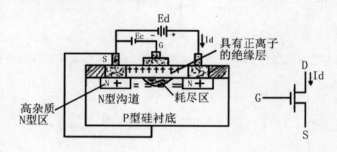

图 2-51　绝缘栅型场效应管的结构及符号

在制造管子时，通过工艺使绝缘层中出现大量正离子，故在交界面的另一侧能感应出较多的负电荷，这些负电荷把高渗杂质的N区接通，形成了导电沟道，即使在$V_{GS}=0$时也有较大的漏极电流I_d。当栅极电压改变时，沟道内被感应的电荷量也会改变，导电沟道的宽窄随之而变，因而漏极电流I_d随着栅极电压的变化而变化。

场效应管的工作方式有两种：当栅压为零时有较大漏极电流的称为耗尽型；当栅压为零，漏极电流也为零，必须再加一定的栅压之后才有漏极电流的称为增强型。

在手机中，场效应管主要应用在控制电路中，一般控制负载的工作或信号的输出，由于是电压控制型器件，所有要比三极管省电。

3．场效应管在电路中的作用

场效应管由于其省电、节能等不可代替的优越性，在手机及便携电子产品中的使用越来越多。

（1）场效应管的放大作用

场效应管可应用于放大电路，由于场效应管放大器的输入阻抗很高，因此耦合电容可以容量较小，不必使用电解电容器；场效应管很高的输入阻抗非常适合作阻抗变换，常用于多级放大器的输入级作阻抗变换。

在驻极体麦克风中，由于实际电容器的电容量很小，输出的电信号极为微弱，输出阻抗极高，可达数百兆欧以上。因为它不能直接与放大电路相连接，必须连接阻抗变换器，通常用一个场效应管作为阻抗变换和放大作用，如图 2-52 所示。

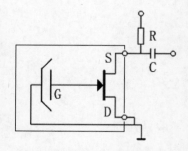

图 2-52　驻极体麦克风电路

（2）场效应管的开关作用

在手机中，利用场效应管做电子开关，比使用三极管更省电，在充电控制电路、振动马达控制电路、供电控制电路中都有使用。

第3节　智能手机专用元器件

在本节中学习的专用元器件主要有时钟晶体、ESD元件、EMI元件、声电器件等，这些专用元器件用于实现手机的特定功能，保护手机电路以防各种干扰。

2.3.1　时钟晶体

1. 时钟晶体的外形特征

（1）实时时钟晶体

实时时钟晶体大多在外壳上标注有时钟频率，有的厂家用字母来标示型号和频率。

塑封的时钟晶体有 4 个引脚，外形为长条形，颜色大部分为黑色或浅黄色、浅紫色等；铁壳的时钟晶体一般为银白色和金色，一般有两个引脚，外壳接地。

实时时钟晶体的外形如图 2-53 所示。

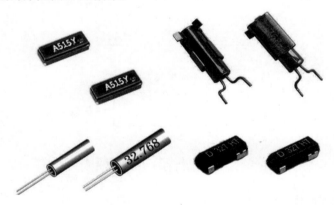

图 2-53　实时时钟晶体外形

（2）系统时钟晶体

系统时钟晶体主要应用在应用处理器电路作为系统基准时钟，应用在蓝牙电路作为蓝牙系统基准时钟，应用在NFC电路作为NFC系统基准时钟等。

手机中的系统时钟晶体外观为长方体，顶部为白色，顶部四周为金黄色，底部为陶瓷基片，有 4 个引脚。

系统时钟晶体的外形如图 2-54 所示。

图 2-54 系统时钟的晶体外形

2．时钟晶体的电路符号

当晶体不振动时，可把它看成一个平板电容器（称为静电电容C），它的大小与晶片的几何尺寸、电极面积有关，一般约几个PF到几十PF。当晶体振荡时，机械振动的惯性可用电感L来等效。一般L的值为几十mH到几百mH。晶片的弹性可用电容C来等效，C的值很小，一般只有 0.0002～0.1pF。晶片振动时因摩擦而造成的损耗用R来等效，它的数值约为 100Ω。由于晶片的等效电感很大，而C很小，R也小，因此回路的品质因数Q很大，可达 1000～10000。加上晶片本身的谐振频率基本上只与晶片的切割方式、几何形状、尺寸有关，而且可以做得精确，因此利用石英谐振器组成的振荡电路可获得很高的频率稳定度。

时钟晶体的符号和等效电路如图 2-55 所示。

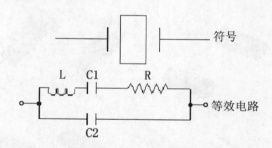

图 2-55 时钟晶体的符号和等效电路

3．时钟晶体的工作原理

下面以智能手机休眠时钟晶体为例介绍时钟晶体的工作原理，时钟晶体B2200 与C2208、C2209 及集成电路D2200 共同组成了时钟晶体电路。32.768kHz时钟晶体和电源管理芯片内部电路共同产生振荡信号。

智能手机休眠时钟晶体电路如图 2-56 所示。

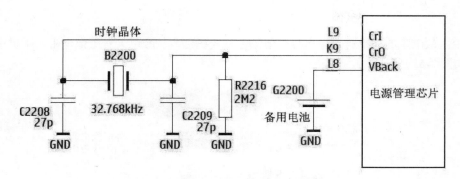

图 2-56　智能手机休眠时钟晶体电路

4．时钟晶体在电路中的作用

实时时钟在手机中最常见的作用是计时，手机显示的时间日期就是由实时时钟电路负责提供的；在待机状态下，实时时钟还作为应用处理器电路或基带处理器电路休眠时钟使用，实时时钟电路还在继续工作。

系统时钟作为应用处理器电路的主时钟，是应用处理器电路工作的必要条件，开机时有足够的幅度就可以，对频率的准确性要求不高。开机后，系统时钟作为射频处理器电路的基准频率时钟，完成射频系统共用收发本振频率合成、PLL锁相以及倍频等工作。

2.3.2　ESD 防护元件

1．ESD 防护

ESD（Electro-Static Discharge）的意思是"静电释放"，国际上习惯将用于静电防护的器材统称为ESD，中文名称为静电阻抗器。

静电在日常生活中可以说是无处不在，人的身体上和周围就带有很高的静电电压，可达几千伏甚至几万伏，平时可能体会不到，人走过化纤的地毯时所产生的静电大约是 35000V，翻阅塑料说明书时所产生的静电大约为 7000V，对于一些敏感仪器来讲，这个电压可能会是致命的危害。

静电既能为生活创造便利，例如静电除尘和静电复印机，同时也会给生活带来不便，例如静电对人身体和对电子产品的危害。

2．压敏电阻

压敏电阻（Voltage Dependent Resistor，简称为VDR，即电压敏感电阻）是指在一定电流、电压范围内电阻值随电压而变的电阻器，或者说成"电阻值对电压敏感"的电阻器。压敏电阻器的电阻体材料是半导体，是一种具有半导体稳压管伏安特性的电阻器件，所以它是半导体电阻器的一个品种。

压敏电阻器是兼有过压保护和ESD防护的元件。

（1）压敏电阻的外形

在正常电压条件下，压敏电阻相当于一只小电容器，而当电路出现过电压时，它的内阻急剧下降并迅速导通，其工作电流会增加几个数量级，从而有效地保护了电路中的其他元器件不致过压而损坏。

手机中压敏电阻的外形有点像电容，但颜色是灰褐色，从颜色来看更像电阻，手机中压敏电阻的外形如图 2-57 所示。

颜色多为灰褐色，比电阻颜色浅

外形像电容颜色像电阻

图 2-57　压敏电阻外形

（2）压敏电阻电路

压敏电阻的最大特点是当加在它上面的电压低于它的阀值时，流过它的电流极小，相当于一只关死的阀门；当电压超过阀值时，流过它的电流激增，相当于阀门打开。利用这一功能可以抑制电路中经常出现的异常过电压，保护电路免受过电压的损害。

电路中的压敏电阻如图 2-58 所示，在电路中R2106、R2107 是压敏电阻，它的击穿范围是14V~50V，在正常情况下，R2106、R2107 两个压敏电阻不会对电路产生影响，当有浪涌电压、浪涌电流、尖峰脉冲窜入电路的时候，如果电压超过 14V，R2106、R2107 两个压敏电阻动作，保护音频功率放大器免受浪涌脉冲的损害。

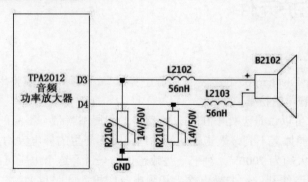

图 2-58　电路中的压敏电阻

3．TVS 管

TVS管（Transient Voltage Suppressor）是瞬态抑制二极管的简称，是一种二极管形式的高效能保护器件，利用PN结的反向击穿原理，将静电的高压脉冲导入地，从而保护电器内部对静电敏感的元件。

（1）TVS 管的工作原理

当瞬时电压超过电路正常工作电压后，TVS管便发生雪崩，提供给瞬时电流一个超低电阻通路，其结果是瞬时电流通过二极管被引开，避开被保护器件，并且在电压恢复正常值之前使被保护回路一直保持截止电压。

当瞬时脉冲结束以后，TVS管自动回复到高阻状态，整个回路进入正常电压。TVS管的失效模式主要是短路，但当通过的过电流太大时，也可能造成TVS管被炸裂而开路。

TVS管的工作原理如图 2-59 所示。

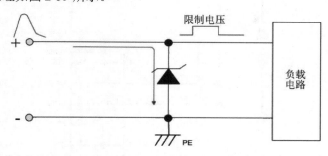

图 2-59　TVS 管的工作原理

（2）TVS 管的电路符号及外形

TVS管有单向与双向之分，单向TVS管的特性与稳压二极管相似，双向TVS管的特性相当于两个稳压二极管反向串联。

TVS管的电路符号如图 2-60 所示。

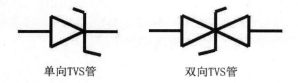

图 2-60　TVS 管电路符号

TVS管的外形看起来与贴片二极管、晶体管完全一样，但是特性和内部结构有明显区别，使用和替换时一定要注意区分。

TVS管的外形如图 2-61 所示。

图 2-61　TVS 管外形

（3）TVS 管电路

TVS管电路如图 2-62 所示。在手机电路中，TVS管一般接在电路的输入端，防止浪涌脉冲通过电路窜入到芯片的内部，浪涌脉冲由TVS管D1901进行嵌位，从而保护了手机芯片的安全。

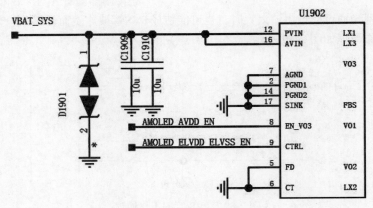

图 2-62　TVS 管电路

4．ESD 元件故障分析

几乎所有智能手机中都采用了ESD元件，以避免浪涌脉冲、静电脉冲对手机芯片造成的损害，ESD元件通常用在充电电路、键盘电路、SIM卡电路等接口电路中。

进水手机ESD元件损坏的较多，故障现象一般为击穿，ESD元件击穿后会对电路功能造成严重影响，在不同的电路中表现的故障不尽相同。例如在SIM卡电路中，可能会造成不识卡故障，所以在维修手机电路时，一定要注意检查电路中的ESD元件。

2.3.3　EMI 防护元件

1．EMI 干扰

EMI（Electromagnetic Interference，电磁干扰）是指电磁波与电子元件作用后产生的干扰现象，有传导干扰和辐射干扰两种。

通常认为电磁干扰传输有两种方式：一种是传导传输方式；另一种是辐射传输方式。从被干扰的敏感器来看，干扰耦合可分为传导耦合和辐射耦合两大类。

传导传输必须在干扰源和敏感器之间有完整的电路连接，干扰信号沿着这个连接电路传递到敏感器，发生干扰现象。这个传输电路可包括导线、设备的导电部件、供电电源、公共接地、电阻、电感、电容和互感元件等。

辐射传输是通过介质以电磁波的形式传播的，干扰能量按电磁场的规律向周围空间发射。常见的辐射耦合有三种：一是甲天线发射的电磁波被乙天线意外接收，称为天线对天线耦合；二是空间电磁场经导线感应而耦合，称为场对线的耦合；三是两根平行导线之间的高频信号感应，称为线对线的感应耦合。

在智能手机中，高频之间发生干扰通常包含许多种途径的耦合。正因为多种途径的耦合同时存在，反复交叉耦合，共同产生干扰，才使电磁干扰变得难以控制。因此在手机中要进行电磁干扰抑制。

2．EMI 滤波器外形

智能手机中的EMI滤波器根据使用的位置不同，外形也有区别，有些看起来像BGA芯片，有些看起来像排容，须根据实际电路的应用进行区分。

EMI滤波器常见外形如图 2-63 所示。

图 2-63　EMI 滤波器的外形

3．EMI 滤波器电路

下面以手机显示屏电路为例讲解手机EMI滤波器的电路原理。手机显示屏驱动的数据通信线数据传输速率很高，容易被各种电磁干扰，造成图像质量下降，为此需要在数据通信线上采用有EMI抑制能力的滤波器件和ESD防护，以保障彩色图像的高质量。

EMI滤波器电路如图 2-64 所示。

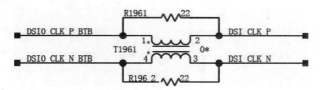

图 2-64　EMI 滤波器电路

4．EMI 滤波器故障分析

在智能手机的键盘电路、显示电路、音频电路等电路中都有EMI滤波器。一般EMI滤波器兼有ESD防护的功能。

EMI滤波器损坏后，典型的故障是信号无法传送至下级电路，造成信号中断。在不同的电路中，EMI滤波器表现的故障也不同。如果显示屏驱动电路的EMI滤波器损坏，出现的故障一般是不显示。如果是手机音频电路的EMI滤波器损坏，出现的故障一般是听筒无声、扬声器无声等。

2.3.4　麦克风（MIC）

麦克风是将声音转换为电信号的一种声电转换器件，它可将话音信号转化为模拟的话音电信号。麦克风又称为送话器、咪头、微音器、拾音器等。

1．麦克风的工作原理

在智能手机电路中用得较多的是驻极体麦克风，驻极体麦克风实际上是利用一个驻有永久电荷的薄膜（驻极体）和一个金属片构成的一个电容器。当薄膜感受到声音而振动时，这个电容器的容量会随着声音的震动而改变。

中高端智能手机还使用了MEMS（微型机电系统）麦克风，　MEMS麦克风是基于MEMS技术制造的麦克风，简单来说就是一个电容器集成在微硅晶片上，并具有良好的噪声消除性能与良好的

RF及EMI抑制性。

2. 麦克风的外形特征

智能手机中的麦克风比较容易找，一般为圆形，在手机主板的底部，外观为黄色或银白色，麦克风上都会有一个黑色的胶圈，这个胶圈的作用是固定麦克风和屏蔽部分噪音干扰。

部分麦克风为长条形，外壳是一个银色的金属屏蔽罩，这种麦克风使用较少，一般是直接焊接在主板上。

常见麦克风的外形如图2-65所示。

图2-65　常见麦克风的外形

麦克风在电路中用字母MIC或Microphone表示，麦克风的电路符号如图2-66所示。

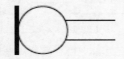

图2-66　麦克风的电路符号

3. 麦克风故障分析

手机麦克风电路故障主要是对方听不到机主的声音，引起该故障的原因很多，如麦克风损坏或接触不良、麦克风无偏置电压、音频编码电路或音频处理器不正常。另外，软件故障也会造成送话不良故障。

麦克风本身引起的故障主要表现在以下几个方面。

（1）噪声大

这个故障主要表现为对方听主机的声音有很大的噪声，一般为麦克风性能不良、接触不好等原因造成，可更换麦克风或用酒精棉球擦拭麦克风触点。

（2）送话声音小

送话声音小一般为麦克风灵敏度降低造成，这种情况需要更换麦克风才能解决。手机麦克风在更换的时候，不能将正负极接反，否则会出现不能输出信号或送话声音小等故障。

（3）不送话

不送话故障除了麦克风本身问题之外，偏置电压不正常、音频电路问题都会引起不送话故障。软件问题也会造成不送话故障。

2.3.5 受话器和扬声器

手机中的受话器和扬声器是用来将模拟的电信号转化成为声音信号，受话器和扬声器是一个电声转换器件，受话器又称为听筒，扬声器又称为喇叭等。

1. 受话器和扬声器的工作原理

（1）受话器和扬声器的区别

受话器是把电能转换为声能并与人耳直接耦合的电声换能器，又称为通信用的耳机，受话器主要用于语言通信，频带窄（300Hz~3400Hz），强调语言的清晰度与可懂度。主要指的是应用于电话系统和军、民用无线电通信机中的送话器、受话器及头戴送、受话器组合部件。

扬声器是把电能变换为声能，并将声能辐射到室内或开阔空间的电声换能器。扬声器的特点是频率范围宽（20Hz~20kHz）、动态范围大、高音质、高保真、失真小等。主要指的是用于广播、电影、电视、剧院等方面声音重放和录音的各种扬声器系统、耳机、传声器、拾音器（唱头）。

受话器的直流电阻为32Ω，扬声器的直流电阻为8Ω，可以使用万用表测量其电阻判断是受话器还是扬声器。在手机维修中，受话器和扬声器虽然工作原理一样，但是它们的用途和频率范围还是有明显的区别。

（2）受话器和扬声器的工作原理

受话器和扬声器不是将电能直接变换成声能，而是利用载流导体（由音频电流馈电的音圈）在永久磁体的磁场之间的相互作用，使音圈振动而带动振膜振动，其能量变换方式是电能→机械能→声能。

受话器和扬声器的发声原理基于其力效应（安培定律）和电效应（电磁感应定律），随着电流强度和方向的变化，音圈就在磁隙中来回振动，其振动周期等于输入电流的周期，而振动的幅度则正比于各瞬间作用电流的强弱。受话器的振膜与音圈粘连在一起，故音圈带动振膜往复振动，从而向周围媒质（空气）辐射声波，实现电能-机械能-声能的转换。

2. 受话器和扬声器的外形及符号

（1）受话器和扬声器的外形

智能手机中的受话器和扬声器从外形来看可分为三种，即圆形、椭圆形和矩形；从连接方式来看，可分为引线式、弹片式和触点式。

智能手机中的受话器和扬声器的外观如图 2-67 所示。

图 2-67 受话器和扬声器的外观

（2）受话器和扬声器的电路符号

受话器一般用Receiver、Ear或Earphone表示，扬声器通常用字母SPK或SPEAKER表示。受话器和扬声器的电路符号如图2-68所示。

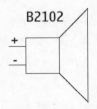

图2-68 受话器和扬声器的电路符号

3. 受话器和扬声器的故障分析

受话器和扬声器出现问题后主要的故障表现如下。

（1）扬声器或受话器无声

智能手机扬声器或受话器无声的故障表现为当来电话时，扬声器没有来电提示音乐，接通电话时，受话器内听不到对方讲话的声音。

这种故障主要是由扬声器或受话器开路、接触不良或者音频电路的驱动信号不正常造成的。针对这种故障，首先代换扬声器或受话器，其次检查音频电路。

（2）扬声器或受话器声音小、嘶哑、失真

这种故障主要是由于扬声器或受话器音圈变形、错位造成的，如果扬声器或受话器出现这种情况只能更换。

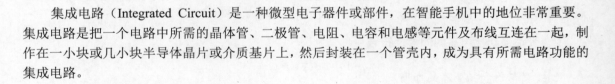

第4节 智能手机集成电路

集成电路（Integrated Circuit）是一种微型电子器件或部件，在智能手机中的地位非常重要。集成电路是把一个电路中所需的晶体管、二极管、电阻、电容和电感等元件及布线互连在一起，制作在一小块或几小块半导体晶片或介质基片上，然后封装在一个管壳内，成为具有所需电路功能的集成电路。

2.4.1 集成电路及其封装

1. 集成电路简介

集成电路，顾名思义，就是把电路集成在一起，这样既缩小了体积，也方便电路和产品的设计，集成电路在智能手机中一般用字母IC、N、U等表示。

集成电路并不能把所有的电子元器件都集成在里面，对于大于1000pF的电容、阻值较大的电阻、电感，不容易进行集成，所以集成电路的外部会接有很多的元器件。

集成电路具有体积小，重量轻，引出线和焊接点少，寿命长，可靠性高，性能好等优点，同时成本低，便于大规模生产。它不仅在工、民用电子设备，如收音/录音机、电视机、计算机等方面得到了广泛的应用，同时在军事、通信、遥控等方面也得到广泛的应用。

用集成电路来装配电子设备，其装配密度比晶体管可提高几十倍至几千倍，设备的稳定工作时间也会大大提高。集成电路在手机中的应用更是广泛，随着手机功能的增加和体积的缩小，手机芯片的集成度也越来越高，即超大规模集成电路的应用为手机增添了更多功能。

2. 手机集成电路封装

在手机中，使用的集成电路多种多样，外形和封装也有多种样式，快速有效地识别手机的集成电路封装和区分引脚是初学者的难点，下面分别进行介绍。

（1）SOP 封装

SOP（Small Outline Package）封装又称小外形封装，是一种比较常见的封装形式，SOP封装的集成电路引脚均分布在两边，其引脚数目多在 28 个以下。如早期手机用的电子开关、电源管理电路、功放电路等都采用这种封装。

SOP封装的集成电路如图 2-69 所示。

图 2-69　SOP 封装的集成电路

SOP封装的集成电路引脚的区分方法是：在集成电路的表面都会有一个圆点，靠近圆点最近的引脚就是 1 脚，然后按照逆时针循环依次是 2 脚、3 脚、4 脚等。

（2）QFP 封装

QFP（Quad Flat Pockage）为四侧引脚扁平封装，又称为方形扁平封装，是表面贴装型封装之一，引脚从 4 个侧面引出呈海鸥翼（L）型，基材有陶瓷、金属和塑料三种。从数量上看，塑料QFP是目前应用最多的集成电路封装形式。

QFP封装的集成电路四周都有引脚，而且引脚数目较多，早期手机中的中频电路、DSP电路、音频电路、电源电路等都采用QFP封装。

QFP封装的集成电路如图 2-70 所示。

图 2-70　QFP 封装的集成电路

QFP封装的集成电路引脚的区分方法是在集成电路的表面都会有一个圆点,如果在 4 个角上都有圆点,就以最小的一个为准(或者将集成电路摆正,一般左下角的为 1 脚)。靠近圆点最近的引脚就是 1 脚,然后按照逆时针循环依次是 2 脚、3 脚、4 脚等。

(3) QFN 封装

QFN(Quad Flat No-lead Package,方形扁平无引脚封装)是一种焊盘尺寸小、体积小,以塑料作为密封材料的新兴的表面贴装芯片封装技术,现在多称为LCC。由于无引脚、贴装占有面积比QFP小、高度比QFP低等优点得到广泛应用。但是,引脚很难做到像QFP的引脚那样多,一般引脚从 14 到 100 个左右。

QFN封装材料有陶瓷和塑料两种。当有LCC标记时,基本上都是陶瓷QFN。引脚触点中心距1.27mm。塑料QFN是以玻璃环氧树脂印刷基板基材的一种低成本封装,引脚触点中心距除 1.27mm外,还有 0.65mm 和 0.5mm 两种,这种封装也称为塑料LCC、PCLC、PLCC等。

手机中的电源管理芯片和射频芯片多采用QFN封装,QFN封装的集成电路如图 2-71 所示。

定位脚

图 2-71 QFN 封装的集成电路

QFN封装的集成电路引脚的区分方法是,在集成电路的表面都会有一个圆点,如果在 4 个角上都有圆点,就以最小的一个为准(或者将集成电路摆正,一般左下角的为 1 脚)。靠近圆点最近的引脚就是 1 脚,然后按照逆时针循环依次是 2 脚、3 脚、4 脚等。

(4) BGA 封装

BGA是英文Ball Grid Array Package的缩写,即球栅阵列封装。1993 年,摩托罗拉率先将BGA应用于手机,手机中的CPU、存储器、DSP电路、音频处理器电路都是BGA封装的集成电路,另外在BGA封装的基础上还延伸出其他封装形式。

手机中BGA封装的集成电路主板焊盘引脚的区分方法是:

(1)将手机主板平放在桌面上,先找出主板BGA焊盘的定位点,在主板BGA焊盘的一角会有一个圆点,或者在主板BGA焊盘内侧焊点面会有一个角与其他三个角不同,这个角就是主板BGA焊盘的定位点。

(2)以定位点为基准点,从左到右的引脚按数字 1、2、3、4……排列,从上到下按A、B、C、D……排行,但字母中没有I、O、Q、S、X、Z等字母,如果排到I了,就把I略过,用J延续。如果字母排到Y还没有排完,那么字母可以延位为AA、AB、AC……依次类推。例如A1 引脚指以定位点从左到右第A行,从上到下第一列的交叉点;B6 引脚的指从上往下第B行,从左到右第 6 列的交叉点。

主板BGA焊盘引脚的区分方法如图 2-72 所示。

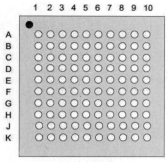

主板焊盘

图 2-72　主板 BGA 焊盘引脚的区分方法

如果是BGA芯片焊点引脚，我们同样需要找到BGA芯片的定位点，根据上面主板焊盘的判断方法，我们可以分析出来，以定位点为基准点，从右到左的引脚按数字 1、2、3、4⋯⋯排列，从上到下按A、B、C、D⋯⋯排列。

BGA芯片焊点引脚的区分方法如图 2-73 所示。

常见的几种BGA封装的集成电路的外形如图 2-74 所示。

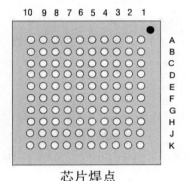

芯片焊点

图 2-73　BGA 芯片焊点引脚的区分方法

定位脚

图 2-74　BGA 封装的集成电路

（5）CSP 封装

CSP（Chip Scale Package）封装，是芯片级封装的意思。CSP封装是最新一代芯片封装技术，CSP封装可以让芯片面积与封装面积之比超过 1:1.14，已经相当接近 1:1 的理想情况，绝对尺寸也仅有 32 平方毫米，约为普通BGA的 1/3，仅仅相当于TSOP内存芯片面积的 1/6。与BGA封装相比，同等空间下CSP封装可以将存储容量提高三倍。

CSP封装技术和引脚的方式没有直接关系，在定义中主要指内核芯片面积和封装面积的比例。由CSP封装延伸出来的还有UCSP封装和WLCSP封装，UCSP封装和WLCSP封装在手机中应用较多。

CSP封装的集成电路如图 2-75 所示。

图 2-75　CSP 封装的集成电路

（6）LGA 封装

LGA全称是Land Grid Array，直译过来就是栅格阵列封装，主要在于它用金属触点式封装，LGA封装的芯片与主板的连接是通过弹性触点接触，而不是像BGA一样通过锡珠进行连接，BGA中的B（Ball）——锡珠，芯片与主板电路间就是靠锡珠接触，这就是BGA封装和LGA封装的区别。

在计算机的CPU中，不少是采用LGA封装的芯片，其实在手机中LGA封装的芯片仍然通过锡珠和主板进行连接。

LGA封装的集成电路如图2-76所示。

图2-76 LGA 封装的集成电路

（7）WLCSP 封装

WLCSP（Wafer Level Chip Scale Packaging，晶圆片级芯片规模封装），即晶圆级芯片封装方式，不同于传统的芯片封装方式（先切割再封测，而封装后至少增加原芯片20%的体积），此种技术是先在整片晶圆上进行封装和测试，然后才切割成一个个的芯片颗粒，因此封装后的体积等同芯片裸晶的原尺寸。

WLCSP封装方式不仅明显地缩小了内存模块的尺寸，符合空间的高密度需求，另一方面在效能的表现上，更提升了数据传输的速度与稳定性。

在智能手机中，WLCSP封装是使用较多的一种封装形式。

2.4.2 手机集成电路

在手机中，集成电路的发展主要有几个方向，一是向高度集成化方向发展，随着智能手机的轻薄、多功能，集成电路外围的元件也越来越少；二是向5G方向发展，国内5G已经开始商用了，未来几乎所有的手机都支持 5G功能；三是主频越来越高，手机运行主频已达到 2GHz以上，使用的是四核甚至是八核的处理器。

1．射频处理器

（1）射频处理器简介

在手机中，射频处理器主要完成了除射频前端以外的所有信号的处理，包括射频接收信号的解调、射频发射信号的调制、VCO电路等，外围除了少数的阻容元件外，很少有其他元件。

（2）射频处理器的外形

手机的射频处理器封装主要还是以BGA封装居多，在手机中，英飞凌、高通公司的射频处理器占主流。常见的英飞凌射频处理器如图2-77所示。

2．功率放大器

（1）功率放大器简介

手机中的功率放大器都是高频宽带功率放大器，主要用于放大高频信号并获得足够大的输出功率，功率放大器是手机中耗电

图2-77 英飞凌射频处理器

量最大的器件。

完整的功率放大器主要包括驱动放大、功率放大、功率检测及控制、电源电路等几个部分。在手机中，一般使用功率放大器组件，把这些部分全部集成在一起。

（2）功率放大器的外形

在手机中，功率放大器的封装很少有BGA封装，多采用QFN和LGA的封装方式，这两种封装方式有利于功率放大器工作时的散热。

功率放大器的外形既有长条形的，也有正方形的，一般长条形居多。外形类似字库，但又有区别。功率放大器的外形如图2-78所示。

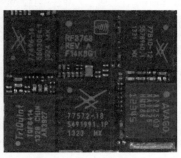

图 2-78　功率放大器的外形

3．基带处理器

（1）基带处理器简介

手机基带处理器一般由CPU（中央处理器）、DSP（数字信号处理器）、存储器（SRAM、ROM）组成，CPU运行协议栈和控制逻辑，DSP进行数字信号处理，存储器负责存储数据和程序。

（2）基带处理器的外形

在手机中，基带处理器主要采用BGA封装、叠层封装等，在手机中个头最大的集成电路除了应用处理器就是基带处理器。

常见的基带处理器的外形如图2-79所示。

图 2-79　基带处理器的外形

4．应用处理器

随着智能手机制造技术的发展，其应用功能不断地推陈出新，这对手机处理器的要求越来越高。现在市场上智能手机的应用处理器主频已经达到了2GHz以上，然而人们对智能手机应用功能推出速度的要求远远高于应用处理器的发展速度,这就势必引起智能手机处理器架构的革新,传统的架构已经渐渐地失去它的优势。

(1)应用处理器简介

在手机中,几乎所有信号处理应用处理器都要参与,它是伴随智能手机应运而生,应用处理器是在低功耗CPU的基础上扩展音视频功能和专用接口的超大规模集成电路。应用处理器是智能手机的灵魂和核心。

(2)应用处理器的外形

智能手机使用的应用处理器各不相同,但是有一个共同点就是在所有的集成电路中,应用处理器个头最大。

在华为手机中大部分使用的是自主开发的海思麒麟处理器,应用处理器的外形如图2-80所示。

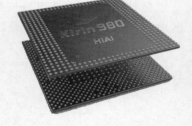

图2-80　应用处理器的外形

5. 存储器

(1)存储器简介

智能手机属于信息通信终端前沿产品,对于要处理多种复杂功能的手机来说,处理能力、灵活性、速度、存储器密度和带宽都很重要。所以在手机中采用的都是低功耗、高品质、高可靠性的存储器。

功能丰富的手机对存储器需求很大,因为它们提供了更高级的功能,包括互联网浏览、收发更先进的文本消息、玩游戏、下载和播放音乐以及用相对较低的成本实现数字摄像应用。高端功能手机除了支持游戏、多媒体消息、视频下载、收发静态图像等功能外,额外增加了视频和音频流,特别是网络站点浏览和移动商务。这些种类各异的功能对存储器的要求更严格。

(2)存储器的外形

在手机中,存储器主要采用BGA封装等形式,手机的存储器大部分是长方形,基带处理器和应用处理器旁边都有存储器。

存储器的外形如图2-81所示。

图2-81　存储器的外形

6. 音频处理器

(1)音频处理器简介

近年来,手机集成的功能越来越多,用户对音频体验要求也原来越高。智能手机存在基带处理器、应用处理器、调频(FM)广播、蓝牙(耳机)等多种音频输入源,为了更好地处理这些信号源，使用了音频处理器。音频处理器可以集成在应用处理器内部，也可独立存在。

（2）音频处理器的外形

在手机中，音频处理器电路由单个或多个集成电路组成，常见的音频处理器电路的外形如图 2-82 所示。

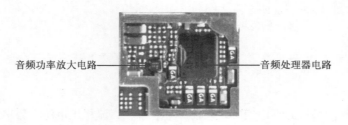

音频功率放大电路　　　音频处理器电路

图 2-82　常见音频处理器的外形

第3章
智能手机维修工具

本章主要讲解智能手机的维修工具，包括焊接设备、直流稳压电源、数字式万用表、综合测试仪等。作为一个专业的手机维修工程师应当熟练掌握这些工具的使用，这样不仅有助于提高自己的维修水平，还可以提高维修效率。

第1节 焊接设备的使用

焊台和热风枪的使用是手机维修工程师必须掌握的基本技能之一，通过本节的学习，应该掌握焊台和热风枪的基本使用方法和焊接工艺，能够熟练拆装手机元件，同时应掌握焊台和热风枪的使用安全注意事项和维护方法。

3.1.1 常用焊接设备介绍

在手机维修中使用最多的焊接设备是焊台和热风枪，有些特殊的场合还会使用红外线焊接设备。

1. 防静电恒温焊台

防静电恒温焊台是手机维修、精密电子产品维修的专用设备，这种焊台的特点是防静电、恒温，而且温度可调，一般温度能在200℃~480℃之间可调。焊台手柄可更换、可拆卸，方便了手机维修的需要。

速工T26防静电恒温焊台如图3-1所示。

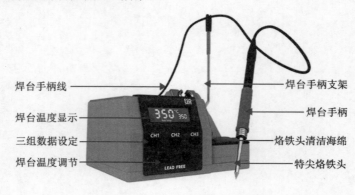

图 3-1　速工 T26 防静电恒温焊台

2. 热风枪

热风枪手柄内部有一圈电热丝，主机内部有一个气泵和控制电路，通过导管将电热丝产生的热量以风的形式送出。在风枪口有一个传感器，对吹出的热风温度进行取样，再将热能转换成电信号送到控制电路，来实现热风的恒温控制和温度显示。热风枪还有粗细不等的风枪喷嘴，可以根据使用的具体情况来选择喷嘴的大小。

速工 86100X 热风枪如图 3-2 所示。

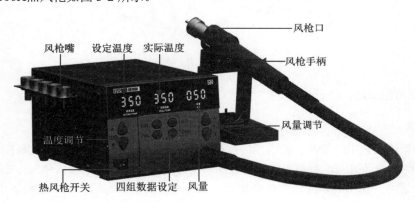

图 3-2　速工 86100X 热风枪

热风枪面板右侧有一个风量调节钮，调节钮可以使风枪口输出的风量变大或减小。风量的调节在同一温度（指显示温度）下，风量越小，风枪口送出的实际温度就越高；反之越低。

热风枪面板左侧是设定温度调节钮，可调范围在 100℃～480℃之间，调节钮可以改变热风枪输出的温度。面板中间有一个显示屏，显示的是当前风枪口送出的实际温度和风量。

3.1.2　焊接辅料

1. 焊锡丝

焊锡丝是由锡合金和助焊剂两部分组成，合金成分为锡铅，无铅助焊剂均匀灌注到锡合金中间部位。焊锡丝是一种易熔金属，它能使元器件引线与印制电路板的连接点连接在一起。

锡（Sn）是一种质地柔软、延展性大的银白色金属，熔点为 232℃，在常温下化学性能稳定，不易氧化，不失金属光泽，抗大气腐蚀能力强。铅（Pb）是一种较软的浅青白色金属，熔点为 327℃，高纯度的铅耐大气腐蚀能力强，化学稳定性好，但对人体有害。锡中加入一定比例的铅和少量其他金属可制成熔点低、流动性好、对元件和导线的附着力强、机械强度高、导电性好、不易氧化、抗腐蚀性好、焊点光亮美观的焊料，一般称焊锡。

焊锡按含锡量的多少可分为 15 种，按含锡量和杂质的化学成分分为 S、A、B 三个等级。手工焊接常用丝状焊锡。

在手机维修中一般选用 Sn63Pb37（锡 63%，铅 37%）、直径 0.5mm 的焊锡丝，这种焊锡丝的熔点为 183℃，焊锡丝内含有助焊剂。这种焊锡丝在焊接之后的残留物极少且具有相当高的绝缘阻抗，即使免洗也能拥有极高的可靠性。

常用的焊锡丝如图 3-3 所示。

图 3-3　常用的焊锡丝

2．助焊剂与阻焊剂

（1）助焊剂

助焊剂在焊接工艺中能帮助和促进焊接过程，同时具有保护作用和阻止氧化反应的化学物质，可降低熔融焊锡的表面张力，有利于焊锡的湿润。助焊剂可分为固体、液体和气体三种。

在手机维修中，使用最多的是固态助焊剂，这是一种黄色固态的膏体，根据焊接环境的不同分为有铅助焊剂和无铅助焊剂。

常用的助焊剂如图 3-4 所示。

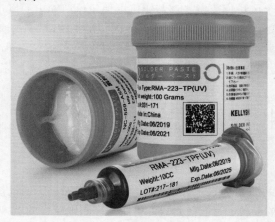

图 3-4　常用的助焊剂

（2）阻焊剂（绿油）

阻焊剂是限制焊料只在需要的焊点上进行焊接，把不需要焊接的印制电路板的板面部分覆盖起来，保护面板使其在焊接时受到的热冲击小，不易起泡，同时还起到防止桥接、拉尖、短路、虚焊等情况。阻焊剂是一种永久黏合的树脂基配方，通常为绿色。

使用阻焊剂时，必须根据被焊件的面积大小和表面状态适量施用，用量过小则影响焊接质量，用量过多，焊剂残渣会腐蚀元件或使电路板绝缘性能变差。

常用的阻焊剂如图 3-5 所示。

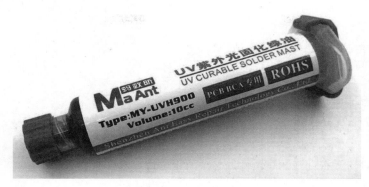

图 3-5　常用的阻焊剂

3. 锡浆

锡浆是指将金属锡磨成很细的粉末加上助焊剂制成的泥状物。锡浆按照温度分为低温锡浆、中温锡浆、高温锡浆三种。

低温锡浆熔点为 138℃，当贴片电子元件无法承受 200℃及以上的高温时，常使用低温锡浆焊接元器件，低温锡浆主要成分为锡铋合金，如焊接智能手机主板排线或者尾插时，可以中温锡浆和低温锡浆混合使用，同时使用高温胶带保护好周围元件，控制好热风枪温度和焊接时间。

中温锡浆熔点为 183℃左右，其合金成分为锡、银、铋等，锡粉颗粒度在 25μm 到 45μm 之间，中温锡浆主要用于不能承受高温的元器件。对于电子产品元件的焊接，尤其是智能手机不能承受高温的主板元件的焊接，控制好热风枪的温度以及掌握了解电路板的散热很重要，特别是在焊接排线、排线座时，锡浆与助焊剂的合理配合能够达到事半功倍的效果。

高温锡浆熔点在 210℃~227℃之间，其合金成分为锡、银、铜等，这些金属被研磨成微米级别的小颗粒配合助焊剂、表面活性剂、触变剂等按照一定比例混合制成混合物——锡浆，建议使用不含铅的锡浆，这样既有利于自己的身体健康也不会污染周围的环境。高温锡浆的可靠性较高，焊接的元器件不容易脱焊，但是高温锡浆焊接难度较大，需要特殊设备配合才能完成。一般电子产品中特别重要的元器件使用高温锡浆焊接，此类元器件的周围还会使用密封胶加固，如智能手机的应用处理器、内存、硬盘芯片等。

注意，在给 BGA 芯片植锡制作锡球时切勿使用高温或低温锡浆，推荐使用中温锡浆。

常用的锡浆如图 3-6 所示。

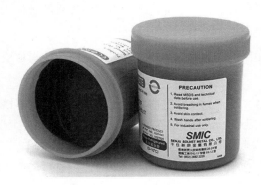

图 3-6　常用的锡浆

3.1.3 手工焊接基本操作方法

1. 手工焊接的基本要求

（1）焊点要有足够的机械强度，保证被焊元件在受振动或冲击时不致脱落、松动。不能用过多的焊料以防堆积，造成虚焊、焊点之间的短路。

（2）焊接可靠，具有良好的导电性，必须防止虚焊。虚焊是指焊料与被焊元件表面没有形成合金结构，只是简单地依附在被焊金属表面上。

（3）焊点表面要光滑、清洁，焊点表面应有良好光泽，不应有毛刺、空隙，无污垢，尤其是焊剂的有害残留物质，要选择合适的焊料与助焊剂。

2. 手工焊接五步法

（1）准备

准备好被焊元件，将焊台加温到工作温度，烙铁头保持干净。一手握焊台手柄，一手抓焊锡丝，烙铁头同时接触元件引线和焊盘。

关于焊台的工作温度如表 3-1 所示。

表 3-1 焊台工作环境与温度

工作环境	电烙铁温度	
	摄氏度	华氏度
一般锡丝熔点	183℃~215℃	（约 361℉~419℉）
正常工作温度	270℃~320℃	（约 518℉~608℉）
生产线使用温度	300℃~380℃	（约 572℉~716℉）

（2）加热

焊锡丝接触烙铁头后马上移开，利用少量的焊锡加大烙铁头与焊盘和引线的接触面积，使包括元件引脚和焊盘在内的整个焊件全体均匀受热，时间大概为 1s~2s 为宜。

（3）加焊锡丝

移开的焊锡丝送到烙铁头对面接触引线，通过引线使焊锡丝融化。

（4）移开焊锡丝

熔入适量焊锡，此时元件已充分吸收焊锡并形成一层薄薄的焊料层，然后迅速移去焊锡丝。

（5）移开烙铁

在助焊剂（锡丝内含有）还未挥发完之前，迅速移走烙铁头。烙铁头撤离方向与轴向成 45°的方向，撤离时回收动作要迅速，以免形成拉尖。从放烙铁头到元件上至移去烙铁头，整个过程以 2s~3s 为宜，时间太短，焊接不牢固，时间太长容易损坏元件和焊盘。

手工焊接五步法如图 3-7 所示。

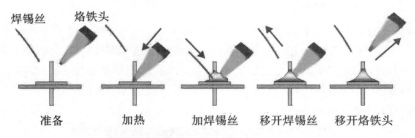

准备　　　加热　　　加焊锡丝　　移开焊锡丝　　移开烙铁头

图 3-7　手工焊接五步法

3．手工焊接的注意事项

（1）补焊时，一定要待两次焊锡一起熔化后方可移开烙铁头。如焊点焊得不光洁，可加焊锡线补焊，直至满意为止。

（2）焊锡冷却过程中不能晃动元件，否则容易造成虚焊。

（3）焊件表面须干净和保持烙铁头清洁。

（4）焊锡量要合适，使用焊剂不要过量。

过量的焊剂不仅增加了焊后清洗的工作量，延长了工作时间，而且当加热不足时，会造成"夹渣"现象。合适的焊剂是熔化时仅能浸湿将要形成的焊点，不会流到元件表面或主板上。

（5）采用正确的加热方法和合适的加热时间。

加热时要靠增加接触面积加快传热，不要用烙铁对焊件加力，因为这样不但加速了烙铁头的损耗，还会对元件造成损坏或产生不易察觉的隐患。所以要让烙铁头与元件形成面接触而不是点或线接触，还应让元件上需要焊锡浸润的部分受热均匀。

加热时还应根据操作要求选择合适的加热时间，整个过程以 2s～3s 为宜。加热时间太长，温度太高容易使元件损坏，焊点发白，甚至造成印刷线路板上的铜箔脱落；而加热时间太短，则焊锡流动性差，很容易凝固，使焊点成"豆腐渣"状。

（6）元件在焊锡凝固之前不要移动或振动，否则会造成"冷焊"，使焊点内部结构疏松，强度降低，导电性差。

（7）烙铁头撤离有讲究，不要用烙铁头作为运载焊料的工具。

烙铁撤离要及时，而且撤离时的角度和方向对焊点的形成有一定的关系，一般烙铁轴向 45° 撤离为宜。因为烙铁头温度一般都在 300 多度，焊锡丝中的助焊剂在高温下容易分解失效，所以用烙铁头作为运载焊料的工具，很容易造成焊料的氧化，焊剂的挥发；在调试或维修工作中，必须用烙铁头沾焊锡，焊接时，动作要迅速敏捷，防止氧化造成劣质焊点。

3.1.4　手机贴片元件的焊接工艺

1．使用焊台拆装贴片元件

拆卸贴片元件时，使用速工 T26 焊台，调节焊台温度至 330℃±30℃ 之间，烙铁头上锡，锡量为包裹住烙铁嘴为宜，使用烙铁头轮流接触待拆元件两端，待贴片元件焊点融化，用镊子夹住贴片元件并移开焊盘，烙铁头在焊盘上停留的时间不要超过 3s。拆卸手机贴片元件的时候不要接触到旁边的元件。

　　安装贴片元件时，将焊台的温度调至约 330℃±30℃之间，左手用镊子夹住贴片元件并放置在对应的位置，右手用烙铁头将已上锡焊盘的锡熔化，将元件定焊在焊盘上。用焊台手柄加焊锡到焊盘，将两端分别进行固定焊接，至此焊接工作完成。焊接时间不要超过 3s，焊接过程中不允许烙铁头直接接触元件。

　　焊接完成的贴片元件如图 3-8 所示。

图 3-8　焊接完成的贴片元件

2. 使用热风枪拆装贴片元件

　　拆卸贴片元件时，使用速工 86100X 热风枪，根据不同的线路基板材料选择合适的温度及风量，使喷嘴对准贴片元件的引脚，反复均匀加热，待达到一定温度后，用镊子稍加用力使其自然脱离主板。

　　安装贴片元件时，在已拆贴片元件的位置上涂上一层助焊剂，用热风把助焊剂吹匀，对准位置，放好贴片元件，用镊子进行固定。使喷嘴对准贴片元件引脚，反复均匀加热，待达到一定温度，冷却几秒后移开镊子即可。

　　焊接完成的贴片元件如图 3-9 所示。

图 3-9　焊接完成的贴片元件

3.1.5　BGA 芯片焊接工艺

1. BGA 芯片的定位

　　在拆卸BGA芯片之前，一定要看清BGA芯片的具体位置及定位脚位置，以方便焊接安装。在一些手机的主板上印有BGA芯片的定位框，这种BGA芯片的焊接定位一般不成问题。下面主要介绍主板上没有定位框的情况下芯片的定位方法。

（1）画线定位法

拆下BGA芯片前用笔或针头在BGA芯片的周围画好线，记住方向，作好记号，为重新焊接作准备。这种方法的优点是准确方便，缺点是用笔画的线容易被清洗掉，用针头画线如果力度掌握不好，容易伤及主板。

画线定位法如图 3-10 所示。

图 3-10　画线定位法

（2）贴纸定位法

拆下BGA芯片前，先沿着BGA芯片的四边用标签纸在主板上贴好，纸的边缘与BGA芯片的边缘对齐，用镊子压实粘牢。这样，拆下芯片后，主板上就留有标签纸贴好的定位框。

重装芯片时，只要对着几张标签纸中的空位将芯片放回即可，要注意选用质量好黏性强的标签纸来贴，这样在吹焊过程中不易脱落。如果觉得一层标签纸太薄找不到感觉的话，可用几层标签纸重叠成较厚的一张，用剪刀将边缘剪平，贴到主板上，这样装BGA芯片时手感就会好一点。

（3）目测法

拆卸BGA芯片前，先将主板竖起来，这时就可以同时看见BGA芯片和主板上的其他元器件是否平行，记住与哪一个元器件平行；然后再将主板横过来比较，记住与BGA芯片平行的元器件位置，最后根据目测的结果按照参照物来定位芯片。

目测法如图 3-11 所示。

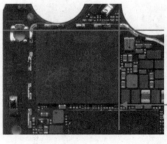

图 3-11　目测法

BGA芯片定位是决定装配是否成功的关键因素，以上三种方法建议初学者必须掌握，虽不是"终南捷径"，但是能够快速掌握BGA芯片的装配技巧。

2．BGA 芯片的拆卸

在拆卸BGA芯片之前，应在芯片上面放适量助焊剂，既可防止干吹，又可以让芯片底下的焊点均匀熔化，不会伤害旁边的元件。

使用速工86100X热风枪，将热风枪调节到合适的温度，有铅焊接温度为280℃~300℃，无铅焊接温度为310℃~320℃，风量调节钮调至60~80左右。在BGA芯片上方约1cm~2cm处做螺旋状摆动，直到芯片底下的焊点完全熔解，用镊子轻轻碰触BGA芯片，当芯片轻微晃动时用镊子夹起BGA芯片。

如果是封胶的BGA芯片，则需要使用专用刀片，等焊锡完全融化的时候，将刀片轻轻插入芯片与主板之间的缝隙中，轻轻将芯片撬起来。

拆卸BGA芯片的示意图如图3-12所示。

图3-12　拆卸BGA芯片

需要说明两点，一是在拆卸BGA芯片时，要注意观察是否会影响到周边的元件，否则很容易将其吹坏；二是拆卸不耐高温的BGA芯片时，吹焊温度不易过高（应控制在280℃以下），否则很容易将它们吹坏。

3．BGA芯片焊盘的清理

BGA芯片取下后，芯片的焊盘和主板焊盘都有余锡，此时，在主板焊盘加上足量助焊剂，用焊台将主板上多余的焊锡去除，然后再用洗板水将BGA芯片和手机主板焊盘助焊剂洗干净。

BGA芯片焊盘清理如图3-13所示。

图3-13　BGA芯片焊盘清理

4．BGA芯片植锡

（1）BGA芯片的固定

将BGA芯片清理干净后，将植锡网的孔与BGA芯片的点对齐，用标签贴纸将BGA芯片与植锡网贴牢，用镊子把植锡网按牢不动。

（2）BGA 芯片植锡及注意事项

BGA芯片固定好以后，用刮刀挑少许锡浆放在植锡网上，轻轻往下刮，边刮边压，使锡浆均匀地填充于植锡网的小孔中。注意特别"关照"一下芯片四角的小孔。

刮锡浆时一定要压紧植锡网，如果不压紧植锡网，植锡网与芯片之间存在空隙的话，会影响锡球的生成。

BGA芯片的植锡如图 3-14 所示。

图 3-14　BGA 芯片植锡

（3）BGA 芯片植球及注意事项

使用速工 86100X 热风枪，将热风枪调节到合适的温度，有铅焊接温度为 280℃~300℃，无铅焊接温度 310℃~320℃，风量调节钮调至 40~60 左右，轻轻摆动风枪喷嘴对着植锡网缓缓均匀加热，使锡浆慢慢熔化。

当看到植锡网的个别小孔中已有锡球生成时，说明温度已经到位，这时应当抬高热风枪的风嘴，避免温度继续上升。过高的温度会使锡浆剧烈沸腾，造成植球失败，严重的还会使芯片过热损坏。

如果植球后，发现有些锡球大小不均匀，甚至有个别脚没植上锡，可先用裁纸刀沿着植锡网的表面将过大锡球的露出部分削平，再用刮刀将锡球过小和缺脚的小孔中上满锡浆，然后用热风枪再加热一次即可。如果锡球大小还不均匀，可重复上述操作直至理想状态。

BGA芯片的植球如图 3-15 所示。

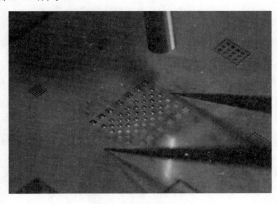

图 3-15　吹焊成球

5. BGA 芯片的安装

在BGA芯片的锡球上涂适量助焊剂，用热风枪轻轻吹，使助焊剂均匀分布于芯片的表面，再将BGA芯片按拆卸前的位置放到主板上，同时，用镊子前后左右移动芯片，这时可以感觉到芯片焊点和主板焊盘的接触情况。来回移动时如果对准了，芯片有一种"爬到了坡顶"的感觉，因为事先在芯片的脚上涂了一点助焊膏，有一定黏性，所以芯片不会移动。如果芯片对偏了，要重新定位。

BGA芯片定好位后就可以焊接了，和植锡球时一样，将热风枪调节至合适的风量和温度，让风枪口对准芯片的中央位置，缓慢加热。当看到芯片往下一沉且四周有助焊剂溢出时，说明锡球已和主板上的焊点熔合在一起。这时可以轻轻晃动热风枪使加热均匀充分，由于表面张力的作用，BGA芯片与主板的焊点之间会自动对准定位。注意在加热过程中切勿用力按压BGA芯片，否则会使焊锡外溢，造成脱脚和短路。

BGA芯片的安装如图 3-16 所示。

图 3-16　BGA 芯片安装

在吹焊BGA芯片时，高温常常会影响旁边一些封胶芯片，造成不开机等故障。用手机上拆下来的屏蔽盖盖住都不管用，因为屏蔽盖挡得住你的眼睛，却挡不住热风。此时，可在旁边的芯片上面滴上几滴水，水受热蒸发时会吸去大量的热，只要水不干，旁边芯片的温度就会保持在 100℃左右的安全温度，这样就不会出事了。当然，也可以用耐高温的胶带将周围元件或集成电路遮挡起来。

3.1.6　焊接设备使用安全注意事项

（1）使用前，必须仔细阅读使用说明，同时接好地线，以备泄放静电。

（2）使用有气泵的热风枪，在初次使用前一定要将底部固定气泵的螺丝钉拆掉，否则会损坏气泵。

（3）禁止在热风枪前端网孔放入金属导体，以防导致发热体损坏及人体触电。

（4）热风枪主机顶部及风枪口喷嘴处不能放置任何物品，尤其是酒精等易燃物品。当温度超过 350℃时，开机起动时气流控制钮不要在最低档位。

（5）电烙铁、热风枪使用完毕应及时关闭，避免长时间加热缩短使用寿命。

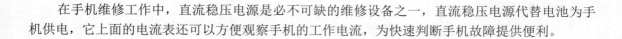

第2节　直流稳压电源的使用

在手机维修工作中，直流稳压电源是必不可缺的维修设备之一，直流稳压电源代替电池为手机供电，它上面的电流表还可以方便观察手机的工作电流，为快速判断手机故障提供便利。

3.2.1　直流稳压电源功能介绍

我们以速工 3005 直流稳压电源为例，介绍直流稳压电源的功能。速工 3005 直流稳压电源的实物图如图 3-17 所示，其各组成部分的功能说明如下。

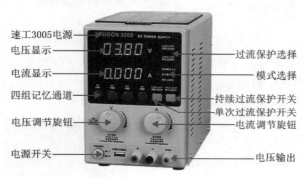

速工3005电源
电压显示
电流显示
四组记忆通道
电压调节旋钮
电源开关

过流保护选择
模式选择
持续过流保护开关
单次过流保护开关
电流调节旋钮
电压输出

图 3-17　速工 3005 直流稳压电源

1. 面板功能

速工 3005 直流稳压电源采用了高清四位数字液晶显示，其中电压表用于显示直流稳压电源的输出电压值；电流表用于显示手机开机及工作时的电流值大小，有经验的工程师通过观察电流表指针的摆动就可以判定故障部位。

速工 3005 直流稳压电源拥有 4 个存储记忆功能，可同时存储电压、电流或持续过流保护或单次过流保护设置。

速工 3005 直流稳压电源面板功能介绍如图 3-18 所示。

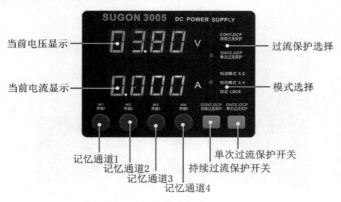

当前电压显示
当前电流显示

过流保护选择
模式选择

记忆通道1
记忆通道2
记忆通道3
记忆通道4
持续过流保护开关
单次过流保护开关

图 3-18　直流稳压电源面板功能介绍

2. 调节旋钮功能

速工 3005 直流稳压电源电压调节旋钮是多级调节旋钮，可快速精准调整到指定的电压值，旋钮单次按下可进行电压位移精确调节，长按可锁定/解锁数值。

电压调节旋钮的功能如图 3-19 所示。

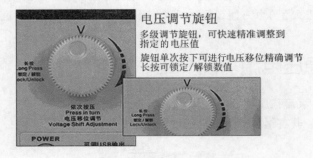

图 3-19　电压调节旋钮及功能说明

速工 3005 直流稳压电源电流调节旋钮也是多级调节旋钮，可快速旋转精准调节到指定电流值，旋钮单次按下可进行电流的精确调节。

电流调节旋钮的功能如图 3-20 所示。

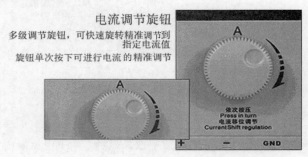

图 3-20　电流调节旋钮及功能说明

3. USB 输出端口

速工 3005 直流稳压电源有单独的USB输出口，可调节电源的电流进行USB输出，可充当移动电源使用。

USB输出端口如图 3-21 所示。

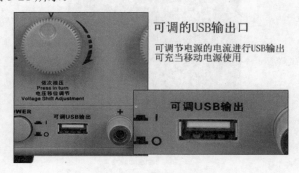

图 3-21　USB 输出端口

4．电压输出端子

电压输出端子用来输出直流电压，红色为正极、黑色为负极。

3.2.2　直流稳压电源的操作方法

1．接通电源

接通交流电源，按下电源开关按钮，直流稳压电源功能面板四位高精度数字液晶显示屏点亮，能够同时显示电压、电流值。

2．电压调节

在维修手机时，调节电压调节旋钮，将稳压电源的输出电压调节到 3.7V。选择电压旋钮可粗调输出电压值，按下电压旋钮时，可细调电压值。

如果是维修大电流或短路的手机，则先要将电压调节到 0V~2V，选择恒流模式，将电流值调节到 2A~5A，然后接入手机，看主板发热位置，确定故障部位。

3．电流调节

速工 3005 直流稳压电源具有恒流模式，可将电流恒定在 0A~5A 输出，非常方便维修各种短路故障时使用。

调节电流旋钮，可以粗调电流的输出值，按下电流旋钮时，可以细调输出电流值。

4．稳压电源输出端子

稳压电源输出端子中，红色端子表示正极、黑色端子表示负极，不要接反极性。

在所有电子设备中，红色线表示是供电（正极），黑色线表示是接地（负极），在直流稳压电源使用操作时，不要将红色线接在稳压电源输出端的负极或黑色线接在稳压电源输出端的正极，一定要严格按照规范操作。

5．特殊功能

速工 3005 直流稳压电源可作焊台主机使用，调整稳压电源至 9V、1A 输出，然后接入特制T12手柄就可以当焊台使用了。

焊台的功能如图 3-22 所示。

图 3-22　焊台的功能

3.2.3　使用直流稳压电源的安全注意事项

（1）在直流稳压电源通电前，检查所接电源与本电源输入电压是否相符。

（2）直流稳压电源使用时，机器周围应留有足够的空间，以利于散热。

（3）若电源输入端 2A 保险管烧断，本电源将停止工作，维修人员必须找出故障的起因并排除后，再用相同值的保险管替换。

（4）直流稳压电源在使用前，一定要观察输出电压不能超过 4.2V，否则会烧坏手机芯片。

第3节　数字式万用表的使用

万用表的使用是手机维修工程师必须掌握的基本技能之一，"万用表"是三用表的简称，是手机维修工作中必不可少的工具。

万用表能测量电流、电压、电阻，有的还可以测量三极管的放大倍数、频率、电容值、逻辑电位、分贝值等，万用表分为机械指针式和数字式万用表。

3.3.1　万用表的选择

万用表有很多种，现在最流行的有机械指针式和数字式万用表，它们各有优点。对于手机维修初学者，建议对指针式万用表和数字式万用表都要学习，因为它对我们熟悉一些电子知识原理很有帮助。

常用数字式万用表和指针式万用表如图 3-23 所示。

图 3-23　常用数字式万用表（左）和指针式万用表（右）

指针式万用表与数字式万用表各有优缺点，指针式万用表是一种平均值式仪表，它具有直观、形象的读数指示（一般读数值与指针摆动角度密切相关，所以很直观）。数字式万用表是瞬时取样式仪表，它采用 0.3 秒取一次样来显示测量结果，有时每次取样结果只是十分相近，并不完全相同，因此读取结果不如指针式方便。

指针式万用表一般内部没有放大器，所以内阻较小，比如MF-10型，直流电压灵敏度为100kΩ/V

（千欧/伏），MF-47 型的直流电压灵敏度为 20kΩ/V；数字式万用表由于内部采用了运放电路，内阻可以做得很大，往往在 1MΩ或更大，所以可以得到更高的灵敏度，这使得数字式万用表对被测电路的影响可以更小，测量精度较高。

指针式万用表由于内阻小，且多采用分立元件构成分流分压电路，所以频率特性是不均匀的（相对数字式来说），但指针式万用表内部结构简单，成本较低，功能较少，维护简单，过流过压能力较强。

数字式万用表内部采用了多种振荡、放大、分频保护等电路，所以功能较多。比如可以测量温度、频率（在一个较低的范围）、电容、电感，做信号发生器等。数字式万用表由于内部结构多用集成电路，所以过载能力较差（不过现在有些已能自动换档和自动保护等，但使用较复杂），损坏后一般也不易修复。

3.3.2　数字式万用表介绍

1．面板功能介绍

我们以手机维修中常用的福禄克F101 数字式万用表为例，介绍数字式万用表的面板功能，参考如图 3-24 所示。

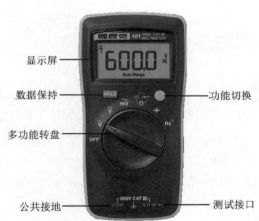

图 3-24　数字式万用表的面板功能

数字式万用表的面板功能说明如下：

（1）显示屏：显示仪表测量的数值。
（2）数据保持：保持测量的数据。
（3）多功能转盘：用来改变测量功能、量程及控制开关机。
（4）公共接地：黑表笔接地接口。
（5）功能切换：切换万用表的功能。
（6）测试接口：红表笔接口，测量电压、电阻、电容、二极管的功能。

2．显示屏功能介绍

福禄克F101数字式万用表显示屏功能如图3-25所示。

（1）高压。

（2）已启用显示保存。

（3）已选中通断性。

（4）已选中二极管测试。

（5）已选中占空比。

（6）十进制前缀。

（7）已选中电阻。

（8）已选中频率。

（9）法拉。

（10）毫伏。

（11）安培或伏特。

（12）直流或交流电压或电流。

（13）启用自动量程模式。

（14）电池电量不足，应立即更换。

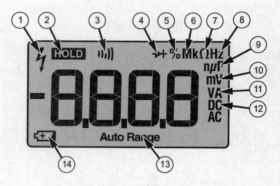

图3-25　显示屏功能

3.3.3　数字式万用表操作方法

1．测量交流电和直流电电压

使用福禄克F101数字式万用表测量交流电和直流电电压时，要按照下列步骤进行操作：

（1）调节多功能转盘到需要测量的档位，如交流电压档、直流电压档、毫伏档等。

（2）将黑表笔连接到公共接地端口，红表笔连接到测试接口。

（3）将黑表笔连接手机主板的接地点，红表笔连接需要测量的测试点，测量电压。

（4）从数字式万用表的屏幕上读出电压。

电压的测量方法如图3-26所示。

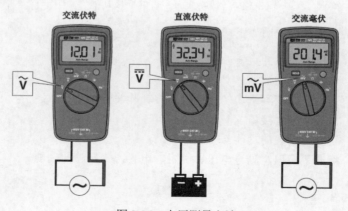

图3-26　电压测量方法

2．测量电阻

（1）调节多功能转盘到电阻、蜂鸣、二极管档，按下黄色按钮，选择蜂鸣模式，切断被测量电路的电源。

（2）将黑表笔连接到公共接地端口，红表笔连接到测试接口。

（3）将黑表笔、红表笔连接到被测量电阻。

（4）从数字式万用表的屏幕上读出电阻测量值，如果显示OL，表示电阻开路。

电阻的测量方法如图 3-27 所示。

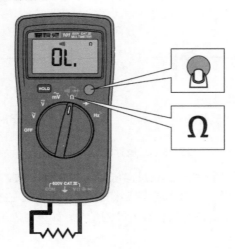

图 3-27　电阻的测量方法

3．测量电感

（1）调节多功能转盘到电阻、蜂鸣、二极管档，按下黄色按钮，选择通断模式。

（2）将黑表笔连接到公共接地端口，红表笔连接到测试接口。

（3）将黑表笔、红表笔连接到被测量电感。

（4）从数字式万用表的屏幕上读出测量值，阻值小于 70Ω会发出蜂鸣声，如果显示OL，表示电感开路。

4．测量电容

（1）调节多功能转盘到电容档。

（2）将黑表笔连接到公共接地端口，红表笔连接到测试接口。

（3）将黑表笔、红表笔连接到电容的引脚。

（4）等读数稳定（最多 18 秒钟），从数字式万用表的屏幕上读出电容的测量值。

5．测量二极管

（1）调节多功能转盘到电阻、蜂鸣、二极管档，按下黄色按钮，选择二极管模式，切断被测量电路的电源。

（2）将黑表笔连接到公共接地端口，红表笔连接到测试接口。

（3）将黑表笔连接到二极管负极，红表笔连接到二极管正极。

（4）从数字式万用表的屏幕上读出正向偏压值。

（5）如果红表笔、黑表笔接反，显示读数为OL。

3.3.4　使用数字式万用表测量三极管

（1）判断基极

三极管有两个PN结，发射结（be）和集电结（bc），按测量二极管的方法测量即可，三极管等效结构图如图3-28所示。

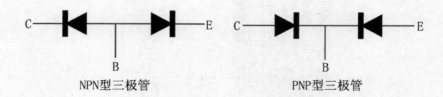

图3-28　三极管的等效结构图

在实际测量时，每两个管脚间都要测正反向压降，共要测 6 次，其中有 4 次显示开路，只有两次显示压降值，否则表示三极管已损坏或为特殊三极管（如带阻三极管、达林顿三极管等，可通过型号与普通三极管区分开来）。在两次有数值的测量中，如果黑表笔或红表笔接同一极，则该极是基极。

（2）判断集电极和发射极

在上述 6 次测量中，只有两次显示压降值，在两次有数值的测量中，如果黑表笔或红表笔接同一极，则该极是基极。测量值较小的是集电结，较大的是发射结，因为已判断出基极，对应可以判断出集电极和发射极。

（3）判断 PNP 型或 NPN 型三极管

通过上述测量同时可以判断：如果黑表笔接同一极，则三极管是PNP型，如果红表笔接同一极，则三极管是NPN型；压降为 0.6V 左右的是硅管，压降为 0.2V 左右的是锗管。

（4）判断三极管的好坏

使用数字式万用表测量基极和集电极、发射极之间的正反向电阻，如果其中一个阻值接近 0Ω 或无穷大，说明三极管已经损坏。

3.3.5　使用指针式万用表测量场效应管

下面介绍使用指针式万用表测量场效应管的方法。

（1）结型场效管的判别

将指针式万用表置于R×1K档，用黑表笔接触假定为栅极G的管脚，然后用红表笔分别接触另两个管脚。若阻值均比较小（约 5~10Ω），再将红、黑表笔交换测量一次。如阻值均很大，属N沟道管，且黑表笔接触的管脚为栅极G，说明原先的假定是正确的。同样也可以判别出是P沟道的结型场效应管。

（2）金属氧化物场效应管的判别

①栅极G的判定

用万用表R×100 档，测量功率场效应管任意两引脚之间的正、反向电阻值，其中一次测量中两引脚电阻值为数百欧姆，这时两表笔所接的引脚是D极与S极，则另一未接表笔的引脚为G极。

②漏极D、源极S及类型的判定

用万用表R×10K档测量D极与S极之间的正、反向电阻值，正向电阻值约为 $0.2×10k\Omega$，反向电阻值在（5~∞）×10kΩ。在测反向电阻时，红表笔所接引脚不变，黑表笔脱离所接引脚后，与G极触碰一下，然后黑表笔去接原引脚，此时会出现以下两种可能：

- 若万用表读数由原来较大阻值变为零，则此时红表笔所接为S极，黑表笔所接为D极。用黑表笔触发G极有效（使功率场效应管D极与S极之间正、反向电阻值均为 0Ω），则该场效应管为N沟道型。
- 若万用表读数仍为较大值，则黑表笔接回原引脚不变，改用红表笔去触碰G极，然后红表笔接回原引脚，此时万用表读数由原来阻值较大变为 0，则此时黑表笔所接为S极，红表笔所接为D极。用红表笔触发G极有效，该场效应管为P沟道型。

③金属氧化物场效应管的好坏判别

用万用表R×1kΩ挡测量场效应管任意两引脚之间的正、反向电阻值。如果出现两次及两次以上电阻值较小（几乎为 0×kΩ），则该场效应管已损坏；如果仅出现一次电阻值较小（一般为数百欧姆），其余各次测量电阻值均为无穷大，还需作进一步的判断。用万用表R×1kΩ挡测量D极与S极之间的正、反向电阻值。对于N沟道管，红表笔接S极，黑表笔先触碰G极后，然后测量D极与S极之间的正、反向电阻值。若测得正、反向电阻值均为 0Ω，该管为好的；对于P沟道管，黑表笔接S极，红表笔先触碰G极后，然后测量D极与S极之间的正、反向电阻值，若测得正、反向电阻值均为0Ω，则该管是好的，否则表明已损坏。

第4节　数字示波器的使用

数字示波器是智能化数字存储示波器的简称，是模拟示波技术、数字化测量技术、计算机技术的综合产物。它能够长期存储波形，可进行负延时触发，便于观测单次过程和缓变信号，具有多种显示方式和多种输出方式，同时还可以进行数学计算和数据处理，功能扩展也十分方便，比普通模拟示波器具有更强大的功能，因此在手机维修工作中应用越来越广泛。

3.4.1　数字示波器的工作原理

数字示波器由系统控制、取样存储和读出显示三大部分组成，它们之间通过数据总线、地址总线和控制总线相互联系和交换信息，以完成各种测量功能，其基本电路结构框图如图3-29所示。

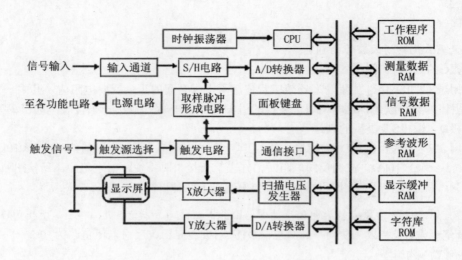

图 3-29 数字示波器的结构框图

各部分的工作原理说明如下。

（1）系统控制部分

系统控制部分由键盘、只读存储器（ROM）、CPU及I/O接口等组成。在ROM内写有仪器的管理程序，在管理程序的控制下，对键盘进行扫描产生扫描码，接受使用者的操作，以便设定输入灵敏度、扫描速度、读写速度等参数和各种测试功能。

（2）取样存储部分

取样存储部分主要由输入通道、取样保持电路、取样脉冲形成电路、A/D转换器、信号数据存储器等组成。取样保持电路在取样脉冲的控制下，对被测信号进行取样，经A/D转换器变成数字信号，然后存入信号数据存储器中，取样脉冲的形成受触发信号的控制，同时也受CPU控制。取样和存储的过程如图 3-30 所示。

数字示波器的取样和存储的过程如图 3-30 所示。

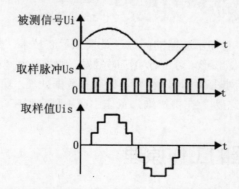

图 3-30 数字示波器的取样和存储过程

（3）读出显示部分

读出显示部分由显示缓冲存储器、D/A转换器、扫描发生器、X放大器、Y放大器和显示屏电路组成。它在接到读命令后，先将存储在显示缓冲存储器中的数字信号送D/A转换器，将其重新恢复成模拟信号，经放大后送显示屏，同时扫描发生器产生的扫描阶梯波电压把被测信号在水平方向展开，从而将信号波形显示在屏幕上。

3.4.2 数字示波器面板功能介绍

下面我们以北京普源精电（RIGOL）科技有限公司生产的DS1102E 100M数字示波器为例介绍数字示波器的基本操作方法。

DS1102E数字示波器前面板设计清晰直观，完全符合传统仪器的使用习惯，方便用户操作。为加速调整，便于测量，可以直接使用AUTO键，将立即获得适合的波形显示和档位设置。此外，高达1GSa/s的实时采样、25GSa/s的等效采样率及强大的触发和分析能力，可帮助用户更快、更细致地观察、捕获和分析波形。

1．前面板

DS1102E数字示波器向用户提供简单而功能明晰的前面板，以方便进行基本的操作。面板上包括旋钮和功能按键。旋钮的功能与其他示波器类似。显示屏右侧的一列 5 个灰色按键为菜单操作键（自上而下定义为 1 号至 5 号），通过它们可以设置当前菜单的不同选项，其他按键为功能键，通过它们可以进入不同的功能菜单或直接获得特定的功能应用。

DS1102E数字示波器前面板功能如图 3-31 所示。

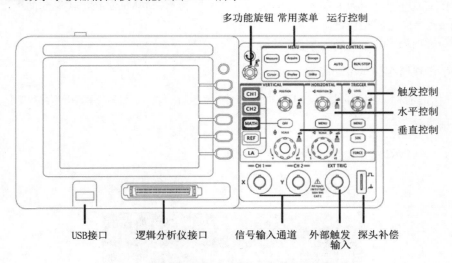

图 3-31　DS1102E 数字示波器的前面板功能

2．后面板

DS1102E数字示波器的后面板主要包括以下几部分。

（1）Pass/Fail输出端口：通过/失败测试的检测结果可通过光电隔离的Pass/Fail端口输出。

（2）RS232 接口：为示波器与外部设备的连接提供串行接口。

（3）USB Device接口：当示波器作为"从设备"与外部USB设备连接时，需要通过该接口传输数据。例如，连接PictBridge打印机与示波器时，使用此接口。

DS1102E数字示波器的后面板功能如图3-32所示。

图3-32　DS1102E 数字示波器的后面板功能

为了方便说明数字示波器的功能，本节采取以下方式对不同菜单功能进行标识。

1．数字示波器前面板功能键

（1）MENU功能键的标识用一个方框包围的文字所表示，如Measure，代表前面板上的一个标注着Measure文字的透明功能键。

（2）◎标识为多功能旋钮，用♻表示。

2．数字示波器存储菜单功能键

菜单操作键的标识用带阴影的文字表示，如波形存储，表示存储菜单中的存储波形选项。

3．显示界面

数字示波器显示界面如图3-33 和图3-34 所示。

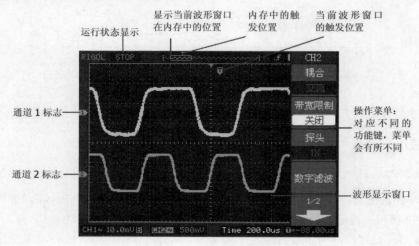

图3-33　仅模拟通道打开

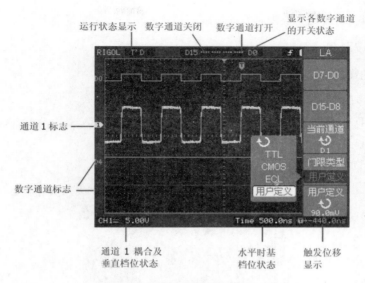

运行状态显示　数字通道关闭　数字通道打开　显示各数字通道的开关状态

通道 1 标志

数字通道标志

通道 1 耦合及
垂直档位状态

水平时基
档位状态

触发位移
显示

图 3-34　模拟和数字通道同时打开

3.4.3　使用数字示波器测量简单信号

使用数字示波器观测电路中的一个未知信号，迅速显示和测量信号的频率和峰峰值的方法介绍如下。

1．迅速显示该信号的步骤

（1）将探头菜单衰减系数设定为 10X，并将探头上的开关设定为 10X。

（2）将通道 1 的探头连接到电路被测点。

（3）按下 AUTO（自动设置）按键。

示波器将自动设置使波形显示达到最佳状态。在此基础上，你可以进一步调节垂直、水平档位，直至波形的显示符合你的要求。

2．进行自动测量

示波器可对大多数显示信号进行自动测量。要测量信号频率和峰峰值，请按如下步骤操作。

（1）测量峰峰值

①按下 Measure 按键以显示自动测量菜单。

②按下 1 号菜单操作键以选择信源：CH1。

③按下 2 号菜单操作键选择测量类型：电压测量。

④在电压测量弹出菜单中选择测量参数：峰峰值。

此时，你可以在屏幕左下角发现峰峰值的显示。

（2）测量频率

①按下 3 号菜单操作键选择测量类型：时间测量。

②在时间测量弹出菜单中选择测量参数：频率。

此时，你可以在屏幕下方发现频率的显示。

3．实时时钟波形

数字示波器的设置如下：

（1）将测试探头连接到CH1，探头衰减系数为1X。
（2）按下 AUTO 按键。
（3）转动垂直 ⊙SCALE 旋钮调节垂直幅度到 100mv/格。
（4）转动水平 ⊙SCALE 旋钮调节水平时间到 20μs/格。

实时时钟的波形是正弦波，频率为 32.768kHz，如图 3-35 所示。

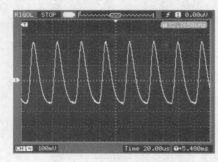

图 3-35　实时时钟测试波形

3.4.4　数字示波器使用安全注意事项

（1）使用前要认真阅读说明书，严格按照说明书要求进行操作。
（2）正确使用探头，注意探头地线与地电势相同，请勿将地线连接高电压。
（3）保持适当的通风，不要在潮湿的环境下操作，不要在易燃易爆的环境下操作，保持仪器表面的清洁和干燥。
（4）不要将仪器放在长时间日光照射的地方。
（5）为避免使用探头时被电击，请确认探头的绝缘导线完好，连接高压源时请不要接触探头的金属部分。
（6）为避免电击，使用时通过电源线的接地导线接地。

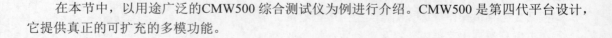

第5节　综合测试仪的使用

在本节中，以用途广泛的CMW500 综合测试仪为例进行介绍。CMW500 是第四代平台设计，它提供真正的可扩充的多模功能。

3.5.1　CMW500 综合测试仪基本介绍

CMW500 是无线设备空中接口测试的综合性测试仪，CMW500 采用智能校准技术，测试速度非常快,同时集成了矢量信号发生器和分析仪功能,从而为实现先进的非信令校准技术创造了前提。

CMW500 具有极高的可扩展性、测试速度和测量精度,能够彻底降低测试成本,可用在产品开发和生产的所有阶段,支持所有常见蜂窝和非蜂窝无线技术。

3.5.2　CMW500 综合测试仪面板功能说明

1. CMW500 前面板功能说明

CMW500 前面板主要是由显示屏以及两侧的按键及下面的热键和右面的各类硬按键以及各类接口组成。

CMW500 前面板视图如图 3-36 所示。

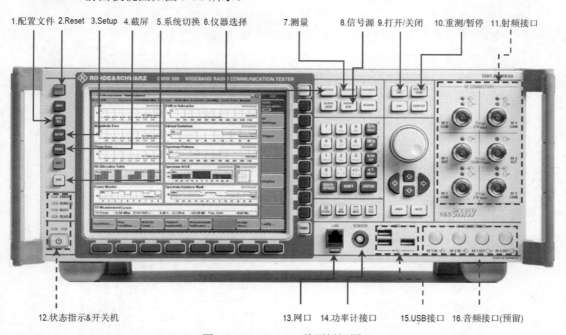

图 3-36　CMW500 前面板视图

2. CMW500 后面板功能说明

CMW500 后面板如图 3-37 所示,主要由信号、同步的输入输出口以及远程控制、外围设备的接口和电源及其开关组成。

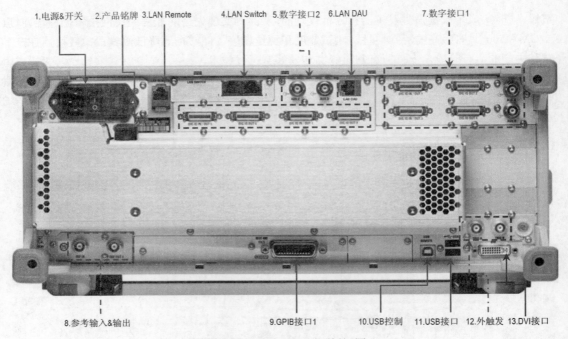

1.电源&开关　2.产品铭牌　3.LAN Remote　4.LAN Switch　5.数字接口2　6.LAN DAU　7.数字接口1

8.参考输入&输出　　　9.GPIB接口1　　　10.USB控制　11.USB接口　12.外触发　13.DVI接口

图 3-37　CMW500 后面板视图

3.5.3　CMW500 综合测试仪使用操作方法

我们以 WCDMA 系统为例介绍 CMW500 综合测试仪的使用操作方法。

（1）首先复位仪器，按仪表左上角的"Reset"键，如图 3-38 所示。

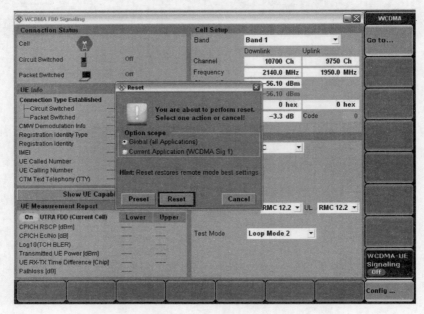

图 3-38　复位仪器

（2）按软键"SIGNAL GEN"到如下界面，选择WCDMA FDD UE的Signaling测试功能模块，如图3-39所示。

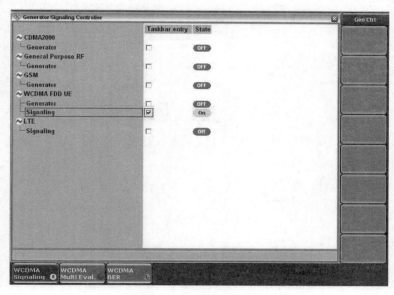

图 3-39　选择测试功能模块

（3）按"Measure"软键，选择WCDMA信令测试模块"Multi Evaluation"和"BER"测试功能，这时在菜单栏会出现我们选择的三个菜单，如图 3-40 所示。

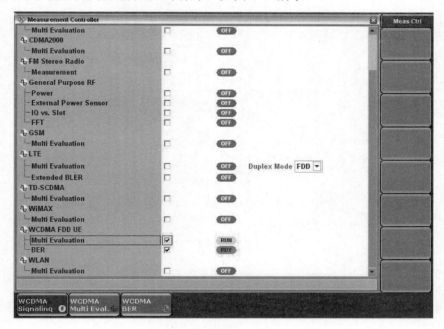

图 3-40　选择对应测试模块

（4）选中"WCDMA Signaling"模块，将WCDMA-UE Signaling打开，发射下行信号，将"UE term.Connect"设置为RMC以开始测试。注意，设置好相应的频段后，如要进行更详细的设置，如

"Security"设置，请按右下角的"Config"键，如图3-41所示。

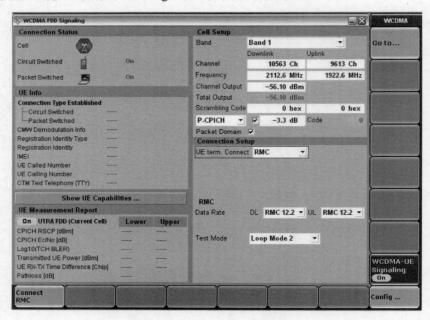

图 3-41　开始测试

（5）这时打开手机等待手机注册到网络，注册之后可以读到手机的注册信息，如IMSI信息，如图 3-42 所示。

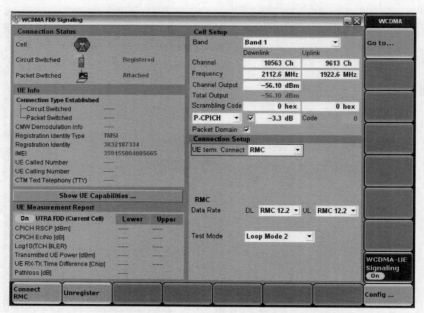

图 3-42　手机注册信息

（6）这时按"Show UE Capabilities"读取更详细的手机汇报信息，如图3-43所示。

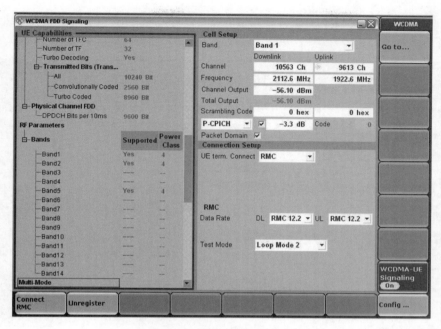

图 3-43　详细手机汇报信息

（7）手机成功注册之后按"Connect RMC"键，这时可以看到寻呼、连接的过程，可以看到已处于连接状态，并且可以看到UE的汇报测量信息，如图 3-44 所示。

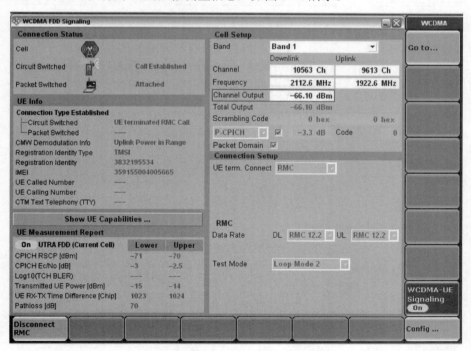

图 3-44　手机寻呼、连接过程

（8）按TASK软件，选择"WCDMA Multi Eval"进入手机的发射机测试功能，按右下角的"Config"软键，将Scenario选择为"CombinedSignalPath"，这时所有响应的上行参数都已经按照下行参数进行配置，按"Assign Views"键可以选择要测量的项目，将"Multi Evaluation"键打开以进行测量，如图 3-45 所示。

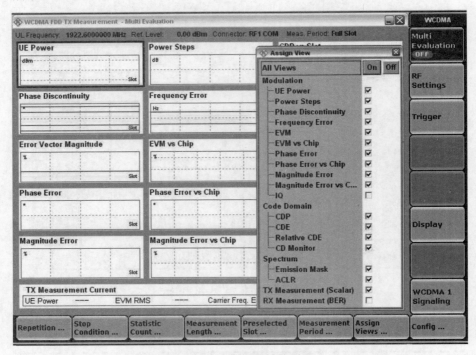

图 3-45　选择要测量的项目

如要观察某一具体测试项，可以打开单独的测试项目，如图 3-46 所示。

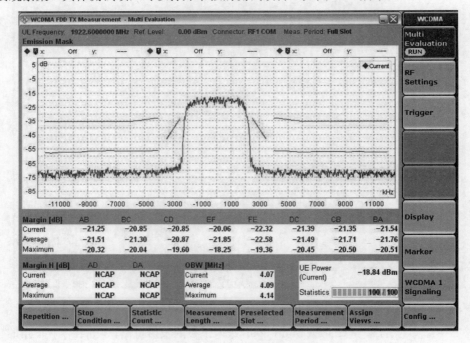

图 3-46　打开单独的测试项目

（9）按屏幕右下角的"Tasks"键，选择BER的测量功能，打开BER测试，并获得测试结果，如图 3-47 所示。

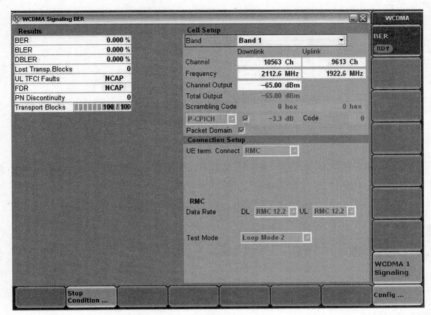

图 3-47　BER 测量功能

（10）测试完成之后，可以选择断开连接，按Disconnect RMC即可。

3.5.4　CMW500 综合测试仪使用安全注意事项

（1）测试时手机掉网：可能原因是综合测试仪上设置的测试电平过低，或空中的通道干扰过大，可适当提高测试电平，或在屏蔽室内进行测试。

（2）在通话过程中，当各项测试正在进行时，如果未按正常的挂机操作退出通话，或测试线从测试手机上脱出，那么将导致测试可能无法正常进行。应采取以下操作：用测试线将测试手机与综合测试仪重新连接好，并按Preset（预调）键，使手机重新开机入网，进入所需的测试接口。

（3）如果在测试过程中综合测试仪长时间无反应，无结果显示，或按功能键失灵，可按Power键重启综合测试仪，并操作手机重新开机入网，然后再进入所需的测试接口。

第 4 章

智能手机故障检查与维修方法

合理的使用检查方法和维修方法是维修智能手机的基础，"纵横不出方圆，万变不离其宗"，智能手机纵有千变万化，最有效的方法往往是最基本的方法。

在本章中，我们将介绍常见智能手机的故障检查方法和维修方法。

第 1 节　智能手机故障检查方法　▶

4.1.1　观察法

1. 观察法介绍

观察法是判定手机故障最简单、直观的方法。维修工程师可通过观察智能手机的外壳、显示屏幕、手机主板、工作状态等发现一些比较明显的故障，如显示屏有裂痕、机身损坏、进水腐蚀、主板变形等问题。

手机出现故障后，不要盲目地进行拆卸或更换主板元器件，应先使用观察法检查整体外观及手机主板等主要部位是否正常。

观察法要通过以下 4 方面进行：

- 视觉：主要是通过眼睛目视，观察物体表面是否有明显的损伤，如 LCD 破裂、主板是否有元件脱落等。
- 听觉：主要是通过耳朵听手机发出的声响来判定故障的大概部位，如扬声器声音沙哑、无声音等。
- 嗅觉：主要是通过鼻子闻手机是否有烧糊的味道并以此来判定故障的大致部位，闻进水手机是否有异味来判断是否是清水还是污水。
- 触觉：通过手来触及主板或元器件表面感知温度是否有异常，以此来判定故障的大致部位。

2. 观察法应用

观察工作状态在手机维修过程中十分关键，由于智能手机所执行的大部分功能都能够从显示屏上显示、从声音上体现、从操作中感知，因此观察工作状态可以从显示、声音、操控三个方面入手。如图 4-1 所示。

打开摄像头，观察摄像
是否正常

按下按键，观察是否灵
敏，能否正常使用

拨打电话，听来电振铃、
听筒、扬声器是否正常

观察手机外壳，看是否
有磕碰痕迹

观察尾部接口，看是否
有进水、变形

观察手机屏幕信号棒是
否能够正常显示

观察WiFi信号是否正常

连接充电器，观察是否
能够正常充电

插入SIM卡，观察是否
能够正常识别

操作手机屏幕菜单，观
察显示屏各功能是否正
常

图 4-1　观察手机整体外观

拆下手机主板以后，观察主板是否有变形、进水、维修痕迹，用镊子轻轻拨动主板上的元器件，看是否有脱落、虚焊等问题存在。如图 4-2 所示。

观察主板问题时要使用显
微镜，仅仅目测是不够的

观察法要与其他检测方法
配合使用

维修过的主板，要观察更
换的元器件是否有问题

观察主板芯片封胶是否有
裂痕

观察主板各接口是否有脱
落、虚焊问题

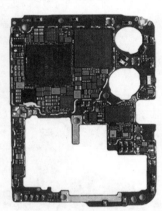

观察主板是否有变形并询
问客户手机是否摔过

观察主板元器件是否有脱
落、变形等问题

观察主板屏蔽罩是否挤压
变形

用镊子轻轻拨动怀疑元器
件，观察是否存在虚焊问
题

观察主板元器件是否有进
水、腐蚀等问题

图 4-2　观察手机主板外观

合理运用观察法，同时配合其他检查方法，可大大提高手机故障的维修速度，提高维修效率。

4.1.2　感温法

1．感温法介绍

感温法对维修漏电手机故障是比较简单有效的方法，针对小电流漏电和发热不明显的问题尤其有效。

2．感温法的应用

对于智能手机漏电故障，可以直接用手触摸主板表面，感知主板发热情况来初步判断故障部位，然后综合其他方法进一步维修。

（1）松香烟法

对于发热不明显、位置比较隐蔽的故障，可以采用"松香烟法"进行检查。用烙铁头蘸到松香里，这时烙铁上会冒出一股松香烟，将松香烟靠近手机主板，松香烟即附着在手机主板元件上，形成一层白色薄薄的"松香霜"。怀疑哪里漏电，就可以在怀疑部位熏上一层松香霜，若根本不知该怀疑哪里漏电，可以将整块手机主板一起熏松香。

　　熏完后，给手机加电，加电时可以从0V开始慢慢上升，如果电流太小，可适当将电压加得高些，但要注意不要太高了，以防将其他元件烧坏。在加电的过程中，注意观察手机主板上的元件，若哪个元件漏电了，该元件上白色的松香霜就会熔化而"原形毕露"，就可以找到故障部位了。

　　（2）红外热成像仪法

　　红外热成像仪是一种利用红外热成像技术，通过对手机主板的红外辐射探测，并加以信号处理、光电转换等手段，将手机主板温度分布的图像转换成可视图像的设备。

　　红外热成像仪将实际探测到的热量进行精确的量化，并以图像的形式显示被测主板，因此能够准确识别正在发热的疑似故障区域。维修人员通过屏幕上显示的图像色彩和热点追踪显示功能来初步判断发热情况和故障部位，同时严格分析，从而在确认问题上体现了高效率和高准确率。

　　将手机主板通电后，放在红外热成像仪的主板平台上，通过红外热成像传感镜头与计算机连接，可以实时看到主板的发热情况，漏电电流很小的故障部位也能够清楚地看到。但是由于该设备价值昂贵，在手机维修中应用较少。

　　红外热成像仪的构成如图4-3所示。

指示灯　　　红外传感器　　　电源接口　　　调节旋钮　　　主板平台

图4-3　红外热成像仪的构成

4.1.3　二极体值法

1. 二极体值法介绍

　　二极体值法是在手机维修中常用的方法，二极体值法判断故障部位十分有效。平时注意收集一些手机单元电路二极体值，如电池触点、供电滤波电容、SIM卡座、芯片焊盘、集成电路引脚等。

　　我们在测量二极体值的时候，将数字式万用表调到二极管档，数字式万用表的红表笔接地，用黑表笔接电路的测试点，测出的结果读数为400~800，这个数值为二极体值。400~800实际上是一个0.4V~0.8V的压降，在正常情况下，这个数值受外部电路的影响，可能会有所变化，但基本上是在这个范围之内。在后面故障案例分析的时候，有些提供的是400~800左右的数值，有些提供的是0.4V~0.8V左右的压降值。

　　由于不同品牌、不同型号的数字式万用表测量同一个测试点，测出来的数值也会不同，所以在使用二极体值法时，一定要选择与参考参数相同的数字式万用表进行测量。

在检查手机时，可根据某点对二极体值的大小来判断故障。如某一点到地的二极体值是 700，故障机此点的二极体值远大于 700 或无穷大，说明此点已断路。如果二极体值为 0，说明此点已对地短路。二极体值法还可用于判断线路之间有无断线以及元件质量的好坏等。建议在不通电的情况下，用数字式万用表二极管档测有关测试点的正反向二极体值，将测得值与参考值对照，同时列一个表格，边测边记录数据，并注意积累经验数据。

2．二极体值法的应用

二极体值法可以适用的故障很多，例如不开机、无信号、不显示等故障都可以使用二极体值法，尤其是涉及集成电路外围元件且无法准确判断故障点的问题。

芯片焊盘的二极体值如图 4-4 所示。

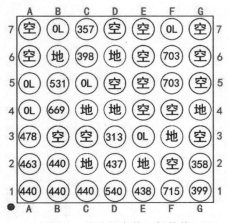

图 4-4　芯片焊盘的二极体值

通过焊盘的二极体值图不难看出，所有的焊盘引脚可以分为 4 类：一类是空脚；一类是接地脚；一类是信号和控制脚；一类是供电脚。

空脚对地的正反向二极体值均为无穷大，一般不会引起电路故障；接地脚对地的正反向二极体值均为 0，如果开路则可能造成供电无法形成回路，而引起电路无法工作；信号和控制脚是我们重点关注的地方，一定要看对地二极体值的大小，如果对地二极体值异常，要重点检查这一条信号线和控制线外接的元件，看是否存在开路或短路问题；供电脚对地的二极体值一般不会出现 0，如果二极体值为 0，则表示外围的供电存在短路现象。

只要把握好以上几点，综合进行判断，就会很容易地解决故障。

4.1.4　电压法

1．电压法介绍

电压法是通用的电子产品维修方法，原则上适用任何电子产品的维修，所以电压法在手机维修中也是最常用的维修方法。尤其适用于功能电路不工作的故障，例如：不显示故障、无信号故障、音频故障、WiFi电路故障等。

电压法是用万用表测量电路中的电压，再根据电压的变化情况来确定故障部位。电压法是根据电路出现故障时电压往往会发生变化的原理来判断故障部位的。

我们在维修手机时，一般选择内阻较大的数字式万用表。指针式万用表相对数字式万用表内阻较小，我们常用的MF500、MF47型指针式万用表的内阻是 $20k\Omega/V$，而数字式万用表的内阻可视为无穷大。内阻越大的万用表对电路的影响就越小。

2．电压法的应用

电压法需要在手机通电以后才能测量电路，它的优点是不用断开电路，直接在主板上测量就可以了，是很方便的一种电路检查方法。

首先要把数字式万用表调节到电压档位，然后再把手机主板通电，用红表笔接高位电压点，用黑表笔接地线或者低位电压点。测出电压数据，观察数据的变化是否在正常范围内。数据参照可以从另一块正常的主板获得。如果电压不在正常范围内，就可以判断是否有关元器件已经损坏，然后更换一个完好的元器件。

下面以某手机背光驱动电路为例进行介绍，原理图如图 4-5 所示。

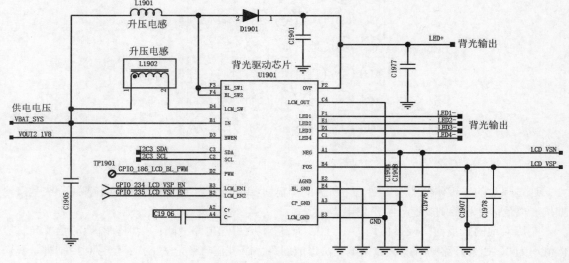

图 4-5　背光驱动电路

手机开机以后，使用数字式万用表的电压档测量C1905上有 3.7V 的供电电压，测量C1977上没有输出的背光驱动电压，经检测发现，L1902 开路。

测量时，应先估计被测部位的电压大小来选取合适的档位，选择的档位应高于且最接近被测电压，不要用高档位测低电压，更不能用低档位测高电压。

使用电压法时还需要注意，由于手机主板紧凑，尽量不要在测量过程中让万用表的表笔出现滑动，以避免造成与其他元件短路而扩大手机故障。

4.1.5　电流法

1. 电流法介绍

在手机维修中，如果说维修工程师是医生的话，稳压电源相当于医生手中的听诊器，电流的变化相当于手机的"脉搏"。

任何一个有经验的手机维修师傅，对任何一部故障手机，分析其电流反应、电流状态，是判断手机故障的第一步，也是最基本的一步和最重要的一步。对于初学者，电流法可能是维修手机的起步，也是维修手机生涯终生要使用到的一个重要技能！

电流法主要适用于大电流不开机、无电流、小电流等故障，最多的是不开机故障，但是有一个共同点，就是开机电流与正常手机不一样。

电流法是手机维修中最常用的方法之一，原因有二：一是手机工作电压低，目前手机的工作电压为 3.7V，除了少数的升压电路之外，内部工作电压一般在 1V~3.5V左右，电压变化幅度不明显；二是手机的工作电流变化幅度大，从 10mA~1000mA左右，很容易通过电流表观察手机工作状态的变化。

在手机维修中，使用最多的维修仪器是直流稳压电源，一线维修使用的一般是 0~15V/0~2A的直流稳压电源，这种直流稳压电源可以给手机提供供电电压，还可以观察手机的开机电流。

2. 电流法的应用

我们以不开机故障为例，介绍电流法在手机维修中的应用。不开机是手机维修中最常见的故障之一，维修工程师在维修不开机故障时，需要加电试机，观察电流反应，根据电流反应来判定故障范围。以下是从实际维修中总结出来的几种不同的电流反应故障现象。

（1）大电流不开机

大电流不开机分为两种：一种是加上电源出现大电流漏电；另一种是按开机键立即出现大电流。下面对这两种情况分别进行分析。

①引起大电流不开机故障的原因

加电就出现大漏电电流，故障原因一般是手机直接与电池供电相连的元件损坏、漏电，如电源管理芯片、功放、由电池直接供电的芯片等。

按开机键出现大电流，引起此故障的原因一般在电源的负载支路上，而损坏的元件也较多样化，大的元件如基带处理器、应用处理器、射频处理器、音频芯片、硬盘等，小的元件如LDO芯片、滤波电容等。

②检查大电流不开机的方法

把直流稳压电源输出调到 0V，给手机供电，慢慢升高电压，电流到 500mA左右停止，然后用手触摸电路板上各元件，感觉哪个元件发烫较厉害，多数取下就能解决问题，更换即可。如果电源管理芯片发烫，同时又有其他负载芯片烫手的话，则一般为负载芯片问题。

在无法具体确定为哪个元件发热的情况下，可以把电源管理芯片输出的各个支路逐次切开，来判断是哪支电路出现漏电。

（2）按开机键无电流反应

①引起故障的原因

引起按开机键无电流反应的原因有三种：开机线有问题、开机键损坏、开机键到电源的开机触发端有断线；电源管理芯片损坏、开机触发信号不正常；电池的正极到电源管理芯片供电开路。

②按开机键无电流反应的检查方法

开机线出问题的比较常见，而且处理也较容易，一般飞线就可解决，如果是开机按键问题，直接更换就行了。

对于电源管理芯片损坏，则需要更换电源管理芯片，注意电源管理芯片虚焊也可能造成按开机按键无电流反应。

对于电源管理芯片无供电问题，使用数字式万用表测量电源管理芯片的电池供电脚就可以判断。

（3）小电流不开机

针对小电流不开机故障，可以采取下面的方法进行判断，根据各集成电路工作消耗的电流多少来判断故障范围。

首先找一个正常的手机，先将电源管理芯片、时钟晶体、应用处理器、硬盘、基带等几个主要芯片拆下，然后再逐个装上。观察拆下每一个芯片的电流变化，作为以后维修的依据。

电流法是基于有经验基础之上的维修方法，需要相当深厚的手机理论基础，不懂理论只能学会运用，懂理论则可以做到举一反三，运用到各类手机的维修上去。

4.1.6　信号波形法

1．信号波形法介绍

信号波形法是通过示波器观察被测量电路在交流状态时测试点波形的形状、幅度、周期等，并与正常波形相比较，来分析和判断手机交流电路中各元器件是否损坏变质的方法。

当采用其他方法无法确定故障部位的时候，信号波形法则可能是一种比较有效的方法，信号波形法能够检查主板交流信号的动态功能是否正常，检测结果比其他方法更为可靠。

使用信号波形检查手机主板电路时，不需要外加其他任何信号，相对检查其他设备来讲，还是非常方便。

2．信号波形法的应用

（1）使用示波器从待修电路的第一级开始检查，依次往后推移，观察信号波形是否正常。如果哪一级单元电路没有输出波形或者波形发生畸变，则可能故障在这一级；对于复杂的多级电路，可以分段检测，以缩小检查范围，加快检查速度。

（2）使用示波器观察有疑问电路的输入和输出波形时，如果有输入信号而无输出信号或信号发生畸变，则问题就存在于被测电路中。

以手机中系统时钟信号波形测量为例，如果检测波形发生畸变或没有，则该电路存在问题，再检查具体怀疑元器件。

系统时钟信号波形如图 4-6 所示。

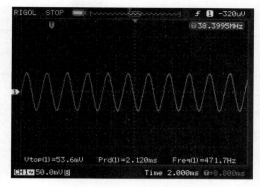

图 4-6　系统时钟信号波形

4.1.7　黑箱法（逻辑推理法）

1. 黑箱及黑箱理论介绍

（1）黑箱

在控制论中，通常把所不知的区域或系统称为"黑箱"，而把全知的系统和区域称为"白箱"，介于黑箱和白箱之间或部分可查看的黑箱称为"灰箱"。一般来讲，在社会生活中广泛存在着不能观测却可以控制的"黑箱"问题。比如，我们每天都看电视，但并不了解电视机的内部构造和成像原理，对我们而言，电视机的内部构造和成像原理就是"黑箱"。

（2）黑箱理论

黑箱是未知的世界，也是我们要探索的世界。如何了解未知的黑箱呢？只能在不直接影响原有客体黑箱内部结构、要素和机制的前提下通过观察黑箱中"输入"、"输出"的变量，得出关于黑箱内部情况的推理，寻找、发现其内部规律，实现对黑箱的控制。这种研究方法叫作黑箱理论。

2. 黑箱法的应用

（1）电子基础黑箱

有一只电阻和一只二极管串联，装在盒子里。盒子外面只露出三个接线柱A、B、C，如图 4-7 所示，使用指针式万用表的欧姆档进行测量，测量的阻值如表 4-1 所示，试在虚线框中画出盒内元件的符号和电路。

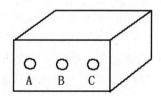

图 4-7　电子基础黑箱

表 4-1　电子基础黑箱测试结果

红表笔	A	C	C	B	A	B
黑表笔	C	A	B	C	B	A
阻值	有阻值	阻值同 AC 间测量值	很大	很小	很大	接近 AC 间阻值

从上面电子基础黑箱来看，我们只能看到一个黑箱子和外面的三个接线柱，手里只有一块万用表，根据黑箱理论，如何判断电子基础黑箱内到底有什么元件呢？

我们知道，这个黑箱内接的是一只电阻和一只二极管，电阻的正反向阻值是一样的，二极管的正反向电阻却差别很大。那么我们来看上面的表，AC和CA之间的阻值是相同的，符合电阻的特性，首先假设AC间连接的是一个电阻，CB间阻值和BC间阻值符合二极管的特性，假设BC间接一只二极管，再看AB和BA间阻值，符合一只电阻串一只二极管的可能，结果如图4-8所示。

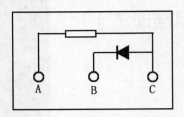

图 4-8　电子基础"黑箱"的组合元件

我们利用一块万用表，根据已掌握的电子知识和黑箱理论，就可判断出黑箱内电子元件的接法和结构，看似简单，却对我们的实际维修有非常现实的意义。

（2）使用黑箱理论检查故障部位

在手机维修中，不是每一部手机都能找到原理图纸，即使有原理图纸，也不一定人人会看，即使你会看图纸，客户也不一定等你，半小时修不好，客户就会再去别的地方，现实就是这样的，而新机型层出不穷，也不可能每一部手机的图纸都熟练地记在心里，在这种情况下，怎么才能修炼成高手？黑箱理论就是我们的制胜法宝，也就是高手的最后一招。

首先，手机的结构框架是不变的，也就是说，无非 2G、3G、4G、5G等几种网络架构，既然架构基本固定了，那么不同制式的网络系统只要记住常见的几种架构就行了，这样是不是就简单多了呢？

其次，虽然不同手机主板上的电路采用的集成块不同，但是电路功能基本相同，现在我们就用黑箱理论来判断各个集成电路的功能。手机主板的集成电路有些我们认识，有些不认识，我们把手机的集成电路当成一个个的箱子，认识的集成电路当成白箱子，拿不准的当成灰箱子，不认识的当成黑箱子。根据我们掌握的电子知识和手机结构框架，来推理这个集成块的功能，在推理时，要系统地了解这个黑箱子输入、输出信号，得出关于黑箱内部情况的推理，寻找、发现其内部规律，实现对黑箱的控制。到这里，黑箱内完成了什么功能、和周围集成电路的从属关系、谁来控制这个集成电路，了解到这个信息就足够了。

最后，就可以开始故障判断和维修，例如：手机没有信号，根据手机维修基本方法和手机结构框架分析，信号的处理是由射频处理器来完成。首先应该找到射频处理器在主板的位置，找到射频处理器后，根据黑箱理论找出这个黑箱的输入信号、输出信号、控制信号。使用仪器测量输入信号是不是正常？如果输入信号不正常，说明故障和射频处理器没有关系。如果输入信号、控制信号都正常，没有输出信号，可能就是射频处理器坏了。这样，我们就用黑箱理论判断出射频处理器损坏了，不是很难吧？

第2节　智能手机故障维修方法

手机故障维修经常采用的方法有清洗法、补焊法、代换法、飞线法、软件法等，各种维修方法要相互结合，灵活运用，这样才能提高维修效率。

4.2.1　清洗法

1．清洗法介绍

清洗法是手机维修经常采用且简单有效的维修方法，该方法主要是通过使用专用的清洁剂（如无水酒精或天然水）或清洁设备对手机进行清洁处理。

智能手机内部的触片、接口、主板元件引脚很容易受到外界水汽、灰尘、腐蚀性气体的影响，出现焊点氧化或接触不良的情况，这个时候可以使用清洗法进行维修。手机进水或落入到其他液体中时引起的故障，也可以采用清洗法进行维修。

2．清洗法的应用

手机进水后多数情况造成不能开机、手机显示不正常及通话出现杂音等故障。所以，当手机进水后，无论是掉进清水或者脏水中，都应将手机立即关机并取下电池，如继续开机会使手机内部元件短路，烧坏元件，使故障扩大，加大维修难度。

所以遇到进水手机后，可以用热风枪、电吹风将主板烘干，然后再加电试机，多数手机会正常工作。如不能正常工作，可将元件腐蚀引脚重新补焊一遍，因为进水机极易造成元件引脚氧化，导致引脚虚焊。补焊后，一般故障都会排除，手机恢复正常工作。

手机掉进污水（厕所、海水或其他腐蚀性液体）后，应迅速清洗，先将能看到的腐蚀物处理干净，用毛刷将附着在元件引脚上的杂质刷掉。然后用酒精棉球对线路板进行清洗。如腐蚀严重，必须用超声波清洗机进行清洗，处理干净后将主板放在通风干燥处晾 2 小时以上，然后将所有元件氧化引脚都补焊一遍，如仍不开机或者出现其他故障，应按维修步骤检查线路是否有元件烧坏及元件有无短路现象，其中电源管理芯片损坏的情形较多，多数进水机不开机的手机更换电源管理芯片后故障就会排除，恢复正常工作。

图 4-9　常用超声波清洗机

常用超声波清洗机如图 4-9 所示。

4.2.2　补焊法

1．补焊法介绍

补焊法是指用防静电焊台或热风枪对怀疑虚焊故障范围内的元件、集成电路、功能部件的焊点进行补焊的方法。

在使用补焊法的时候，注意不要盲目进行补焊，要在确认故障范围和故障元器件的前提下进行，同时还要注意不要大面积进行补焊，避免引起意外问题出现。

2．补焊法的应用

补焊法适用于摔过、磕碰的手机，智能手机因虚焊造成的故障率很高，例如，智能手机出现时而无法开机、时而开机正常等故障多由虚焊引起，因此可采用对相关、可疑焊点进行补焊来排除故障。

根据不同的元器件，采取不同的补焊手段，补焊法的应用如图4-10所示。

图4-10　补焊法的应用

4.2.3　代换法

1．代换法介绍

代换法是指对手机中怀疑损坏的元器件或某个功能部件用同型号性能良好的元器件或功能部件进行替换，若替换后故障排除，则证明被怀疑部位或元件损坏；若替换后，故障依旧，则应进一步检测其他相关部位。

代换法适用于相对独立的或较易进行拆装操作的压接或插排连接的部件，如显示屏、电池、摄像头组件、开/关机按键组件、听筒、麦克风、扬声器、振动器、耳机接口、数据传输及充电接口组件等。

2．代换法的应用

对于初学者来讲，代换法是应用最广泛的维修方法，只要手机中可以拆卸的组件都可以使用代换法，例如：手机主板、电池、屏幕组件、摄像头等；只要焊接水平高，理论上主板上的任何元器件都可以使用代换法进行维修。相对来讲，代换法在易于拆卸的组件中更实用。

代换法的应用如图4-11所示。

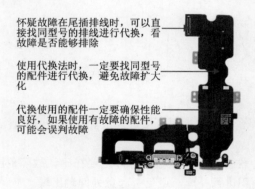

图4-11　代换法的应用

手机无法充电，怀疑可能是尾插排线不正常，此时，可找到与故障机相匹配的代换配件进行替换。若替换后故障排除，说明原尾插排线确实损坏；若替换后故障依旧，则需要对相关的控制部分进行检查。

4.2.4　飞线法

1. 飞线法介绍

飞线法是指使用特细导线跨接手机电路中的某一元件或主板断线部分，以达到判断被跨接元件是否出现故障或修复断线目的的方法。

在手机维修中，飞线法所用的导线可以是直径为 0.1mm 的高强度细漆包线，可用于跨接 0Ω 电阻、滤波器、铜箔断线等；也可用 100pF 的电容代替导线跨越滤波器（SAW）等。

2. 飞线法的应用

手机主板铜箔腐蚀严重出现断路或手机使用中受到强烈震动导致主板部分断路时，可采用飞线法将导线跨接在发生断路的两个元器件之间，使断路的铜箔接通。

当怀疑手机电路中的普通滤波器故障时，也可用导线或 100pF 的电容短接滤波器的输入端和输出端，使信号不经滤波器，直接经导线或经电容耦合至后级电路中，用以判断滤波器的好坏。

飞线法的应用如图 4-12 所示。

图 4-12　飞线法的应用

4.2.5　软件法

1. 软件法介绍

手机功能的实现都是在各种软件程序的控制下完成的，如开机程序、接收和发射程序、数据处理程序以及各种应用软件程序等，这些程序中任何一个数据丢失或指令出错，都会引起手机某种或整机功能失常。

软件修复法就是针对手机中的软件故障而实施的一种维修方法，它是指借助计算机或编程器对智能手机中的软件数据进行修复的方法。

2. 软件法的应用

对于怀疑软件故障引起的手机不开机、不显示、功能不正常等问题，可以采用软件法维修，将手机的外部数据线接口与计算机USB接口建立连接，将计算机中的修复数据或软件通过数据线传送到手机中，实现借助计算机对手机的软件修复。

第3节 常见电路故障维修方法

作为手机维修工程师，必须掌握电路基础知识、仪器设备的使用方法以后，才能动手维修。对于手机的不同电路，采取的维修方法也不同，在本节中，我们介绍针对手机各部分电路提供不同的个性化维修方法。

4.3.1 手机供电电路的维修——三电一流法

对于手机供电电路的故障维修，我们一般采用三电一流法。

所谓"三电"是指手机在不同阶段或者不同模式下产生的电压。包括三种类型：一是手机在装上电池的时候就能够产生的电压，例如备用电池供电电路、功放供电电路等；二是手机在按下开机键后就能够出现的电压，例如系统时钟电路的供电、应用处理器电路供电、FLASH供电等，这些电压必须是持续供电；三是软件运行正常后才能出现的供电，例如SIM卡供电、闪光灯供电等。

"一流"是指通过电流法观察手机工作电路再判断手机故障范围。结合"三电"，配合电流法，基本可以准确判定手机供电电路的故障点。

1. 装上电池产生的电压

手机装上电池后，电池电压首先送到电源电路，手机处于待命状态，若此时按下手机开机按键，手机立即执行开机程序。

如图 4-13 所示是某手机电池接口电路，电池电压从电池触点J1801 的 2 脚、10 脚和 14 脚输出，送入到手机内部各部分电路。

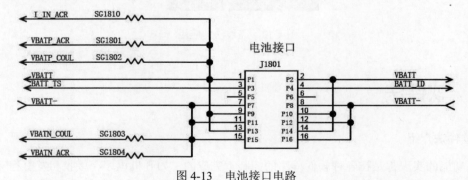

图 4-13　电池接口电路

（1）电源管理芯片供电

电池输出的电压，一般是先送到电源管理芯片电路，经电源管理芯片转换成不同的电压再送到负载电路中。电源管理芯片会输出多路不同的电压，主要是因为各级负载的工作电压、电流不同；避免负载之间通过电源产生寄生振荡。

某手机电源管理芯片供电电路如图 4-14 所示。手机装上电池后，电池电压VBATT_SYS送到电源管理芯片U1001内部，为电源管理芯片工作提供电压，使手机处于待命状态。

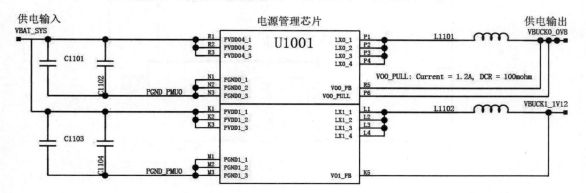

图 4-14 电源管理芯片供电电路

（2）功率放大器供电

功率放大器供电电路如图 4-15 所示。在绝大多数的手机中，功率放大器的供电也是由电池来直接提供的，手机装上电池后，电池电压PP_BATT_VCC直接加到功率放大器U_2GPARF的 4 脚，为功率放大器提供供电。

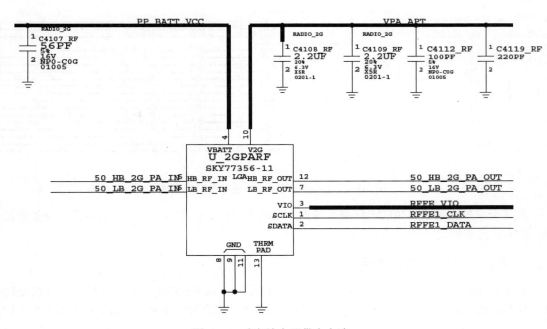

图 4-15 功率放大器供电电路

（3）功能电路供电

电池电压还给手机中不同的功能电路直接供电，例如音频放大电路、升压电路、射频供电电路等，下面我们以音频功放电路为例简要进行描述。

音频功放供电电路如图 4-16 所示。音频功放电路的供电电压由电池电压PP_BATT_VCC直接提供，电池电压PP_BATT_VCC送到音频功放U1601 的A2、B2、A4、A5 脚。

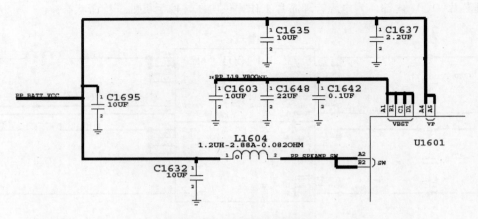

图 4-16　音频功放供电电路

2. 按下开机按键产生的电压

按下手机开机按键以后，手机的电源管理芯片会输出工作电压至各功能电路。

如图 4-17 所示是电源管理芯片供电输出部分电路图，该部分电压是按下开机按键以后就持续输出的电压。

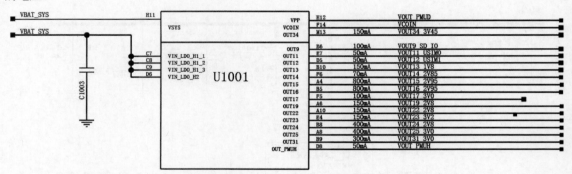

图 4-17　电源管理芯片供电输出部分电路图

按下开机按键以后产生的电压很有特点，该电压一般是持续输出的，主要供给应用处理器电路，保障应用处理器的稳定持续工作。

3. 软件工作才能产生的电压

在手机中，有些供电电压不是持续存在的，而是根据需要由CPU控制电压输出，尤其是射频部分和和功能电路、接口电路等，这样做的目的很简单，就是为了省电。下面举几个例子来进行说明。

（1）送话器偏置电压

送话器的偏置电压只有在建立通话的时候才能出现，也就是说只有按下发射按钮以后才能出现，它是一个 1.8V~2.1V左右的电压，加到送话器的正极。在待机状态下无法测量到这个偏置电压。

送话器偏置电压MICBIASP如图 4-18 所示。

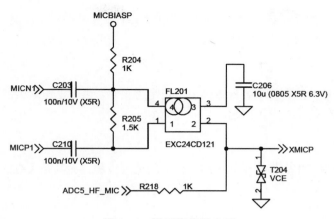

图 4-18　送话器偏置电压

（2）摄像头供电电压

摄像头供电电压如图 4-19 所示。在手机中，摄像头的供电PP2V85_CAM_VDD不是持续存在的，只有当打开摄像头功能菜单的时候，应用处理器输出CAM_EXT_LDO_EN信号，摄像头供电电压PP2V85_CAM_VDD才有输出。

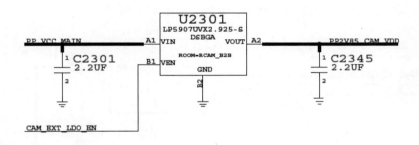

图 4-19　摄像头供电电压

4．一流（电流法）

在手机维修中，利用"电流法"判断手机故障是常用的方法之一，尤其是针对不开机故障，手机开机后，工作的次序依次是电源、时钟、逻辑、复位、接收、发射，手机在每一部分电路工作时电流的变化都是不同的，电流法就是利用这个原理来判断故障点或者故障元件，然后再测量更换元件。

前面我们已经详细讲过电流法，在此不再赘述，用电流法配合直流稳压电源判断手机故障的方法，随着维修经验的积累，将会掌握更多的方法和技巧。

4.3.2　手机单元电路的维修——单元三步法

在功能手机或智能手机中，键盘背景灯电路、振动器电路、摄像头电路、GPS电路等功能电路或接口电路，都可以采用单元三步法维修。

单元三步法就是在维修中针对供电、控制、信号三个要素进行判定，通过对供电、控制、信号三个要素进行测量，来判定手机的故障范围，单元三步法可以总结为"电、信、控"。

1. 供电

对于手机单元电路故障，首先要检查供电电压是否正常，供电电压是否能够输送到单元电路，如果供电不正常有可能是供电电压问题。

2. 信号

在实际维修工作中，主要检查单元电路中信号的处理过程，尤其是关键的测试点。

3. 控制

手机大部分电路的工作是受CPU控制的。翻盖手机如果合上翻盖LCD不显示，就是控制信号的作用。

在单元电路中，控制信号的工作与否关系着单元电路是否能够正常工作，这也是单元电路故障维修中的关键测试点。

4. 单元三步法维修实例

单元三步法在手机维修中可以适用于所有手机的故障维修，主要是要掌握好方法和技巧。

下面以某手机闪光灯电路的维修为例进行分析，如图4-20所示。

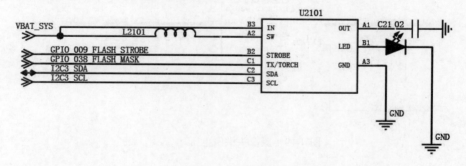

图4-20 某手机闪光灯电路

（1）供电电压的测量

使用万用表测量L2101上是否有3.7V左右的供电电压，如果有电压，说明供电部分是正常的，就需要再检查控制、信号两个测试点。如果供电这个测试点不正常，那就要检查供电部分是否有故障，负载是否存在短路问题等。

（2）控制信号的测量

闪光灯电路的工作受CPU的控制，闪光灯芯片U2101的C2、C3脚为控制引脚，控制闪光灯芯片U2101的工作。

（3）信号的测量

当闪光灯电路具备了供电电压、控制信号两个基本工作条件以后，电路开始工作，电压信号从U2101的B1脚输出。

　　如果该输出点没有输出信号，说明电路没有工作，测量单元电路的输出点，是把握整个电路是否工作的关键。

　　以上是简析单元三步法在手机单元电路故障维修中的应用，同样，单元三步法也可以应用在手机其他单元电路的维修中。

第5章

智能手机电路基础

本章从电的基本概念入手，循序渐进地介绍智能手机电路及其相关知识，包括电压和电流的概念、电路的工作状态、智能手机电路图的构成和识图方法等内容。

第1节　智能手机电路基础知识 ▶

在看智能手机电路图之前，应多了解、熟悉、理解电路图中的有关基础知识，只有掌握手机中电路的基础知识，才能提高识读电路图的能力。

5.1.1　电的种类及特性

按照电的不同种类和特性，可将电分为直流电和交流电两种。

1. 直流电

直流电（Direct Current，简称DC）是指方向和时间不作周期性变化的电流，即正负极性始终不会改变，如电池、蓄电瓶等产生的电流，直流电又称恒定电流。直流电通过的电路称直流电路，是由直流电源和电阻构成的闭合导电回路。

直流电通常又分为恒定直流电和脉动直流电。恒定直流电是比较理想的直流电，大小和方向都不变；脉动直流电中有交流成分，如手机充电器内部将 220V 交流电压整流后的电压就是脉动直流电。直流电的波形如图 5-1 所示。

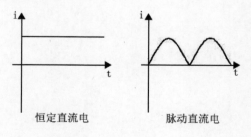

恒定直流电　　　　脉动直流电

图 5-1　直流电的波形

2．交流电

交流电（Alternating Current，简称为AC）也称交变电流，简称交流，一般指大小和方向随时间作周期性变化的电压或电流，它的最基本的形式是正弦电流。但交流电随时间的变化可以以多种多样的形式表现出来，不同表现形式的交流电其应用范围和产生的效果也是不同的。交流电的波形如图 5-2 所示。

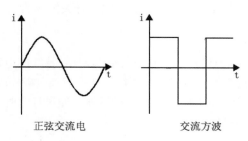

图 5-2　交流电的波形

（1）周期

正弦交流电完成一次循环变化所用的时间叫作周期，用字母T表示，单位为秒（s）。正弦交流电流或电压相邻的两个最大值（或相邻的两个最小值）之间的时间间隔即为周期。

（2）频率

交流电在 1 秒内完成周期性变化的次数叫作频率，常用 f 表示。物理中频率的单位是赫兹（单位符号为Hz），简称赫，也常用千赫（kHz）或兆赫（MHz）或GHz作单位。1kHz=1 000Hz，1MHz=1 000 000Hz，1GHz=1 000MHz。

频率 f 是周期T的倒数，即 $f=1/T$，两者的关系如图 5-3 所示。

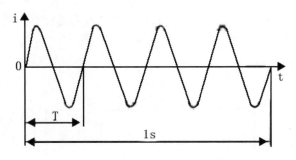

图 5-3　周期和频率的关系

我国照明用电的电源频率为 50Hz，这也是我国交流电供电的标准频率（规定为 50Hz）。

直流电的大小和方向在单位时间内不会变化，没有频率。凡提到"频率"的均为交流电。单位时间内交流电变化次数（周期）多的叫"高频"，反之为"低频"。

通常把人耳可以听到的频率（每秒变化 20Hz~20 000Hz）叫"低频"，也称"音频"。好的音响设备可以发出悦耳的音乐，就是它的音频范围较宽，能把高、中、低频尽量地展现出来，即频带宽、音质好。

5.1.2　电路的三种状态

电路由若干元件组成，目的是把电能转换成其他能量，以实现特定功能。电路有三种状态，分别为通路、断路、短路。这部分内容在初中物理和高中物理的电学部分都有介绍。

最基本的电路是由电源、用电器（负载）、导线、开关组成的。

1．通路

使用电器能够工作的电路叫通路。这时，电路闭合且有持续的电流。即合上开关接通电源，电荷从电池的正极出发，经过灯泡（负载）、导线、开关回到负极构成回路。

电荷在通过负载（此处为灯泡）时，进行能量转换。通过灯泡时转换为光能，通过烙铁时转换为热能，通过电机时转换为机械能。

电路的通路如图5-4所示。

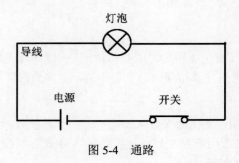

图5-4　通路

2．断路（开路）

断路（开路）是指处于电路没有闭合开关，或者导线没有连接好，或用电器烧坏或没安装好（如把电压表串联在电路中），即整个电路在某处断开的状态。

电路的断路如图5-5所示。

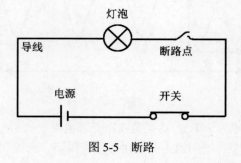

图5-5　断路

3．短路

直接用导线把电源的两极（或用电器的两端）连接起来的电路叫短路。电荷没有经过用电器，而是正、负极直接短接。短路时电流最大，容易损坏用电器。

短路现象如图5-6所示。

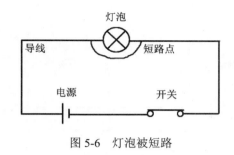

图 5-6　灯泡被短路

（1）短路的分类

短路有两种形式：一是整体短路，也称电源短路，它是指用导线直接连接在电源的正负极上，此时电流不通过任何用电器而直接构成回路，电流会很大，可能会把电源烧坏。二是局部短路，它是指用导线直接连接在用电器的两端，此时电流不通过用电器而直接通过这根导线，发生局部短路时也会有很大的电流。因此，短路状态是绝对不允许出现的。

（2）短路的实质

无论是整体短路还是局部短路，都是电流直接通过导线而没有通过用电器，使电路中的电阻减小从而导致电流增大。这就是短路的实质。

（3）短路分析方法

有时短路发生比较隐蔽，一眼不容易看出来，如何分析呢？可以采取电流优先流向分析法。如果电流有两条路径可供选择，一条路径全部是导体，一条路径中含有用电器，那么电流总是优先通过导线。具体的分析方法是：当电路构成通路时，电流从电源的正极出发，它总是优先通过导体并且能够回到电源的负极，这样便构成电源短路或用电器短路。

（4）短路故障的判断方法

短路是一种常见的电路故障，由于发生短路时电流没有通过用电器，导致用电器的电压为零，这就是发生短路的特征。此时可用电压表测量用电器两端的电压，若电压为零，则可能发生了短路。

从以上分析可知，电路正常工作时为通路，不工作时为断路，应避免短路。

5.1.3　电压和电流

1. 电压

电压（Voltage），也称作电势差或电位差，是衡量单位电荷在静电场中由于电势不同所产生的能量差的物理量。其大小等于单位正电荷因受电场力作用从A点移动到B点所做的功，电压的方向规定为从高电位指向低电位。

电压用"U"表示。电压的国际单位制为伏特（V，简称伏），常用的单位还有毫伏（mV）、微伏（μV）、千伏（kV）等，1V=1000mV，1mV=1000μV。手机中的电池额定电压多为3.7V。电路中多使用V、mV单位，μV较小，一般不用。

在同一电路中，不同的供电电压之间会有压差，例如A点和B点之间的压差为 1.2V，A点和C点之间的压差为 2.2V，B点和C点之间的压差为 1V 等，如图5-7 所示。

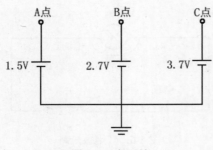

图 5-7　电压差

2. 电流

把单位时间里通过导体任一横截面的电量叫作电流强度，简称电流，电流符号为I，单位是A（安）、mA（毫安）、μA（微安），1A=1000mA，1mA=1000μA。

在一个闭合的电路中，有电压存在就会产生电流，电流的大小取决于负载阻值的大小。如同水从高到低运动形成水流的道理一样，电流的方向是从高电位到低电位。

第2节　手机电路图的组成及分类

维修手机离不开电路图，否则维修便是瞎子摸象，掌握和了解电路图的组成和分类是学习手机原理的基础，只有基础扎实，才能为以后的维修工作打下良好的基础。

5.2.1　电路图的组成

电路图主要由元件符号、连线、结点、注释4大部分组成。

1. 元件符号

元件符号表示实际电路中的元件，它的形状与实际的元件不一定相似，甚至完全不一样。但是它一般都表示出了元件的特点，而且引脚的数目都和实际元件保持一致。

手机元件的符号如图5-8所示。

2. 连线

连线表示的是实际电路中的导线，在原理图中虽然是一根线，但在常用的印刷电路板中往往不是线而是

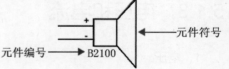

图 5-8　手机元件的符号

各种形状的铜箔，就像收音机原理图中的许多连线在印刷电路板图中并不一定都是线形的，也可以是一定形状的铜箔。

3. 结点

结点表示几个元件引脚或几条导线之间相互的连接关系，所有和结点相连的元件引脚、导线，不论数目多少，都是导通的。

手机的连线和结点如图 5-9 所示。

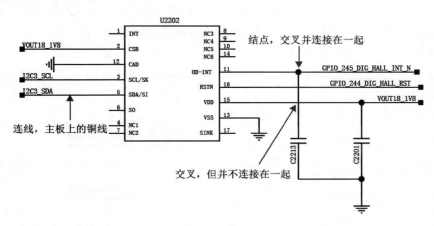

图 5-9　手机的连线和结点

4．注释

注释在电路图中是十分重要的，电路图中所有的文字都可以归入注释一类。在电路图的各个地方都有注释存在，它们被用来说明元件的型号、名称等。

手机原理图注释如图 5-10 所示。

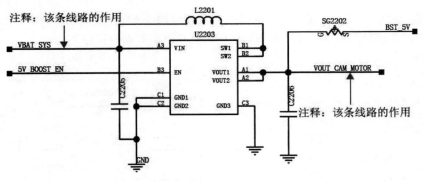

图 5-10　手机原理图注释

5.2.2　手机电路图的分类

在手机维修中，经常遇到的手机电路图有原理图、方框图、装配图（元件分布图）、印制板图、点位图等。手机的原理图直接体现了电路结构和工作原理，方框图则用线条标明各部分之间的信号流程和关系，装配图和印制板图的作用差不多，表示每一个元件的代号和在主板的具体位置，点位图可以快速查找主板线路走向。

原理图、方框图、装配图和印制板图、点位图相互配合，才能帮助维修人员完成整个维修过程。

1．原理图

原理图又叫作"电原理图"，由于它直接体现了电子电路的结构和工作原理，所以一般用在设计、分析电路中。

分析电路时,通过识别图纸上所画的各种电路元件符号及它们之间的连接方式,就可以了解电路实际工作时的原理,原理图就是用来体现电子电路的工作原理的一种工具。

某国产手机局部原理图如图 5-11 所示。

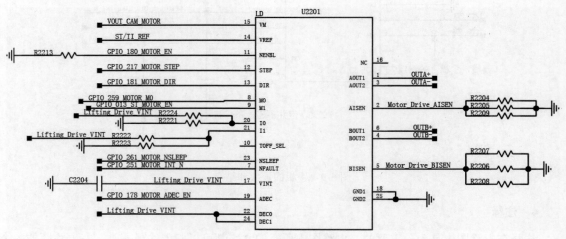

图 5-11　局部原理图

2．方框图(框图)

方框图是一种用方框和连线来表示电路工作原理和构成概况的电路图。严格的说,这也是一种原理图,不过在这种图纸中,除了方框和连线,几乎就没有别的符号了。

手机方框图如图 5-12 所示。

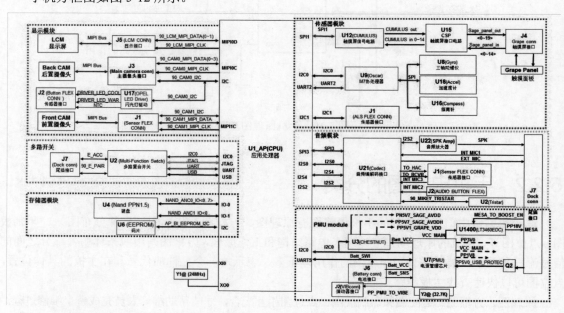

图 5-12　手机方框图

方框图和原理图的主要区别在于原理图上详细地绘制了电路全部的元器件和它们的连接方

式，而方框图只是简单地将电路按照功能划分为几个部分，将每一个部分描绘成一个方框，在方框中加上简单的文字说明，在方框间用连线（有时用带箭头的连线）说明各个方框之间的关系。

所以方框图只能用来体现电路的大致工作原理，而原理图除了详细地表明电路的工作原理之外，还可以用来作为采集元件、制作电路的依据。

3．装配图（元件分布图）

装配图是为了进行电路装配而采用的一种图纸，图上的符号往往是电路元件的实物的外形图。只要照着图上画的样子，依样画葫芦地把一些电路元器件连接起来就能够完成电路的装配。这种电路图一般是供初学者使用。

手机装配图如图 5-13 所示。

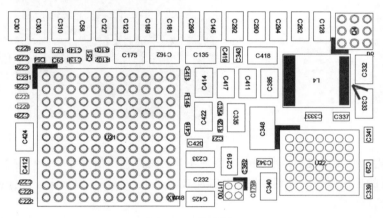

图 5-13　装配图

装配图根据装配模板的不同而各不相同，大多数作为电子产品的场合，用的都是下面要介绍的印刷线路板，所以印制板图是装配图的主要形式。

4．印制板图

印制板图的全名是"印刷电路板图"或"印刷线路板图"，它和装配图其实属于同一类的电路图，都是供装配实际电路使用。

印刷电路板是在一块绝缘板上先覆上一层金属箔，再将电路不需要的金属箔腐蚀掉，剩下的部分金属箔作为电路元器件之间的连接线，然后将电路中的元器件安装在这块绝缘板上，利用板上剩余的金属箔作为元器件之间导电的连线，完成电路的连接。由于这种电路板的一面或两面覆的金属是铜皮，所以印刷电路板又叫"覆铜板"。

手机印制板图如图 5-14 所示。

印制板图的元件分布往往和原理图中大不一样。这主要是因为在印刷电路板的设计中，主要考虑所有元件的分

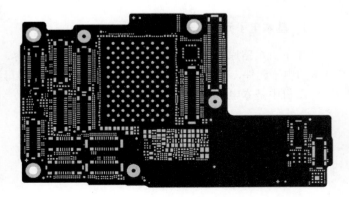

图 5-14　印制板图

布和连接是否合理，以及元件体积、散热、抗干扰等诸多因素，综合这些因素设计出来的印刷电路板，从外观上看很难和原理图完全一致，而实际上却能更好地实现电路的功能。

5. 点位图

点位图是在印制板图基础上开发的一种维修用电子图纸，利用点位图可以快速查找电路的通断、二极体值、板层线路走向等参数。

点位图界面如图 5-15 所示。

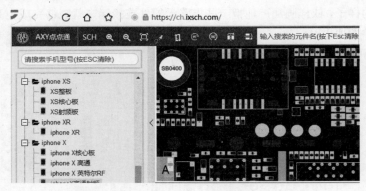

图 5-15　点位图界面

在上面介绍的 5 种形式的电路图中，原理图是最常用也是最重要的，能够看懂原理图，也就基本掌握了电路的工作原理，绘制方框图就都比较容易了。掌握了原理图，进行智能手机的维修、设计，也就十分方便了。

第3节　手机常见电路的元器件符号

在电路图中，各种电子元器件都有它们特定的表示方式，即元器件电路符号，要想识别电路图首先要学会识别元器件电路符号。认识手机元器件电路符号以后，再学习基本电路就简单了。

5.3.1　手机常见元件符号

1. 基本电子元件符号

在手机电路原理图中，使用最多的就是电阻、电容、电感、二极管、三极管、场效应管等最基本的电子元件，在这些器件旁边都标注了数字、字母组成的符号，下面我们来看具体含义。

手机中基本电子元件的符号如图 5-16 所示。

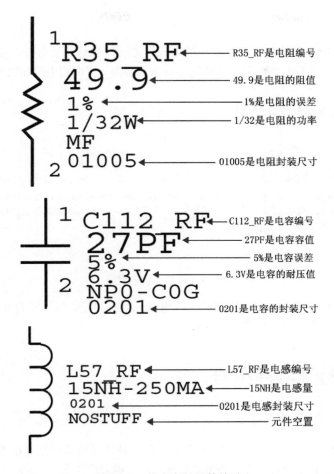

图 5-16　基本电子元件符号

2. 二极管的符号

在半导体器件中，二极管在手机中的应用比较多，不同功能的二极管的画法是有区别的。例如，发光二极管主要用在有照明和发光需求的电路中，那么在手机中，如果看到发光二极管的符号，即是键盘灯电路、LCD背光灯电路、闪光灯电路、信号灯电路等，然后根据电路的注释就能清楚具体是哪一部分电路了。

如图 5-17 所示是手机中的二极管符号。

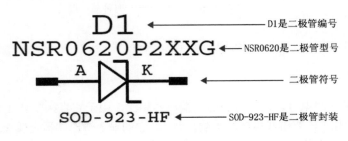

图 5-17　二极管的符号

3. 场效应管的符号

在手机中，场效应管是控制电路中最关键的元件之一，虽然画法各异，但是基本功能不变，在识别手机中的场效应管符号的时候，注意区分材料、结构、实现的电路功能等，要结合整体电路进行综合分析。

如图 5-18 所示是场效应管的符号。

Q1600是场效应管编号
DMN2990UFA是场效应管型号
DFN0806是场效应管封装

图 5-18　场效应管的符号

以上是在智能手机电路图中出现较多的一些电路元器件符号，当然还有其他电路元器件符号，在讲具体电路的时候会有说明，这里不再赘述。

5.3.2　手机特殊器件符号

1. 时钟晶体

时钟晶体是一种机电器件，是用电损耗很小的石英晶体经精密切割磨削并镀上电极焊上引线做成。这种晶体有一个很重要的特性，如果给它通电，它就会产生机械振荡，反之，如果给它机械力，它又会产生电，这种特性叫机电效应。它有一个很重要的特点，即其振荡频率与其形状、材料、切割方向等密切相关。

时钟晶体的符号如图 5-19 所示。

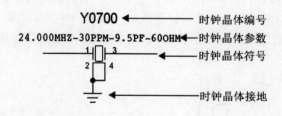

时钟晶体编号
时钟晶体参数
时钟晶体符号
时钟晶体接地

图 5-19　时钟晶体的符号

2. 穿心电容

穿心电容是一种三端电容，但与普通的三端电容相比，由于它直接安装在金属面板上，因此它的接地电感更小，几乎没有引线电感的影响。另外，它的输入输出端被金属板隔离，消除了高频耦合，这两个特点决定了穿心电容具有接近理想电容的滤波效果。

穿心电容的符号如图 5-20 所示。

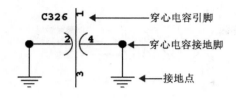

图 5-20　穿心电容的符号

3．NTC 电阻

NTC（Negative Temperature Coefficient）是指随温度上升电阻呈指数关系减小、具有负温度系数的热敏电阻现象和材料。NTC电阻在手机中主要应用于对温度要求不敏感的温度检测电路。NTC电阻的符号如图 5-21 所示。

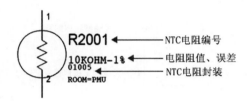

图 5-21　NTC 电阻的符号

4．带通滤波器

带通滤波器（band-pass filter）是一个允许特定频段的信号通过同时屏蔽其他频段信号的元件。带通滤波器在手机中一般应用在射频处理器电路。

带通滤波器的符号如图 5-22 所示。

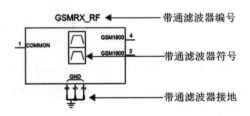

图 5-22　带通滤波器的符号

5．TVS 管

TVS（Transient Voltage Suppressor，瞬态电压抑制器），是一种二极管形式的高效能保护器件，有的教材中也称为TVP、AJTVS、SAJTVS等。当TVS二极管的两极受到反向瞬态高能量冲击时，它能以 10^{-12} 秒量级的速度，将其两极间的高阻抗变为低阻抗，吸收高达数千瓦的浪涌脉冲，使两极间的电压钳位于一个预定值，从而有效地保护电子线路中的精密元器件免受各种浪涌脉冲的损坏。

在手机中，TVS管主要应用在按键接口电路、SIM卡电路中。TVS管的符号如图 5-23 所示。

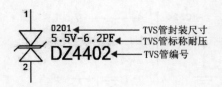

图 5-23　TVS 管的符号

6．天线测试接口

在手机中，一般会有 1~3 个天线测试接口，天线测试接口主要在生产中用来进行综测时使用。在一线维修中，很少使用到天线测试接口，这个接口出现问题一般是开路，只要将 1、2 脚短接就行了。

天线测试接口如图 5-24 所示。

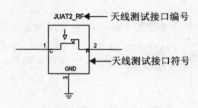

图 5-24　天线测试接口

5.3.3　手机电路符号

识读手机电路图，除了了解常见元器件的符号之外，还要掌握手机电路中的常见符号，下面我们分别进行介绍。

1．供电电压

在电路原理图中，由于空间限制及厂家画图的习惯，很少将供电电压单独标注出来，一般将电压和信号点写在一起。例如PP1V8_VA信号，里面的 1V8 表示该信号点的电压为 1.8V。

供电电压的标注方式如图 5-25 所示。

35　34　33　19　**PP1V8_VA**

图 5-25　供电电压的标注方式

另外，在图 5-25 中，左边数字的含义是该信号点连接到的页码，除了在本页看到的PP1V8_VA信号外，还连接到 35 页、34 页、33 页、19 页。

2．信号流向

在电路原理图识读过程中，信号的流向是我们要学习和关注的重点，维修人员只有明白一个信号从哪儿来，到哪儿去，才能判断一个电路的工作状态。

信号流向图如图 5-26 所示。

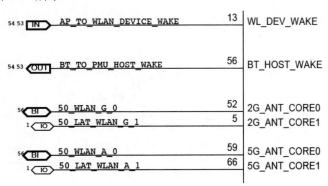

图 5-26　信号流向图

AP_TO_WLAN_DEVICE_WAKE信号左侧的框内有一个IN，且箭头向右，说明信号从外部输入到芯片内部。

BT_TO_PMU_HOST_WAKE信号左侧的框内有一个OUT，且箭头向左，说明该信号是从左侧的芯片输出，送至外部的电路。

50_WLAN_G_0、50_LAT_WLAN_G_1 信号左侧的框内有个BI、IO，且箭头是双向的，说明信号是双向的。

另外仔细观察会发现，在大部分的信号点中都会有一个英文单词TO，例如：BT_TO_PMU_HOST_WAKE，TO之前有个英文单词BT，TO之后有一个英文单词PMU，这个信号的意思是蓝牙TO（至）PMU电源的HOST_WAKE信号。

3．主板测试点

在手机主板上，经常会看到一些小的圆点，这些就是主板测试点，这些测试点一般是关键信号测试点，在手机维修中，这些测试点的作用非常大，另外这些测试点在手机的生产中也起到非常重要的作用。

主板测试点如图 5-27 所示。

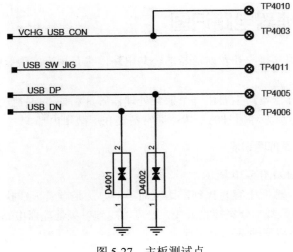

图 5-27　主板测试点

4．短接点

短接点在手机的供电电路中使用较多，主要用来调测电路时使用，在射频及控制电路中很少使用，如图 5-28 所示。

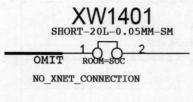

图 5-28　短接点

5．低电平有效

低电平有效指输入高电平无效，一般平时维持在高电平，需要触发时才切换为低电平，触发完成又回到高电平，准备下次触发。

给信号上面加一横线表示使用的是低电平触发；信号的输入端有一个圆圈也表示低电平有效。在部分电路中横线和圆圈都使用。低电平有效符号如图 5-29 所示。

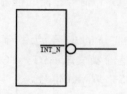

图 5-29　低电平有效符号

第4节　手机电路识图方法

5.4.1　射频处理器电路识图

射频处理器电路是用来接收和发射信号的公共电路，也是用来实现智能手机之间相互通信的关键电路。

智能手机的射频处理器电路主要由一个射频处理器芯片和外围电路构成，由于该电路所处理的信号频率很高，为了避免外界信号的干扰，通常被装在屏蔽罩内部。

1．射频处理器电路原理图识图

射频处理器电路框图如图 5-30 所示。

射频处理器电路在原理图中容易找到，比较简单的办法是顺着天线找，先找到天线的电路符号，然后再找到主集接收天线、分集接收天线，就可以找到射频处理器电路了，但是这个办法难度有点大，必须在熟悉电路原理的基础上才行。

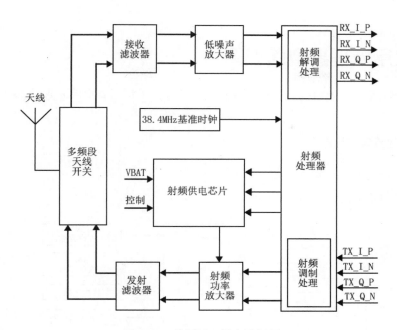

图 5-30 射频处理器电路框图

通过查找射频处理器电路一些常见的英文标识，也可以快速找到射频处理器电路，常见的射频处理器电路的英文标识有TX、RX、TRX、ANT、PRX、LNA、HB、MB、LB、PA等，只要找到这些常见的英文标识符号，就可以找到射频处理器电路了。

2．射频处理器芯片主板位置图

射频处理器芯片主板位置图如图 5-31 所示。

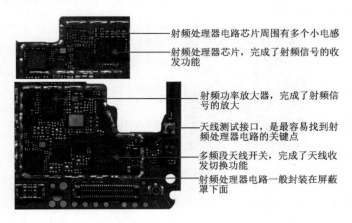

图 5-31 射频处理器芯片主板位置图

射频处理器电路一般会有多个芯片，并封装在屏蔽罩下面，芯片周围有多个小电感。

顺着天线可以找到天线测试接口，然后找到射频处理器电路，这是在主板上查找射频处理器电路的关键点。

5.4.2　应用处理器电路识图

应用处理器电路完成整机信号控制和各种数据处理，手机所有电路基本上都是在应用处理器的控制下工作。

1．应用处理器电路识图

（1）应用处理器电路原理图识图

应用处理器电路框图如图 5-32 所示。

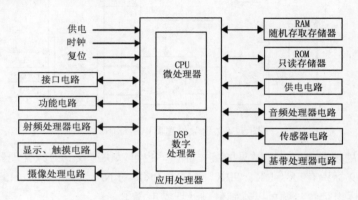

图 5-32　应用处理器电路框图

（2）应用处理器、存储器电路主板位置图

应用处理器电路主板位置图如图 5-33 所示。

图 5-33　应用处理器电路主板位置图

应用处理器在手机中的个头最大，大部分与RAM叠层装配在一起；应用处理器周围电容、电感数量多且个头大。手机中的ROM（UFS高速闪存，也叫硬盘）一般为长方形，位于应用处理器旁边。

2．基带处理器电路识图

基带处理器是一种高度复杂的系统芯片，随着多媒体功能的日益增加，基带处理器的集成度也不断提高，它不仅支持几种通信标准，而且提供多媒体功能以及用于多媒体显示器、图像传感器和音频设备相关的接口。

（1）基带处理器电路原理图识图

基带处理器电路框图如图 5-34 所示。

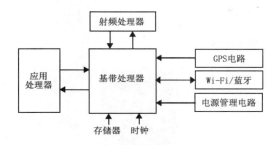

图 5-34　基带处理器电路框图

基带处理器是一个完整的处理器系统，有独立的存储器、电源管理电路、时钟电路，在原理图中的查找也相对比较容易，在此不再赘述。

（2）基带处理器电路主板位置图

基带处理器电路主板位置图如图 5-35 所示。

在 iPhone 手机中，一般有独立的基带处理器完成基带信号的处理，基带处理器一般靠近应用处理器，基带处理器有独立的电源管理芯片，周围电容、功率电感数量较多。

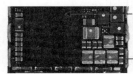

图 5-35　基带处理器电路主板位置图

5.4.3　电源管理电路识图

电源管理电路主要用来为智能手机各单元电路提供工作电压，是整机的能量来源，只有该电路正常才能保证智能手机正常开机、拨打和接听电话。

1. 电源管理电路原理图识图

电源管理电路框图如图 5-36 所示。

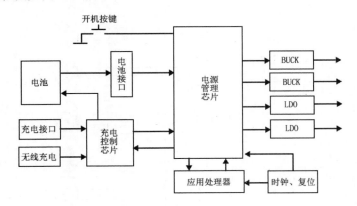

图 5-36　电源管理电路框图

在电源管理电路中，主要是以 BUCK 及 LDO 输出为主，只要找到 BUCK 及 LDO 同时存在多路输出电路,就可以找到电源管理电路了。

可以通过充电接口找到充电管理芯片及电源管理电路,也可以通过电池接口找到电源管理电路。

2.电源管理芯片主板位置图

电源管理芯片主板位置图如图5-37所示。

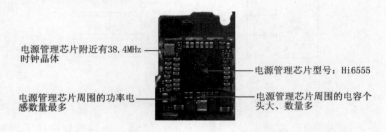

电源管理芯片附近有38.4MHz时钟晶体

电源管理芯片型号:Hi6555

电源管理芯片周围的功率电感数量最多

电源管理芯片周围的电容个头大、数量多

图 5-37 电源管理芯片主板位置图

通过了解电源管理芯片的型号,可以快速查找芯片,平时要注意积累手机中各芯片的型号,有助于快速维修电源管理电路故障。

在电源管理芯片的附近,一般会有38.4MHz的时钟晶体,周围的电容个头大、数量多,芯片周围的功率电感数量也最多。通过以上观察可以快速定位电源管理芯片在主板上的位置。

通过充电接口可以快速找到充电管理芯片,通过电池接口也可以快速找到电源管理芯片,通过开关机按键也可以找到电源管理芯片。

5.4.4 音频处理器电路识图

音频处理器电路用来处理与声音有关的所有信号,可以将送来的数据信号转换成可识别的声音信号,也可以将收集的声音信号转换成数据信号传送出去。

1.音频处理器电路原理图识图

音频处理器电路框图如图5-38所示。

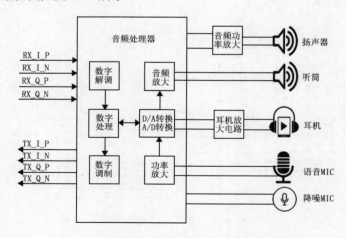

图 5-38 音频处理器电路框图

目前智能手机音频处理器电路主要有三种：一种是音频处理器电路与电源管理电路集成在一起；另一种是音频处理器电路与应用处理器电路集成在一起；还有一种是独立的音频处理器芯片。另外，有的音频处理器电路芯片中集成了功率放大器电路，有的则没有集成，需要单配功率放大器。无论采用何种结构模式，其音频信号处理过程都一样。

通过查找音频处理器电路一些常见的英文标识，可以快速找到音频处理器电路，常见的音频处理器电路英文标识有MIC、SPK、BIAS、MODEM、RCV等，只要找到这些常见的英文标识符号，就可以找到音频处理器电路了。

2. 音频处理器芯片主板位置图

音频处理器芯片主板位置图如图 5-39 所示。

音频处理器芯片型号Hi6405
音频处理器靠近应用处理器

图 5-39　音频处理器芯片主板位置图

在主板上查找音频处理器电路的位置一般还是要从扬声器、听筒、麦克风等入手，找到相关元件以后，再顺藤摸瓜，就能找到音频处理器电路了。

5.4.5　显示、触摸电路识图

显示、触摸电路是智能手机的控制及显示部件，是智能手机实现人机交互的电路，用户指令通过该电路送入，处理后的结果也由该电路输出。

1. 显示、触摸电路原理图识图

显示、触摸电路框图如图 5-40 所示。

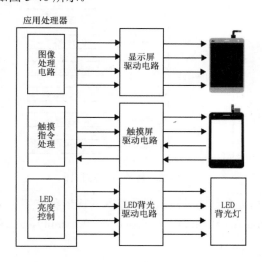

图 5-40　显示、触摸电路框图

显示、触摸电路外围元器件较少,除了背光驱动电路之外,显示屏及触摸屏均通过接口与应用处理器直接进行数据通信。

通过查找显示、触摸电路一些常见的英文标识,可以快速找到显示、触摸电路,常见的显示、触摸电路英文标识有LCD、TP、AMOLED、TOUCH、BACKLIGHT、LCM、BL等,只要找到这些常见的英文标识符号,就可以找到显示、触摸电路。

2. 显示、触摸电路主板位置图

显示、触摸电路主板位置图如图 5-41 所示。

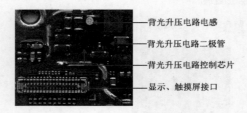

图 5-41　显示、触摸电路主板位置图

显示、触摸电路在主板的位置比较容易找到,先找到显示、触摸屏接口,然后再找到背光升压电路就可以了,相应的驱动控制电路一般都集成在应用处理器的内部,外部没有单独的电路。

5.4.6　传感器电路识图

传感器的应用让手机更加智能,同时也让人们的生活更加丰富多彩,手机也不再是一个通信工具,而是具有综合功能的便携式电子设备。

1. 传感器电路原理图识图

传感器电路框图如图 5-42 所示。

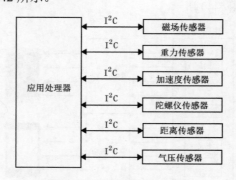

图 5-42　传感器电路框图

在手机原理图中查找相关电路的时候,只要查找对应的英文字母标识或缩写就可以了,传感器常见的英文标识有Sensor、Acceleration、Gyroscope、Proximity、ALS、Barometer、Compass等。

2. 传感器电路主板位置图

不同的传感器电路各不相同,它们在电路中的位置也不同,没有非常明显的特征进行区分,一般是通过原理图中对应的位置进行查找。

5.4.7 功能电路识图

功能电路原理框图如图 5-43 所示。

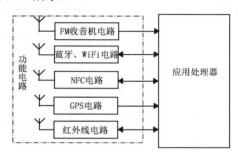

图 5-43 功能电路原理框图

功能电路在应用处理器的控制下完成手机的各项功能及应用，各功能电路都独立工作，相互之间没有直接关系。

5.4.8 接口电路识图

接口电路用来实现人机之间的交互、数据的传输等，接口电路框图如图 5-44 所示。

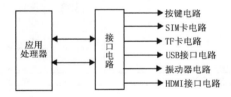

图 5-44 接口电路框图

第5节 手机基础电路分析

5.5.1 电阻电路

1. 零欧姆电阻（限流电阻）电路

零欧姆电阻又称为跨接电阻器，是一种特殊用途的电阻，零欧姆电阻并非真正的阻值为零，零欧姆电阻实际是电阻值很小的电阻。正因为有阻值，也就和常规的贴片电阻一样有误差、精度等指标。

电路板设计中两点不能用印刷电路连接，常在正面用跨线连接，这在普通板中经常看到，为了让自动贴片机和自动插件机正常工作，常用零欧姆电阻代替跨线。

零欧姆电阻电路如图 5-45 所示。在图中R2404 为零欧姆电阻，在实际维修中可以将该电阻短接。

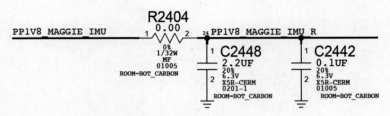

图 5-45　零欧姆电阻电路

另外，有些电路使用了小于 10Ω的电阻，在电路中起到限流的作用，这类电阻叫限流电阻，在维修中也可以短接。

2．上拉电阻与下拉电阻电路

在数字电路中，为了提高驱动能力和稳定输出电平，通常会使用上拉电阻和下拉电阻。

上拉就是将不确定的信号通过一个电阻嵌位在高电平，电阻同时起限流作用。

下拉就是将不确定的信号通过一个电阻嵌位在低电平，电阻同时起限流作用。

在实际维修中，上拉电阻和下拉电阻都不能短接。

上拉电阻电路如图 5-46 所示。

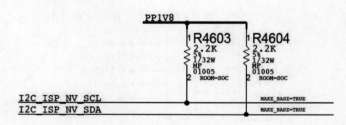

图 5-46　上拉电阻电路

下拉电阻电路如图 5-47 所示。

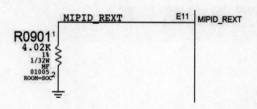

图 5-47　下拉电阻电路

3．隔离电阻电路

隔离电阻是将上一级电路与下一级电路之间接一个电阻器，使电阻器在两级电路间存在电压降，以避免两级电路间直接短路。

在电路必须接通有电流流过，而电路两端电压不能相等的情况最好接入一个隔离电阻，这样电阻器两端的电压便不相等。

隔离电阻电路如图 5-48 所示。

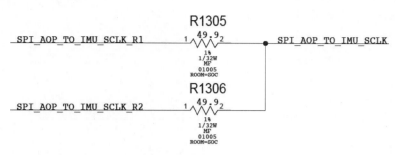

图 5-48　隔离电阻电路

5.5.2　电容电路

1．滤波电容电路

说到电容，各种各样的叫法就会让人头晕目眩，旁路电容、去耦电容、滤波电容等等，其实无论如何称呼，其原理都是一样的，即利用对交流信号呈现低阻抗的特性。这一点可以通过电容的等效阻抗公式看出来：$X_{cap}=1/2\pi fC$，工作频率越高，电容值越大则电容的阻抗越小。

在电路中，如果电容起的主要作用是给交流信号提供低阻抗的通路，就称为旁路电容；如果主要是为了增加电源和地的交流耦合，减少交流信号对电源的影响，就可以称为去耦电容；如果用于滤波电路中，那么又可以称为滤波电容；除此以外，对于直流电压，电容器还可作为电路储能，利用充放电起到电池的作用。而实际情况中，往往电容的作用是多方面的，我们大可不必花太多的心思考虑如何定义。

其实电容滤波也包含两个方面，也就是常说的大容值和小容值的，就是去耦和旁路。原理就不讲了，一般数字电路去耦电容用 0.1uF 即可，用于去除 10MHz 以下噪声；用 1~10uF 电容，去除 20MHz 以上高频噪声，电容大概按 $C=1/f$ 来选择。旁路电容就比较小了，根据谐振频率一般用 0.1 uF 或 0.01uF 即可。

手机中的滤波电容电路如图 5-49 所示。

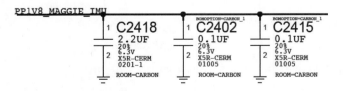

图 5-49　滤波电容电路

在电路中，C2418 可以叫滤波电容，也可以叫去耦电容，C2402、C2415 叫旁路电容，注意这些电容都是并联在电路中。

2．耦合电容电路

用在耦合电路中的电容称为耦合电容，在阻容耦合放大器和其他电容耦合电路中大量使用这种电容，主要起隔直流通交流的作用。

手机中的耦合电容电路如图 5-50 所示。

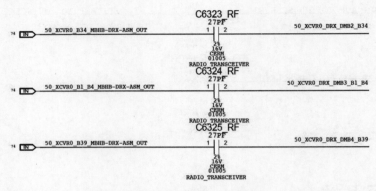

图 5-50　耦合电容电路

5.5.3　电感电路

1．π型滤波器

π型滤波器包括两个电容和一个电感（或电阻），这种电路的输入和输出都呈低阻抗。π型滤波有RC和LC两种。

在手机中，典型的π型滤波器如图 5-51 所示。

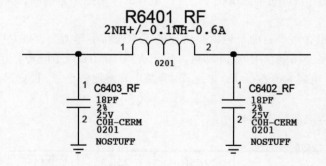

图 5-51　π型滤波器

如果把中间的电感换成电阻，则成了如图 5-52 所示的结构。

在手机中，一般在高频信号电路、电源滤波电路中使用π型滤波器电路，使用π型滤波器电路的目的是滤除电路中的杂波信号。

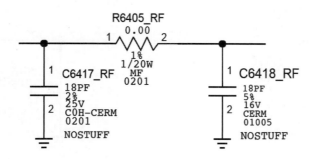

图 5-52　π 型滤波器电路

2．LC 滤波器

LC滤波器也称为无源滤波器，是传统的谐波补偿装置。LC滤波器之所以称为无源滤波器，顾名思义，就是该装置不需要额外提供电源。LC滤波器一般是由滤波电容器、电抗器和电阻器适当组合而成，与谐波源并联，除起滤波作用外，还兼顾无功补偿的需要。LC滤波器按照功能分为LC低通滤波器、LC带通滤波器、高通滤波器、LC全通滤波器、LC带阻滤波器；按调谐又分为单调谐滤波器、双调谐滤波器及三调谐滤波器等几种。

手机中的LC滤波器如图 5-53 所示。

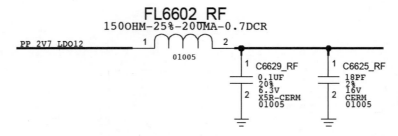

图 5-53　LC 滤波器

LC滤波器的原理实际是L、C元件基本特性的组合利用。因为电容器的容抗（$Xc=1/(2\pi fC)$）会随信号频率升高而变小，而电感器的感抗 $Xl=2f$ 会随信号频率升高而增大，如果把电容、电感进行串联、并联或混联应用，它们组合的阻抗也会随信号频率不同而发生很大变化。这表明不同LC滤波器会对某种频率信号呈现很小或很大的电抗，以致能让该频率信号顺利通过或阻碍它通过，从而起到选取某种频率信号和滤除某种频率信号的作用。

3．RC 滤波器

RC滤波器电路简单，抗干扰性强，有较好的低频性能，并且选用标准的阻容元件，所以在手机维修中最经常用到的滤波器是RC滤波器。

手机中的RC滤波器如图 5-54 所示。

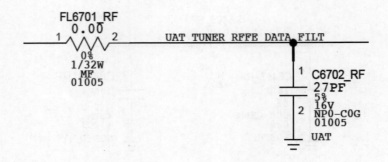

图 5-54   RC 滤波器

5.5.4   电压比较器

对两个或多个数据项进行比较,以确定它们是否相等,或确定它们之间的大小关系及排列顺序称为比较。能够实现这种比较功能的电路或装置称为比较器。

比较器是将一个模拟电压信号与一个基准电压相比较的电路。比较器的两路输入为模拟信号,输出则为二进制信号 0 或 1,当输入电压的差值增大或减小且正负符号不变时,其输出保持恒定。

手机电器中的电压比较器如图 5-55 所示。

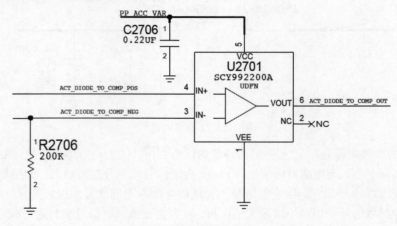

图 5-55   电压比较器

ACT_DIODE_TO_COMP_NEG为输入到比较器U2701 的 3 脚比较信号,ACT_DIODE_TO_COMP_POS为输入到比较器U2701 的 4 脚比较信号;当ACT_DIODE_TO_COMP_POS电压低于ACT_DIODE_TO_COMP_NEG时,比较器U2701 的 6 脚输出ACT_DIODE_TO_COMP_OUT信号。

5.5.5   缓冲放大器

缓冲放大器是一种特殊的电路,通常由运算放大器为核心组成,常用于隔离、阻抗匹配、增强电路输出能力等特殊功能,基本上不注重放大能力。

标准的缓冲放大器就是增益为 0dB（1 倍，电压跟随器效果），高阻输入，低阻输出的放大器，既可以用运放做缓冲放大器，也可以用共集电路做缓冲放大器。

手机电路中的缓冲放大器如图 5-56 所示。

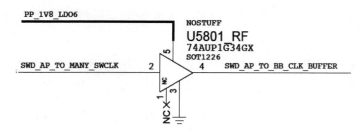

图 5-56　缓冲放大器

U5801_RF 的 2 脚输入 SWD_AP_TO_MANY_SWCLK 信号，在 U5801_RF 内部缓冲处理后，从 U5801_RF 的 4 脚输出 SWD_AP_TO_BB_CLK_BUFFER 信号。

5.5.6　场效应管电路

场效应管电路在手机中的主要应用如下：

- 常用于多级放大器的输入级进行阻抗变换。
- 场效应管可以用作可变电阻。
- 应用于大规模和超大规模集成电路中。
- 场效应管可以方便地用作恒流源。
- 场效应管可以用作电子开关。
- 场效应管在其输入端基本不取电流或电流极小，具有输入阻抗高、噪声低、热稳定性好、制造工艺简单等特点，在大规模和超大规模集成电路中被应用。

手机场效应管电路如图 5-57 所示。

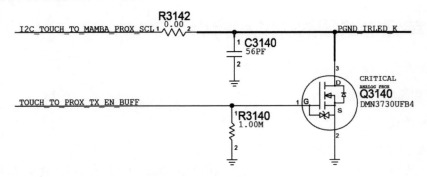

图 5-57　场效应管电路

在电路中，场效应管的作用是电子开关，当 TOUCH_TO_PROX_TX_EN_BUFF 为高电平时，Q3140 导通，D 极通过 S 极接地，将 PGND_IRLED_K 接地，红外线二极管发光。

5.5.7　电子开关电路

电子开关电路指利用电子电路和相关元器件实现电路通断功能的电路，手机电子开关电路如图 5-58 所示。

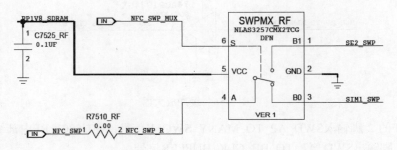

图 5-58　电子开关电路

在电路中，NFC_SWP_MUX为开关控制信号，NFC_SWP_R为输入信号，当NFC_SWP_MUX为低电平时，NFC_SWP_R与SIM1_SWP接通；当NFC_SWP_MUX为高电平时，NFC_SWP_R与SE2_SWP接通。

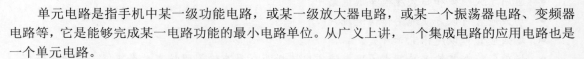

第6节　手机单元电路识图

单元电路是指手机中某一级功能电路，或某一级放大器电路，或某一个振荡器电路、变频器电路等，它是能够完成某一电路功能的最小电路单位。从广义上讲，一个集成电路的应用电路也是一个单元电路。

在学习手机整机电路工作原理过程中，单元电路图是首先遇到的具有完整功能的电路图，这一概念的提出，完全是为了方便电路工作原理分析的需要。

5.6.1　单元电路图的功能和特点

下面对单元电路图的功能和特点进行分析。

1.　单元电路图的功能

单元电路图具有下列一些功能。

（1）单元电路图主要用来讲述电路的工作原理。

（2）单元电路图能够完整地表达某一级电路的结构和工作原理，有时还会全部标出电路中各元器件的参数，如标称阻值、标称容量和晶体管型号等。

（3）单元电路图对于深入理解电路的工作原理和记忆电路的结构、组成很有帮助。

单元电路图如图 5-59 所示。

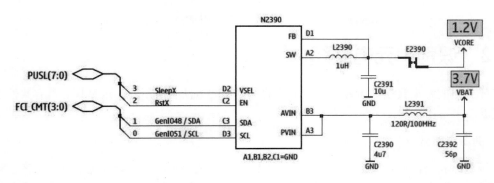

图 5-59　单元电路图

2．单元电路图的特点

　　单元电路图主要是为了分析某个单元电路工作原理的方便而单独将这部分电路画出的电路图，所以在图中已省去了与该单元电路无关的其他元器件和有关的连线、符号，这样单元电路图就显得比较简洁、清楚，识图时没有其他电路的干扰，这是单元电路的一个重要特点。单元电路图中对电源、输入端和输出端已经进行了简化。

　　如图 5-60 所示是某手机的闪光灯单元电路。

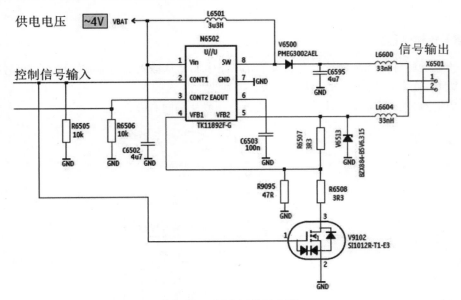

图 5-60　闪光灯单元电路

　　在电路图中，用VBAT表示直流供电工作电压，地端接电源的负极。集成电路N6502 的 2、3脚输入控制信号，是这一单元电路工作所需要的信号；X6501 接口输出闪光灯信号，是经过这一单元电路放大或处理后的信号。

　　通过单元电路图中这样的标注可方便地找出电源端、输入端和输出端，而在实际电路中，这三个端点的电路均与整机电路中的其他电路相连，将会给初学者识图造成一定的困难。

5.6.2　识别单元电路图

单元电路的种类繁多，而各种单元电路的具体识图方法有所不同，这里只对具有共性的问题说明几点。

1．有源电路分析

有源电路就是需要直流电压才能工作的电路，例如放大器电路。对有源电路的识图，首先要分析直流电压供给电路，此时可将电路图中的所有电容器看成开路（因为电容器具有隔直特性）或将所有电感器看成短路（电感器具有通直的特性）。

直流电路分析示意图如图5-61所示。

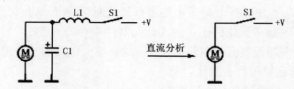

图5-61　直流电路分析示意图

2．信号传输过程分析

信号传输过程分析就是分析信号在该单元电路中如何从输入端传输到输出端，信号在这一传输过程中受到了怎样的处理（如放大、衰减、控制等）。

信号传输的分析方向示意图如图5-62所示，一般从左向右进行。

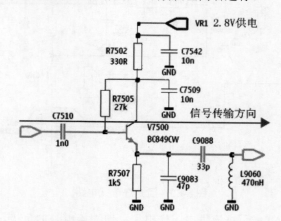

图5-62　信号传输的分析方向示意图

3．元器件作用分析

对于初学者来讲，对电路中元器件作用的分析非常重要，看懂电路中各元器件的作用是识别单元电路图的关键。

如图5-63所示，对于交流信号而言，三极管V7500发射极输出的交流信号流过了R7507，使

R7507 产生交流负反馈作用，能够改善放大器的性能，而且发射极负反馈电阻R7507 的阻值愈大，其交流负反馈愈强，性能改善得愈好。

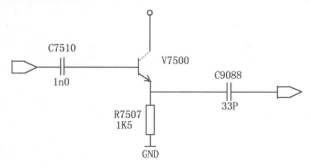

图 5-63　元器件作用分析

对交流信号而言，电容C7510、C9088 将前级的信号耦合至下一级，同时隔断了两级之间直流电压信号的影响。

4．电路故障分析

要注意的是，在搞懂电路工作原理之后，对元器件的故障分析才会变得比较简单，否则电路故障分析寸步难行。

电路故障分析就是分析当电路中元器件出现开路、短路、性能变劣后，对整个电路的工作会造成什么样的不良影响，使输出信号出现什么故障现象，例如出现无输出信号、输出信号小、信号失真、出现噪声等故障。

如图 5-64 所示是LCD背光灯驱动电路，L2309 是升压电感，N9002 是升压集成电路。分析电路故障时，假设L2309 升压电感出现下列两种可能的故障：一是接触不良。由于 L2309 升压电感接触不良，会造成背光灯驱动电路无法持续工作，N9002 的C1 脚输出的电压不稳定，出现LCD背光灯闪烁、断续发光等问题；二是L2309 升压电感开路，L2309 开路后，N9002 无法完成升压过程，C1 脚输出的电压偏低，无法驱动LCD背光灯发光。

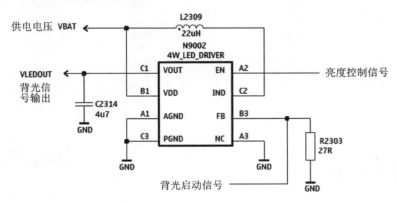

图 5-64　LCD 背光灯驱动电路

在整机电路中各种功能单元电路繁多，许多单元电路的工作原理十分复杂，若在整机电路中直接进行分析显得比较困难；而在对单元电路图分析之后，再去分析整机电路就显得比较简单，所以单元电路图的识图也是为整机电路分析服务的。

第7节　手机点位图使用方法

手机点位图是手机维修中常用的一种电子图纸，可方便快速查找主板各种点位的信息，下面我们以爱修云点位图为例讲解手机点位图的使用方法。

5.7.1　软件注册

在IE浏览器中，输入网址https://www.ixsch.com，使用微信扫描右侧的二维码就可以注册使用，非常方便。

5.7.2　软件界面介绍

点位图软件界面分为菜单栏、机型列表、状态信息栏、主窗口、功能板等5个部分，如图5-65所示。

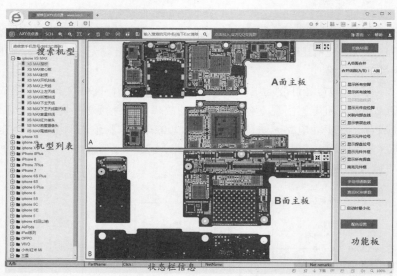

图 5-65　软件界面

5.7.3　基本功能使用

1. 机型列表

单击需要浏览的手机型号，会把该型号所有的文件列表全部打开以供选择，然后再单击任意文件就可以在右侧主窗口打开。

机型列表如图5-66所示。

图 5-66　机型列表

2. 查找相通点

单击所要查询的点位，然后与该点位有关系的所有的点都会点亮，这个功能是点位图最实用的功能，在维修手机时，怀疑主板上某个点开路，可以在点位图上查找与该点相通的点，然后在主板上进行测量就可以判断该点是否开路了。

查找相通点如图 5-67 所示。

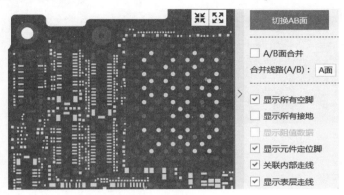

图 5-67　查找相通点

3. 显示脚位信息

单击某一元件脚位后，会显示该脚位编号、网络注释、元件注释等信息，方便维修人员快速查找元件信息，不必在原理图和点位图之间来回切换。

显示脚位信息如图 5-68 所示。

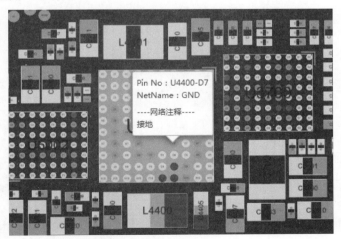

图 5-68　显示脚位信息

4. 显示板层走线

智能手机的主板一般为多层走线，如果某一层走线开路，则主板就无法维修了，点位图显示板层走线以后，就可以在主板合适的位置挖出断线，进行修复，这种功能在一线维修中非常实用。

显示板层走线如图 5-69 所示。

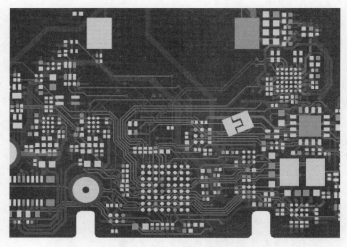

图 5-69　显示板层走线

5．空脚、接地显示

在右侧的功能栏选择"显示所有空脚"、"显示所有接地"后，就可以方便查找主板的空脚和接地点，方便维修人员快速判断故障。

空脚、接地显示如图 5-70 所示。

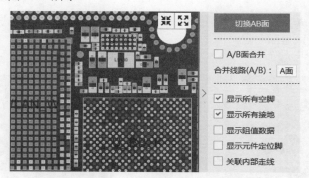

图 5-70　空脚、接地显示

6．二极体值显示

二极体值是手机维修中使用的重要测量数据，在右侧的功能栏选择"显示阻值数据"后，可方便地查询故障点的二极体值。

二极体值显示如图 5-71 所示。

合理的利用点位图，掌握点位图的使用方法，可快速提高手机维修的速度，提高主板修复率。

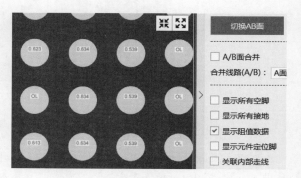

图 5-71　二极体值显示

第 6 章
射频处理器电路故障维修

　　射频处理器电路包括射频接收电路、射频发射电路、频率合成器电路等，随着通信技术的发展，智能手机功能越来越多，电路也越来越复杂，掌握射频电路原理是维修手机故障的基础。

　　本章首先简要介绍智能手机的通信过程，然后讲解第四代射频电路的基础知识、手机的通信原理、射频处理相关电路，最后介绍第五代通信技术及射频电路的相关知识。

第 1 节　　射频电路基础知识　　▶

6.1.1　分集技术

　　无线通信技术面临的最主要的问题是时变的信道衰落，这也是它和光纤、铜线通信等相比面临的一个重要挑战。在衰落环境下降低误码率是相当困难的，需要发射端（基站）采用更高的功率进行发射或者采用额外的带宽，但这在第四代通信系统中都是不合适的。理论上，抵抗信道衰落的最好方法是进行功控，也就是如果发射端预先知道信道条件，那么在发射时可预先将信号变形来抵消衰落带来的影响。但是这种方法需要发射端有较大的动态范围，另外发射端也不知道信道的条件，因此在大多数散射环境中，是采用天线分集方法来抵抗信道衰落的。

　　传统的天线分集是在接收端（移动台）采用多根天线进行接收分集，并采用合并技术来获得好的信号质量，例如"Rake接收机"。但是由于移动台尺寸受限，采用接收天线分集技术较困难，而且在移动台端进行接收分集代价高昂，增加了用户的设备成本。从理论与实际应用中都发现相同阶数的发射分集与接收分集具有相同的分集增益。因此为了适应下一代移动通信的要求，只有增加基站的复杂度，在基站端采用发射分集技术才是比较合适的方法。

　　发射分集的概念实际上是由接收分集技术发展来的，是为减弱信号的衰落效应，在一副以上的天线上发射信号，并将发射信号设计成在不同的信道中保持独立的衰落，在接收端再对各路径信号进行合并，从而减少衰落的严重性。由于基站的复杂度较移动台端限制少，且天线有足够的空间，因此通常在基站端采用多副天线进行发射分集提高下行性能，在接收端采用一副天线进行接收。发射分集的成本代价相对于接收分集来说，是移动通信业务运营商和用户所较能接受的；而且发射分集能够实现同一发射信号使多个移动台获得发射增益（支持点对多点发射），而传统的接收分集的发射增益只是针对一个移动台。

6.1.2 第四代通信技术

4G网络是3G网络的演进，但却并非是基于3G网络简单升级而形成。从技术角度来说，4G网络的核心与3G网络的核心是两种完全不同的技术。3G网络主要以CDMA（Code Division Multiple Access，码分多址）为核心技术，而4G网络则是以OFDM（Orthogonal Frequency Division Multiplexing，正交频分调制）和MIMO（Multiple-Input Multiple-Output，多入多出）技术为核心。按照国际电信联盟的定义，静态传输速率达到1Gbps，用户在高速移动状态下可以达到100Mbps，就可以作为4G的技术之一。

1. 4G 的标准

目前4G的标准只有两个，分别是LTE Advanced和WiMAX-Advanced（全球互通微波存取升级版）。其中，LTE-Advanced就是LTE技术的升级版，在特性方面，LTE-Advanced向后完全兼容LTE，其原理类似HSPA升级至WCDMA这样的关系。而WiMAX-Advanced，即IEEE 802.16m，是WiMAX的升级版，由美国Intel主导，接收下行与上行最高速率可达到300Mbps，在静止定点接收可高达1Gbps，也是电信联盟承认的4G标准。

4G标准演进过程如图6-1所示。

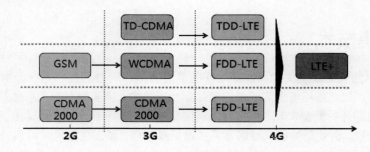

图 6-1　4G 标准演进过程

LTE根据其具体的实现细节、采用的技术手段和研发组织的差别形成了许多分支，其中主要的两大分支是TDD-LTE与FDD-LTE版本。中国移动采用的TD-LTE就是TDD-LTE版本，同时也是由中国主导研制推广的版本，而FDD-LTE则是由美国主导研制推广的版本。

2. TDD-LTE 和 FDD-LTE 工作原理

目前4G有两种双工模式，分别是TDD-LTE和FDD-LTE。

（1）TDD-LTE 工作原理

TDD-LTE（Time Division Long Term Evolution，分时长期演进，简称TD-LTE）是由阿尔卡特-朗讯、诺基亚、西门子通信、大唐电信、华为技术、中兴通讯、中国移动等共同开发的第四代（4G）移动通信技术与标准。

TDD-LTE与TD-SCDMA实际上没有关系，TD-SCDMA是CDMA技术，TDD-LTE是OFDM技术，两者从编解码、帧格式、空口、信令到网络架构都不一样。

FDD是在分离的两个对称频率信道上进行接收和发送，用保护频段来分离接收和发送信道。

因此，FDD必须采用成对的频率，依靠频率来区分上下行链路，其单方向的资源在时间上是连续的。在优势方面，FDD在支持对称业务时，可以充分利用上下行的频谱，但在支持非对称业务时，频谱利用率将大大降低。

FDD使用不同频谱，上下行数据同时传输，TDD使用"信号灯"控制，上下行数据在不同时段内单向传输。FDD及TDD双工方式如图6-2所示。

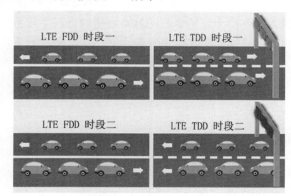

图 6-2　FDD 及 TDD 双工方式

（2）FDD-LTE 工作原理

FDD-LTE中的FDD是频分双工的意思，是该技术支持的两种双工模式之一，应用FDD式的LTE即为FDD-LTE。由于无线技术的差异、使用频段的不同及各个厂家的利益等因素，FDD-LTE的标准化与产业发展都领先于TDD-LTE。目前FDD-LTE已成为当前世界上采用的国家及地区最广泛的、终端种类最丰富的一种 4G 标准。

FDD模式的特点是在分离（上下行频率间隔190MHz）的两个对称频率信道上，系统进行接收和传送，用保证频段来分离接收和传送信道。同时，FDD还采用了包交换等技术实现高速数据业务，并可提高频谱利用率，增加系统容量。

在TDD方式的移动通信系统中，接收和发送使用同一频率载波的不同时隙作为信道的承载，其单方向的资源在时间上是不连续的，时间资源在两个方向上进行了分配。某个时间段由基站发送信号给移动台，另外的时间由移动台发送信号给基站，基站和移动台之间必须协同一致才能顺利工作。

TDD及FDD的控制如图6-3所示。

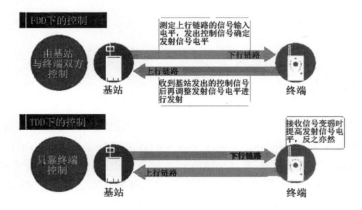

图 6-3　TDD 及 FDD 的控制

第2节　手机基本通信过程

手机是如何开机的？开机后是如何与基站进行联系的？如何进行待机的？呼叫的时候手机是如何工作的？关机时手机又是如何与基站断开联络的？这些问题对初学者来看都是迷茫的。

在本节就以GSM手机为例，简要介绍手机的基本通信过程，了解手机在每个环节中的信号控制方式。GSM手机所有的工作过程都是在中央处理器（CPU）的控制下进行的，具体包括开机、上网、待机、呼叫、关机5个过程。这些流程都是以软件数据的形式存储于手机的EEPROM和FLASH中。

6.2.1　开机过程

当手机的电源开关键被按下后，开机触发信号送到电源管理电路启动电源管理芯片，输出供电电压到各部分电路，当时钟电路得到供电电压后产生振荡信号，送入应用处理器电路，应用处理器在得到电压和时钟信号后会执行开机程序。首先从ROM中读出引导码，执行应用处理器系统的自检，并输出高电平的复位信号，如果自检通过，则应用处理器发送开机维持信号给各部分电路，然后电源管理电路在开机维持信号的作用下保持各路供电电压的输出，维持手机开机状态。

在开机后，手机的发射电路会工作一次，向基站发送一个请求，这时候手机的电流会上升到300~400mA左右，然后很快回到10~20mA，进入守候状态。

GSM手机开机的工作流程如图6-4所示。

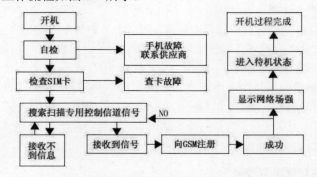

图6-4　GSM手机开机的工作流程

6.2.2　上网过程

手机开机后，内部的锁相环PLL电路开始工作，从频率低端到高端扫描信道，即搜索广播控制信道（BCCH）的载频。因为系统随时都向在小区中的各用户发送出用户广播控制信息。手机搜索到最强的BCCH的载频对应的载频频率后，读取频率校正信道（FCCH），使手机的频率与之同步。每一个用户的手机在不同上网位置（既不同的小区）的载频是固定的，它是由GSM网络运营商组网时确定的，而不是由用户的GSM手机来决定。手机内PLL锁相环在工作的时候，手机的电流会有小范围的波动，如果观察电流表，发现电流有轻微的规律性波动，说明手机的PLL电路工作正常。

手机读取同步信道（SCH）的信息后，找出基地站（BTS）的识别码，并同步到超高帧TDMA的帧号上。手机在处理呼叫前读取系统的信息。比如，邻近小区的情况、现在所处小区的使用频率及小区是否可以使用移动系统的国家号码和网络号码等，这些信息都可以在BCCH上得到，手机在请求接入信道（RACH）上发出接入请求信息，向系统发送SIM卡账号等信息。

系统在鉴权合格后，即对手机的SIM卡做出身份证实，检查是否欠费，是否为合法用户。然后登录入网，手机屏幕会显示"中国移动"或"中国联通"，这个过程也成为登记。这时，手机的相关信息，如移动台识别MIIN、串号ESN（IMEI）便存入基站的访问位置寄存器VLR中，以备用户寻呼它。通过允许接入信道（AGCH）使GSM手机接入信道上并分配到一个独立专用控制信道（SDCCH），手机在SDCCH上完成登记。在慢速随路控制信道（SACCH）上发出控制指令，然后手机返回空闲状态，并监听BCCH和公共控制信道（CCCH）来控制信道上的信息。此时手机已经做好了寻呼的准备工作。

6.2.3 待机过程

用户监测BCCH时，必须与相近的基站取得同步。通过接收FCCH、SCH、BCCH信息，用户将被锁定到系统及适应的BCCH上。

6.2.4 呼叫过程

1．手机作主叫

GSM系统中由手机发出呼叫的情况。首先，用户在监测BCCH时，必须与相近的基站取得同步。通过接收FCCH、SCH、BCCH信息，用户将被锁定到系统及适当的BCCH上。

为了发出呼叫，用户首先要拨号，并按压GSM手机的发射键。手机用锁定它的基站系统的ARFCN来发射RACH数据突发序列。然后基站以CCCH上的AGCH信息来响应，CCCH为手机指定一个新的信道进行SDSSH连接。正在监测BCCH中TS的用户，将从AGCH接收到它的ARFCN和TS安排，并立即转到新的ARFCN和TS上，这一新的ARFCN和TS分配就是SDCH（不是TCH）。一旦转接到SDCCH，用户首先会等待传给它的SCCH（等待最大持续26ms或120ms）。

这个信息告知手机要求的定时提前量和发射功率。基站根据手机以前的RACH传输数据能够决定出适合的定时提前量和功率级，并且通过SACCH发送适当的数据供手机处理。在接收和处理完SACCH中的定时提前量信息后，用户能够发送正常的、话音业务所要求的突发序列消息。当PSTN从拨号端连接到MSC，且MSC将话音路径接入服务基站时，SDCCH检查用户的合法及有效性，随后在手机和基站之间发送信息。几秒钟后，基站经由SDSSH告知手机重新转向一个为TCH安排的ARFCN和TS。一旦再次接到TCH，语音信号就在前向链路上传送，呼叫成功建立，SDCCH被腾空。

2．手机作被叫

当从PSTN发出呼叫时，其过程与上述过程类似。基站在BCCH适应内的TSO期间，广播一个PCH消息。锁定于相同ARFCN上的手机检测对它的寻呼，并回复一个RACH消息，以确认接收到寻呼。当网络和服务器基站连接后，基站采用CCCH上的AGCH将手机分配到一个新的物理信道，以便连接SDCCH和SACCH。一旦用户在SDCCH上建立了定时提前量并获准确认后，基站就在SDCCH上面重新分配物理信道，同时也确立了TCH的分配。

6.2.5　越区切换

移动中的手机，无论是处于待机状态还是通话状态，从当前小区进入另一个小区，使当前小区的无线信道切换到新小区的无线信道上，称为越区切换。越区切换分为以下两种情况。

1．待机状态下的越区切换

处于待机状态下的手机，除收听本小区的BCH外，还监听周围 6 个小区的无线环境（场强、频率、网标）。根据测量结果，将 6 个基站的基本信息列表报送本基站。基站将此信息报送移动交换中心MSC，MSC进行分析，决定是否要切换，何时切换，切换到哪个基站。当分析结果出来后，若新小区的无线环境比当前小区好时，就向当前小区发出分离请求，向新小区发接入请求。接续到新小区的过程与前述开机入网的过程相同。

2．通话状态下的越区切换

通话期间，无论主呼叫还是被呼叫，手机里用语音复帧中的空闲帧测量周边小区的无线环境，并对测量结果进行分析，在慢速随路控制信道SACCH上与基站交换信息。当需要越区切换时，手机转到快速随路控制信道FACCH上，这时不传语音，只传信令，语音信道TCH暂被FACCH代替。手机在FACCH上向基站发越区切换的请求，基站将此请求上报移动交换中心MSC。MSC根据手机的请求信息，查找最佳的替补信道进行转接，在短时间内完成小区的频率锁定、时隙同步，并很快地接续到新小区的TCH上。如无最佳替补频道，则转换次佳的信道，如果新小区的信道已经占满，越区切换失败，电话中断，就会出现平时的"掉线"问题。

6.2.6　漫游过程

移动手机申请入网登记和结算的移动交换局称归属局，也称家区。当手机移动到另一个移动交换局通信时，称客区，该用户也称漫游用户。如果家区有两个重叠覆盖的移动通信网，从本网到协议网也是漫游用户。下面看一下自动漫游的过程。

设家区用户A携机到客区B，若B区是A地的联网协议区，家区用户开机后就产生前面所述的搜台、入网过程，并向客区基站报告自身的电话号码及个人识别码。客区基站收悉后将此信息转到本区的MSC，MSC对此用户进行身份鉴别：是否有漫游登记手续，从而确定接收还是拒绝服务。当客区MSC证实漫游用户有效，即将其号码存入本区数据库，并分配给漫游用户一个漫游号码。相当于发给该用户一个"临时户口"，并通过网络链路将此信息通知家区的MSC。这样，家区的MSC便知道了漫游手机的新地址。

如果家区用户呼叫该漫游用户，经家区的MSC转到客区的MSC，建立通信；如果客区的用户呼叫漫游用户，尽管两部手机都在客区，但呼叫信号仍然要先到家区的MSC，经网络转到客区的MSC，再取得联系，然后两个用户就可以通过客区的MSC进行通信。

6.2.7　关机过程

GSM手机关机时，它将向系统发最后一次信息，包括分离请求，因此测量关机电流，会发现从 20mA（守候电流）上跳到 200mA（发射电流），然后再回到 0mA（关机电流）。

具体过程是：按下关机键，手机在随机接入信道RACH上发网络分离请求，基站接收到分离请求信息，就在该用户对应的IMSI上作网络分离标记（IMSI为国际移动用户号码），系统中的访问位置寄存器会注销手机的相关信息。同时检测电路会向数字逻辑部分发出一个关机请求信号，逻辑电路会启动执行关机程序，一切准备妥当后，会有一个关机信号送入电源模块电路停止各部分的电源输出，手机各部分电路随即停止工作，从而完成关机。如果在开机状态下强制关机（取下电池）也有可能会造成手机内部软件运行错误或数据丢失，造成故障。

另外，手机还包含其他软件的工作过程，如充电过程、电池监测、键盘扫描、测试过程等。

第3节　射频电路工作原理

为了更好地掌握智能手机射频电路的工作原理，在本节中，我们根据手机的电路结构对射频接收电路、射频发射电路、频率合成器电路进行分析，对于我们学习 2G、3G、4G、5G手机的射频电路有非常重要的指导意义。

6.3.1　射频接收电路

手机射频接收电路主要完成对接收的射频信号进行滤波、混频解调、解码等处理，最终还原出声音信号。

1. 射频接收信号流程

天线接收到无线信号，经过天线匹配电路和接收滤波电路滤波后再经低噪声放大器（LNA）放大，放大后的信号经过接收滤波后被送到混频器（MIX），与来自本机振荡电路的压控振荡信号进行混频，得到接收中频信号，经过中频放大后在解调器中进行正交解调，得到接收基带（RX I/Q）信号。

接收基带信号在基带电路中经GMSK解调，进行去交织、解密、信道解码等处理，再进行PCM解码，还原为模拟语音信号，推动听筒，就能够听到对方讲话的声音了。

2. 射频接收电路结构框图

手机的接收机有三种基本框架结构：超外差式接收机、零中频接收机和低中频接收机。

（1）超外差式接收机

由于天线接收到的信号十分微弱，而鉴频器要求的输入信号电平较高且需要稳定，放大器的总增益一般需在 120dB 以上，这么大的放大量，要用多级调谐放大器且要稳定，实际上很难办到；另外高频选频放大器的通带宽度太宽，当频率改变时，多级放大器的所有调谐回路必须跟着改变，而且要做到统一调谐，这是很难做到的。

超外差式接收机则没有这种问题，它将接收到的射频信号转换成固定的中频，其主要增益来自于稳定的中频放大器。

①超外差一次混频接收机

超外差一次混频接收机射频电路中只有一个混频电路，超外差一次混频接收机原理框图如图6-5所示。

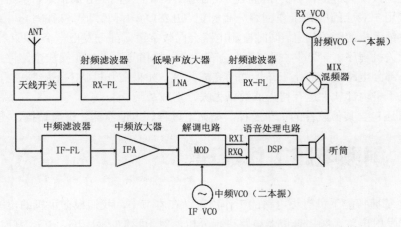

图6-5　超外差一次混频接收机原理方框图

②超外差二次混频接收机

超外差二次混频接收机射频电路中有两个混频电路，超外差二次混频接收机原理框图如图6-6所示。

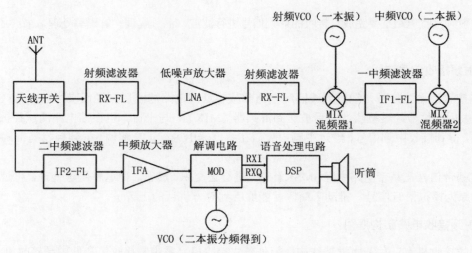

图6-6　超外差二次混频接收机原理框图

与一次混频接收机相比，二次混频接收机多了一个混频器及一个VCO，这个VCO在一些电路中被叫作IFVCO或VHFVCO。在这种接收机电路中，若RX I/Q解调是锁相解调，则解调用的参考信号通常都来自基准频率信号。

（2）零中频接收机

零中频接收机可以说是集成度最高的一种接收机，由于体积小，成本低，是在目前智能手机中应用最广泛的接收机。

零中频接收机的原理框图如图 6-7 所示。

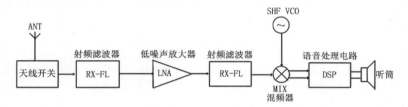

图 6-7　零中频接收机原理框图

零中频接收机没有中频电路，直接解调出I/Q信号，所以只有收发共用的调制解调载波信号振荡器（SHF VCO），其振荡频率直接用于发射调制和接收解调（收、发时振荡频率不同）。

（3）低中频接收机

低中频接收机又被称为近零中频接收机，具有零中频接收机类似的优点，同时避免了零中频接收机的直流偏移导致的低频噪声的问题。

低中频接收机电路结构有点类似超外差一次混频接收机，低中频接收机原理框图如图 6-8 所示。

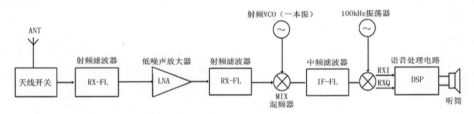

图 6-8　低中频接收机原理框图

6.3.2　射频发射电路

手机射频发射电路主要完成对发射的射频信号进行调制、发射变换、功率放大，并通过天线发射出去。

1．射频发射信号流程

麦克风将声音转化为模拟电信号，经过PCM编码，再将其转化为数字信号，经过逻辑音频电路进行数字语音处理，即进行话音编码、信道编码、交织、加密、突发脉冲形成、TX I/Q分离。

分离后的四路TX I/Q信号到发射中频电路完成I/Q调制，该信号与频率合成器的接收本振RX VCO和发射本振TX VCO的差频进行比较（即混频后经过鉴相），得到一个包含发射数据的脉动直流信号，去控制发射本振的输出频率，作为最终的信号，经过功率放大，从天线发射出去。

2．射频发射电路结构框图

手机射频发射电路有三种基本框架结构：一是带有发射变换电路的射频发射电路；二是带发射上变频电路的射频发射电路；三是直接调制射频发射电路。

在手机射频发射电路中，TX I/Q信号之前的部分基本相同，本节只描述TX I/Q信号之后至功率放大器之间的电路工作原理。

（1）带有发射变换电路的射频发射电路

发射变换电路也被称为发射调制环路（Transmit Modulation Loop），它由TX I/Q信号调制电路、发射鉴相器（PD）、偏移混频电路（Offset Mixer）、低通滤波器（Low-Pass Filter，LPF，也叫环路滤波器）及发射VCO（TX VCO）电路、功率放大器电路组成。

发射流程如下：麦克风将语音信号转换为模拟音频信号，在语音电路中，经PCM编码转换为数字信号，然后在语音电路中进行数字处理（信道编码、交织、加密等）和数模转换，分离出模拟的67.707kHz的TX I/Q基带信号，TX I/Q基带信号送到调制器对载波信号进行调制，得到TX I/Q发射已调中频信号。用于TX I/Q调制的载波信号来自发射中频VCO。

在发射电路中，TX VCO输出的信号一路到功率放大器电路，另一路与一本振VCO信号进行混频，得到发射参考中频信号。已调发射中频信号与发射参考中频信号在发射变频器的鉴相器中进行比较，输出一个包含发射数据的脉动直流误差信号TX-CP，经低通滤波器后形成直流电压，再去控制TX VCO电路，形成一个闭环回路。这样，由TX VCO电路输出的最终发射信号就十分稳定。

发射VCO输出的已调发射射频信号，即最终的发射信号经功率放大、控制后，通过天线电路由天线发送出去。

带有发射变换电路的射频发射电路原理框图如图6-9所示。

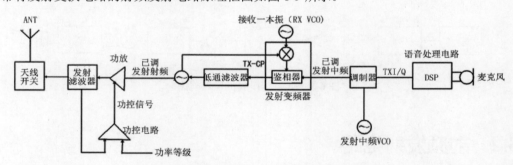

图6-9　带有发射变换电路的射频发射电路原理框图

（2）带有发射上变频电路的射频发射电路

带有发射上变频电路的射频发射电路与带有发射变换模块电路的射频发射电路在TX I/Q调制之前是一样的，其不同之处在于TX I/Q调制后的发射已调信号与一本振VCO（或UHF VCO、RF VCO）混频，得到最终的发射信号。

带有发射上变频电路的射频发射电路原理图如图6-10所示。

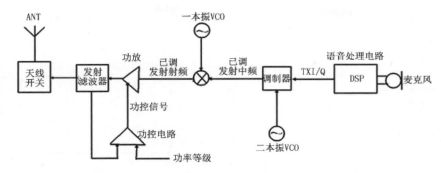

图 6-10 带有发射上变频电路的射频发射电路原理框图

（3）直接调制射频发射电路

直接调制射频发射电路与上面两种射频发射电路的结构有明显区别，调制器直接将TX I/Q信号变换到要求的射频信道。这种结构的特点是结构简单、性价比高，是使用最多的一种发射机电路结构。

直接调制射频发射电路的原理框图如图 6-11 所示。

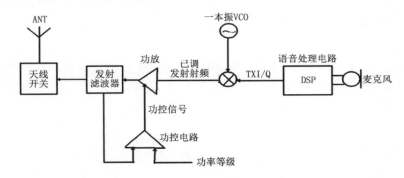

图 6-11 直接调制射频发射电路的原理框图

6.3.3 频率合成器电路

在移动通信中，要求系统能够提供足够的信道，移动台也必须在系统的控制下随时改变自己的工作频率，提供多个信道的频率信号。但是在移动通信设备中使用多个振荡器是不现实的，通常使用频率合成器来提供有足够精度、稳定性好的工作频率。

利用一块或少量晶体又采用综合或合成手段，可获得大量不同的工作频率，而这些频率的稳定度和准确度或接近石英晶体的稳定度和准确度的技术称为频率合成技术。

1．频率合成器电路的组成

在手机中通常使用带有锁相环的频率合成器，利用锁相环路（PLL）的特性使压控振荡器（VCO）的输出频率与基准频率保持严格的比例关系，并得到相同的频率稳定度。

锁相环路是一种以消除频率误差为目的的反馈控制电路。锁相环的作用是使压控振荡器输出振荡频率与规定基准信号的频率和相位都相同（同步）。

锁相环由参考晶体振荡器、鉴相器、低通滤波器、压控振荡器、分频器 5 部分组成，如图 6-12 所示。

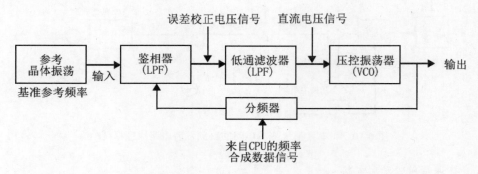

图 6-12　频率合成器电路原理框图

（1）参考晶体振荡器

参考晶体振荡器在频率合成器电路乃至在整个手机电路中都非常重要。在手机电路中，这个参考晶体振荡器被称为基准频率时钟电路，它不但给频率合成电路提供参考频率，还给手机的应用处理器电路提供系统基准时钟。

（2）鉴相器

鉴相器（Phase Detector）简称PD、PH或PHD，鉴相器是一个相位比较器，它将压控振荡器的振荡信号的相位变换为电压的变化，鉴相器输出的是一个脉动直流信号，这个脉动直流信号经低通滤波器滤除高频成分后去控制压控振荡器电路。

（3）低通滤波器

低通滤波器简称LPF（Low Pass Filter），低通滤波器在频率合成器环路中又称为环路滤波器。它是一个RC电路，位于鉴相器与压控振荡器之间。

低通滤波器通过对电阻、电容进行适当的参数设置，使高频成分被滤除，由于鉴相器输出的不但包含直流控制信号，还有一些高频谐波成分。这些谐波会影响压控振荡器的工作，低通滤波器就是要把这些高频成分滤除，以防止对压控振荡器造成干扰。

（4）压控振荡器

压控振荡器简称VCO（Voltage Control Oscillator），压控振荡器是一个"电压-频率"转换装置，它将鉴相器PD输出的相差电压信号的变化转化成频率的变化。

压控振荡器是一个电压控制电路，电压控制功能靠变容二极管来完成，鉴相器输出的相差电压加在变容二极管的两端，当鉴相器的输出发生变化时，变容二极管两端的反偏发生变化，导致变容二极管结电容改变，压控振荡器的振荡回路改变，输出频率也随之改变。

（5）分频器

在频率合成中，为了提高控制精度，鉴相器在低频下工作，而压控振荡器输出频率比较高，为了提高整个环路的控制精度，这就离不开分频技术。分频器输出的信号送到鉴相器，和基准信号进行相位比较。

接收机的第一本机振荡（RXVCO、UHFVCO、RHVCO）信号是随信道的变化而变化的，该频率合成环路中的分频器是一个程控分频器，其分频比受控于手机的应用处理器电路。程控分频器受控于频率合成数据信号（SYNDAT、SYNDATA或SDAT）、时钟信号（SYNCLK）、使能信号（SYN-EN、SYN-LE），这三个信号又称为频率合成器的"三线"。

2. 频率合成器的基本工作过程

（1）VCO 频率的稳定

当VCO处于正常工作状态时，VCO输出一个固定的频率f_0。若某种外接因素如电压、温度导致VCO频率f_0升高，则分频输出的信号为f_n（$f_n = f_0/f_n$），比基准信号f_R高，鉴相器检测到这个变化后，其输出电压减小，使变容二极管两端的反偏压减小，这使得变容二极管的结电容增大，振荡回路改变，VCO输出频率f_0降低。若外界因素导致VCO频率下降，则整个控制环路执行相反的过程。

（2）VCO 频率的变频

为什么VCO的频率要改变呢？因为手机是移动的，移动到另外一个地方后，为手机服务的小区就变成了另外一对频率，所以手机就必须改变自己的接收和发射频率。

VCO改变频率的过程如下：手机在接收到新小区的改变频率的信令以后，将信令解调、解码，手机的CPU就通过"三线信号"（即CPU的SYNEN、SYNDAT、SYNCLK）对锁相环电路发出改变频率的指令，去改变程控分频器的分频比，并且在极短的时间内完成。在"三线信号"的控制下，锁相环输出的电压就改变了，用这个已变大或变小的电压去控制压控振荡器内的变容二极管，则VCO输出的频率就改变到新小区的使用频率上。

3. 手机常用频率合成器电路

（1）一本振 VCO 频率合成器

对于带发射VCO电路的手机，一本振VCO频率合成器产生一本振信号，一方面送到接收混频电路，和接收信号进行混频，从混频器输出一中频信号；另一方面，产生的一本振信号与发射VCO（TX VCO）输出的信号进行混频，输出发射中频参考信号，发射中频参考信号和已调发射中频信号在发射变频电路的鉴相器中进行比较，输出包含发送数据的脉动直流信号，再去控制发射VCO电路。

对于采用带发射上变频电路的手机，一本振VCO频率合成器产品一本振信号，一方面送到接收混频电路，和接收信号进行混频，从混频器输出一中频信号；另一方面，产生的一本振信号直接与已调发射中频信号进行混频（因为没有发射VCO），得到最终的发射信号。

（2）二本振 VCO 频率合成器

二本振VCO的输出主要去三个地方：一是与一中频混频得到二中频（超外差二次变频接收电路）；二是经分频后作为接收解调参考信号，解调出RX I/Q信号；三是在发射电路中，用来作为发射中频的载波信号，以产生已调发射中频信号。

（3）发射中频 VCO 频率合成器

发射中频VCO电路的主要作用是产生已调发射射频信号，送往功率放大器电路。

第 4 节　华为 nove 5 手机射频电路原理分析

射频电路相对比较复杂，不光初学者望而生畏，就是经验丰富的维修工程师也比较头疼，究其原因，无非是目前 4G、5G 手机要处理多制式、多频段的信号，搞不清信号的具体流向，导致无法下手进行维修。下面我们以华为 nova 5 手机为例，对射频电路原理进行分析。

6.4.1 射频电路框图

华为 nova 5 手机是一款支持双卡双待单通多制式的智能手机，搭载麒麟 980 处理器。屏幕尺寸 5.93 英寸，分辨率 2160×1080 像素。

华为 nova 5 手机的射频电路框图如图 6-13 所示。

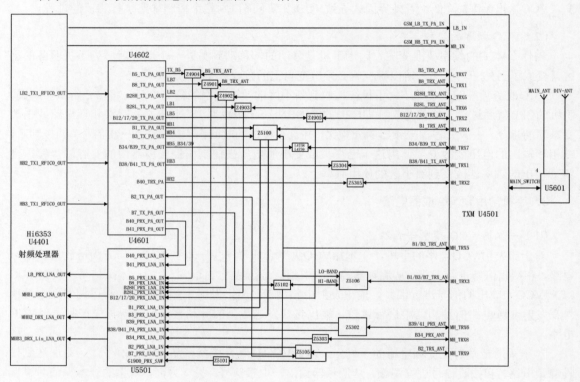

图 6-13 华为 nova 5 手机射频电路框图

6.4.2 天线切换开关

华为 nova 5 手机射频电路使用了两个天线，分别是主集天线、分集天线，这两个天线完成了射频信号的收发处理。

天线切换开关电路如图 6-14 所示，U5601 是天线切换开关，9 脚为切换开关控制信号。

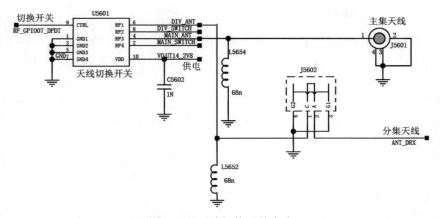

图 6-14　天线切换开关电路

6.4.3　天线多路开关电路

　　天线多路开关电路如图 6-15 所示。U4501 内部集成了GSM功放和天线多路开关功能，用于完成射频天线的多路切换工作。

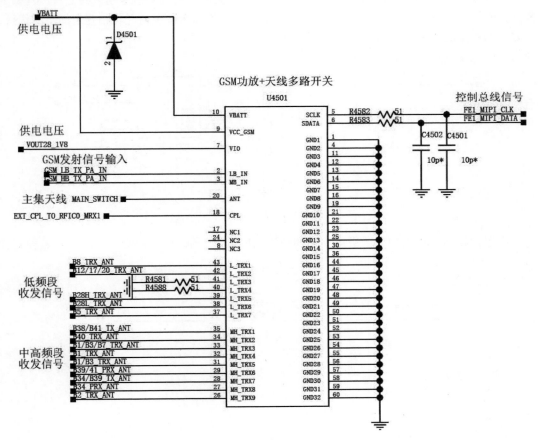

图 6-15　天线多路开关电路

电池供电电压VBATT送到U4501的9脚、10脚，D4501为稳压二极管，用来防止充电时脉冲电压或静电通过VBAT窜到U4501内部造成击穿。供电电压VOUT28_1V8送到U4501的7脚。

GSM频段发射信号从U4501的2脚、3脚输入，经过U4501内部的功放放大器放大以后，从20脚输出，经天线发射出去。

低频段的发射信号从U4501的37~43脚输入，经过内部的天线多路开关后从U4501的2脚输出，经天线发射出去；低频段的接收信号从U4501的20脚输入，经过内部的天线多路开关后，分别从U4501的37~43脚输出。

中高频段的发射信号从U4501的26~29脚、31~35脚输入，经过内部的天线多路开关后从U4501的2脚输出，经天线发射出去；中高频段的接收信号从U4501的20脚输入，经过内部的天线多路开关后，分别从U4501的26~29脚、31~35脚输出。

U4501的工作在控制总线信号FE1_MIPI_CLK、FE1_MIPI_DATA的控制下工作。

6.4.4　天线双工器电路

双工器，又称天线共用器，是一个比较特殊的双向三端滤波器，其作用是将发射和接收信号相隔离，保证接收和发射都能同时正常工作。

双工器既要将微弱的接收信号耦合进来，又要将较大的发射功率馈送到天线上去，且要求两者各自完成其功能而不相互影响。在智能手机中一般会使用多个双工器，且相互之间不能代换。

双工器电路如图6-16所示。

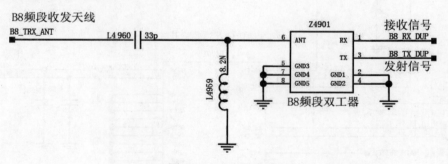

图6-16　双工器电路

双工器接收信号输出到下一级电路中间使用了L型滤波器，用于滤除杂波脉冲信号和各种干扰。

L型滤波器如图6-17所示。

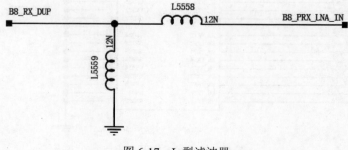

图6-17　L型滤波器

6.4.5 低噪声放大器电路

低噪声放大器（Low Noise Amplifier，LNA）即噪声系数很低的放大器，主要用于接收电路中，因为接收电路中的信噪比通常是很低的，往往信号远小于噪声，通过放大器的时候，信号和噪声一起被放大的话非常不利于后续处理，这就要求放大器能够抑制噪声，减少对后级电路的干扰。

低噪声放大器电路如图 6-18 所示。

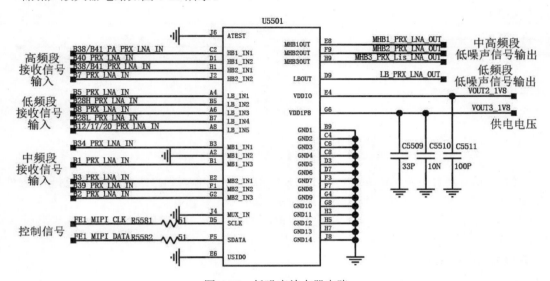

图 6-18　低噪声放大器电路

高频段接收信号从C2、D1、H1、J2 脚输入到 U5501 的内部；低频段接收信号从A4、B5、A6、B7、A8 脚输入到 U5501 的内部；中频段接收信号从B3、B1、E2、F1、G2 脚输入到 U5501 的内部。

经过低噪声放大后的中高频段信号从 U5501 的E8、F9、H9 脚输出，送入到射频处理器电路；经过低噪声放大后的低频段信号从 U5501 的 D9 脚输出，送入到射频处理器电路。

供电电压VOUT2_1V8、VOUT3_1V8 分别送到 U5501 的E4、G6 脚，控制信号FE1_MIPI_CLK、FE1_MIPI_DATA分别送到 U5501 的D5、F5 脚。

6.4.6 射频处理器电路

射频处理器的主要功能有两个：一是从天线接收到的射频信号中选出需要的信号并解调出基带信号送给应用处理器，在应用处理器内部集成的基带处理器中解调出语音信号；二是将应用处理器内部基带处理器输出的基带I/Q信号进行调制，经过混频后由功率放大器送到天线发射出去。

射频处理器U4401 信号处理部分如图 6-19 所示。

主集接收信号从射频处理器U4401 的B1、C2、E2、F1 脚输入到内部进行解调出I/Q信号，从 U4401 的D7、C6、B5、A6 脚输出，送到应用处理器内部的基带处理器电路解调出语音信号。

分集接收信号从射频处理器U4401 的F15、E16、C16、B15 脚输入到内部进行解调出I/Q信号，从U4401 的C10、D9、A10、B11 脚输出，送到应用处理器内部的基带处理器电路解调出语音信号。

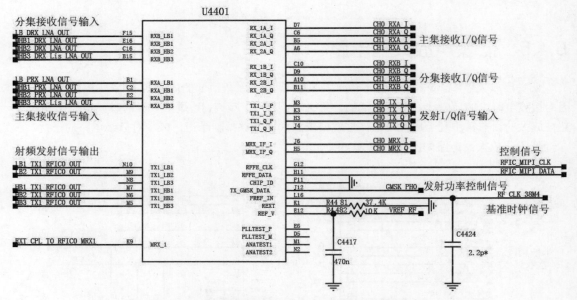

图 6-19   射频处理器 U4401 信号处理部分

发射I/Q信号从射频处理器U4401 的M3、K3、H3、J4 脚输入到内部进行调制，射频发射信号从U4401 的N10、M7、N6、M5 脚输出，送到功率放大器电路。

基准时钟信号RF_CLK_38M4 送到U4401 的 L16 脚，作为射频处理器的基准时钟。RFIC_MIPI_CLK、RFIC_MIPI_DATA分别送到U4401 的G12、H11 脚。

射频处理器U4401 供电部分如图 6-20 所示。

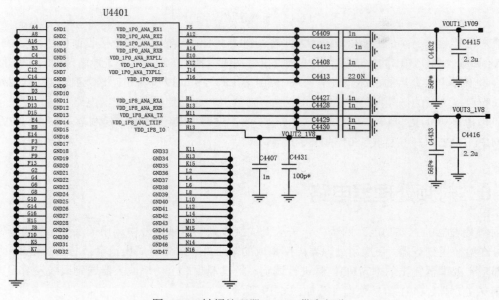

图 6-20   射频处理器 U4401 供电部分

供电电压VOUT1_1V9 分别送到射频处理器U4401 的F5、A12、A2、A14、E10、N12、J14、J16 脚；供电电压VOUT3_1V8 分别送到射频处理器U4401 的H1、B13、M11、J2 脚；供电电压VOUT2_1V8 送到射频处理器U4401 的H13 脚。

6.4.7　射频功率放大器电路

　　在华为nova 5 手机中，使用了两个射频功率放大器，分别是U4601、U4602，其中U4601 负责中高频段射频信号功率放大，U4602 负责低频段射频信号功率放大。

　　射频功率放大器U4601 如图 6-21 所示。

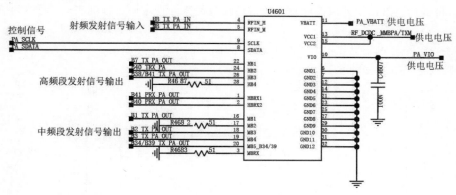

图 6-21　射频功率放大器 U4601

　　射频发射信号HB_TX_PA_IN、MB_TX_PA_IN分别送到射频功率放大器U4601 的 4、5 脚。射频发射信号在U4601 内部进行放大，其中高频段发射信号分别从U4601 的 22、24、26、1、2 脚输出；中频段发射信号分别从U4601 的 16、18、19、20 脚输出。

　　供电电压有三路，分别是：PA_VBATT、RF_DCDC_MMBPA/TXM、PA_VIO。控制信号PA_SDATA、PA_SCLK分别送到U4601 的 8、9 脚。

　　射频功率放大器U4602 如图 6-22 所示。

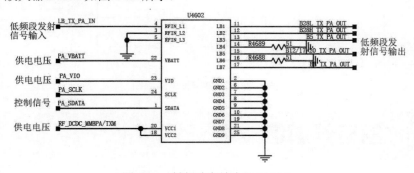

图 6-22　射频功率放大器 U4602

　　低频段发射信号LB_TX_PA_IN送到射频功率放大器U4602 的 4 脚，射频发射信号在U4602 内部进行放大，低频段发射信号从U4602 的 11、12、13、15、16、17 脚输出。

　　供电电压有三路，分别是：PA_VBATT、RF_DCDC_MMBPA/TXM、PA_VIO。控制信号PA_SDATA、PA_SCLK分别送到U4602 的 1、24 脚。

6.4.8 分集接收电路

在移动通信中存在着许多经干涉而产生的快衰落，衰落深度可达 40dB，偶尔可达 80dB，分集接收就是克服这种衰落的一种方法。

分集接收是利用信号和信道的性质，将接收到的多径信号分离成互不相关（独立的）的多径信号，然后将多径衰落信道分散的能量更有效地接收起来处理之后进行判决，从而达到抗衰落的目的。

分集接收电路与主集接收电路工作原理差不多，在此不再赘述。

分集接收电路框图如图 6-23 所示。

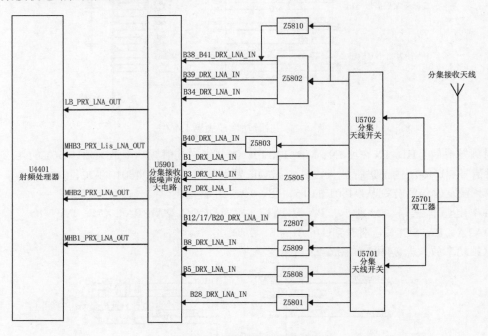

图 6-23　分集接收电路框图

6.5.1 第五代通信技术的特点

第五代移动通信技术（简称 5G 或 5G 技术）是最新一代蜂窝移动通信技术，也是即 4G（LTE-A、WiMax）、3G（UMTS、LTE）和 2G（GSM）系统之后的延伸。其主要特点如下：

1. 高速度

相对于 4G 而言，5G 要解决的第一个问题就是高速度。网络速度提升，用户体验与感受才会有较大提高，网络才能面对 VR/超高清业务时不受限制，对网络速度要求很高的业务才能被广泛推广和使用。因此，5G 第一个特点就定义了速度的提升。

其实和每一代通信技术一样，确切地说，5G 的速度到底是多少是很难确定的，一方面峰值速度和用户的实际体验速度不一样，不同的技术不同的时期速率也会不同。对于 5G 的基站峰值要求不低于 20Gbps，当然这个速度是峰值速度，不是每一个用户的体验。随着新技术的使用，这个速度还有提升的空间。

这样一个速度，意味着用户可以每秒钟下载一部高清电影，也可能支持 VR 视频，其给未来对速度有很高要求的业务提供了机会和可能。

2. 泛在网

随着业务的发展，网络业务需要无所不包，广泛存在，只有这样才能支持更加丰富的业务，才能在复杂的场景上使用。泛在网有两个层面的含义。一是广泛覆盖，二是纵深覆盖。

广泛是指我们社会生活的各个地方，需要广覆盖，以前高山峡谷就不一定需要网络覆盖，因为生活的人很少，但是如果能覆盖 5G，可以大量部署传感器，进行环境、空气质量甚至地貌变化、地震的监测，这就非常有价值。5G 可以为更多这类应用提供网络。

纵深是指我们生活中虽然已经有网络部署，但是需要进入更高品质的深度覆盖。我们今天家中已经有了 4G 网络，但是家中的卫生间可能网络质量不是太好，地下停车库基本没信号，现在是可以接受的状态。5G 的到来可把以前网络品质不好的卫生间、地下停车库等都用很好的 5G 网络广泛覆盖。

一定程度上，泛在网比高速度还重要，只是建一个少数地方覆盖、速度很高的网络，并不能保证 5G 的服务与体验，而泛在网才是 5G 体验的一个根本保证。在 3GPP 的三大场景没有讲泛在网，但是泛在的要求是隐含在所有场景中的。

3. 低功耗

5G 要支持大规模物联网应用，就必须有功耗的要求。这些年，可穿戴产品有一定的发展，但是遇到很多瓶颈，最大的瓶颈是体验较差。以智能手表为例，每天充电，甚至不到一天就需要充电。所有物联网产品都需要通信与能源，虽然今天通信可以通过多种手段实现，但是能源的供应只能靠电池。通信过程若消耗大量的能量，就很难让物联网产品被用户广泛接受。

如果能把功耗降下来，让大部分物联网产品一周充一次电，甚或一个月充一次电，就能大大改善用户体验，促进物联网产品的快速普及。eMTC（全称为 LTE enhanced MTO，是基于 LTE 演进的物联网技术）基于 LTE 协议演进而来，为了更加适合物与物之间的通信，也为了更低的成本，对 LTE 协议进行了裁剪和优化。eMTC 基于蜂窝网络进行部署，其用户设备通过支持 1.4MHz 的射频和基带带宽，可以直接接入现有的 LTE 网络。eMTC 支持上下行最大 1Mbps 的峰值速率，而 NB-IoT（Narrow BandInternet of Things，窄带物网联）构建于蜂窝网络，只消耗大约 180kHz 的带宽，可直接部署于 GSM 网络、UMTS 网络或 LTE 网络，以降低部署成本，实现平滑升级。

NB-IoT 其实基于 GSM 网络和 UMTS 网络就可以进行部署，它不需要像 5G 的核心技术那样需重新建设网络，但是，虽然它部署在 GSM 和 UMTS 的网络上，还是一个重新建设的网络，而它的能力是大大降低功耗，也是为了满足 5G 对于低功耗物联网应用场景的需要，和 eMTC 一样，是 5G 网络体系的一个组成部分。

4．低时延

5G的一个新场景是无人驾驶、工业自动化的高可靠连接。人与人之间进行信息交流，140ms的时延是可以接受的，但是如果这个时延用于无人驾驶、工业自动化就无法接受。5G对于时延的最低要求是1ms，甚至更低。这就对网络提出了严酷的要求，而5G是这些新领域应用的必然要求。

无人驾驶汽车，需要中央控制中心和汽车进行互联，车与车之间也应进行互联，在高速度行动中，一个制动需要瞬间把信息送到车上做出反应，100ms左右的时间，车就会冲出几十米，这就需要在最短的时延中把信息送到车上，进行制动与车控反应。

无人驾驶飞机更是如此。如数百架无人驾驶编队飞行，极小的偏差就会导致碰撞和事故，这就需要在极小的时延中，把信息传递给飞行中的无人驾驶飞机。工业自动化过程中，一个机械臂的操作，如果要做到极精细化，保证工作的高品质与精准性，也是需要极小的时延，最及时地做出反应。这些特征，在传统的人与人通信，甚至人与机器通信时，要求都不那么高，因为人的反应是较慢的，也不需要机器那么高的效率与精细化。而无论是无人驾驶飞机、无人驾驶汽车还是工业自动化，都是高速运行，还需要在高速中保证及时信息传递和及时反应，这就对时延提出了极高要求。

要满足低时延的要求，需要在5G网络建构中找到各种办法，减少时延。边缘计算这样的技术也会被采用到5G的网络架构中。

5．万物互联

传统通信中，终端是非常有限的，固定电话时代，电话是以人群为定义的，而手机时代，终端数量有了巨大的爆发，手机是按个人应用来定义的。到了5G时代，终端不是按人来定义，因为每人可能拥有数个，每个家庭可能拥有数个终端。

2020年，中国移动终端用户已经达到15亿，这其中以手机为主，而通信业对5G的愿景是每一平方公里，可以支撑100万个移动终端。未来接入到网络中的终端，不仅是我们今天的手机，还会有更多千奇百怪的产品。可以说，我们生活中每一个产品都有可能通过5G接入网络。我们的眼镜、手机、衣服、腰带、鞋子都有可能接入网络，成为智能产品。家中的门窗、门锁、空气净化器、新风机、加湿器、空调、冰箱、洗衣机都可能进入智能时代，也通过5G接入网络，我们的家庭成为智慧家庭。

而社会生活中大量以前不可能联网的设备也会进行联网工作，更加智能。汽车、井盖、电线杆、垃圾桶这些公共设施，以前管理起来非常难，也很难做到智能化，而5G可以让这些设备都成为智能设备。

6．重构安全

安全问题似乎并不是3GPP讨论的基本问题，但是它也应该成为5G的一个基本特点。

传统的互联网要解决的是信息速度、无障碍的传输，自由、开放、共享是互联网的基本精神，但是在5G基础上建立的是智能互联网。智能互联网不仅是要实现信息传输，还要建立起一个社会和生活的新机制与新体系。智能互联网的基本精神是安全、管理、高效、方便。安全是5G之后的智能互联网第一位的要求。假设5G建设起来却无法重新构建安全体系，那么会产生巨大的破坏力。

如果我们的无人驾驶系统很容易攻破，就会像电影上展现的那样，道路上汽车被黑客控制，智能健康系统被攻破，大量用户的健康信息被泄露，智慧家庭被攻破，家中安全根本无保障。这种情况不应该出现，出了问题也不是修修补补可以解决的。

在 5G 的网络构建中，在底层就应该解决安全问题，从网络建设之初，就应该加入安全机制，信息应该加密，网络并不应该是开放的，对于特殊的服务需要建立起专门的安全机制。网络不是完全中立、公平的。举一个简单的例子：网络保证上，普通用户上网，可能只有一套系统保证其网络畅通，用户可能会面临拥堵。但是智能交通体系需要多套系统保证其安全运行，保证其网络品质，在网络出现拥堵时，必须保证智能交通体系的网络畅通，而这个体系也不是一般终端可以接入实现管理与控制的。

6.5.2　第五代通信关键技术

5G 作为新一代的移动通信技术，它的网络结构、网络能力和要求都与过去有很大的不同，有大量技术被整合在其中。其核心技术简述如下：

1．基于 OFDM 优化的波形和多址接入

5G 采用基于 OFDM 化的波形和多址接入技术，因为 OFDM 技术被当今的 4G LTE 和 WiFi 系统广泛采用，因其可扩展至大带宽应用，而具有高频谱效率和较低的数据复杂性，能够很好地满足 5G 要求。OFDM 技术家族可实现多种增强功能，例如通过加窗或滤波增强频率本地化、在不同用户与服务间提高多路传输效率，以及创建单载波 OFDM 波形，实现高能效上行链路传输。

2．实现可扩展的 OFDM 间隔参数配置

通过 OFDM 子载波之间的 15kHz 间隔（固定的 OFDM 参数配置），LTE 最高可支持 20MHz 的载波带宽。为了支持更丰富的频谱类型/带（为了连接尽可能丰富的设备，5G 将利用所有能利用的频谱，如毫米微波、非授权频段）和部署方式。5G NR（基于 OFDM 的全新空口设计的全球性 5G 技术标准）将引入可扩展的 OFDM 间隔参数配置。这一点至关重要，因为当 FFT（Fast Fourier Transform，快速傅里叶变换）为更大带宽扩展尺寸时，必须保证不会增加处理的复杂性。而为了支持多种部署模式的不同信道宽度，5G NR 必须适应同一部署下不同的参数配置，在统一的框架下提高多路传输效率。另外，5G NR 也能跨参数实现载波聚合，比如聚合毫米波和 6GHz 以下频段的载波。

3．OFDM 加窗提高多路传输效率

5G 将被应用于大规模物联网，这意味着会有数十亿设备在相互连接，5G 势必要提高多路传输的效率，以应对大规模物联网的挑战。为了相邻频带不相互干扰，频带内和频带外信号辐射必须尽可能小。OFDM 能实现波形后处理（post-processing），如时域加窗或频域滤波，来提升频率的局域化。

4．灵活的框架设计

设计 5G NR 的同时，采用灵活的 5G 网络架构，进一步提高 5G 服务多路传输的效率。这种灵活性既体现在频域更体现在时域上，5G NR 的框架能充分满足 5G 的不同服务和应用场景，这包括可扩展的时间间隔（Scalable Transmission Time Interval，STTI）和自包含集成子帧（Self-contained integrated subframe）。

5．先进的新型无线技术

5G 演进的同时，LTE 本身也还在不断进化（比如最近实现的千兆级 4G+），5G 不可避免地要

利用目前用在 4G LTE上的先进技术，如载波聚合、MIMO、非共享频谱等。其中，包括众多成熟的通信技术：

- 大规模MIMO：从 2×2 提高到了目前 4×4 MIMO。更多的天线也意味着占用更多的空间，要在空间有限的设备中容纳进更多天线显然不现实，只能在基站端叠加更多的MIMO。从目前的理论来看，5G NR 可以在基站端使用最多 256 根天线，而通过天线的二维排布，可以实现 3D波束成型，从而提高信道容量和覆盖。

- 毫米波：全新 5G技术正首次将频率大于 24GHz以上频段（通常称为毫米波）应用于移动宽带通信。大量可用的高频段频谱可提供极致数据传输速度和容量，这将重塑移动体验。但毫米波的利用并非易事，使用毫米波频段传输更容易造成路径受阻与损耗（信号衍射能力有限）。通常情况下，毫米波频段传输的信号甚至无法穿透墙体，此外，它还面临着波形和能量消耗等问题。

- 频谱共享：用共享频谱和非授权频谱，可将 5G扩展到多个维度，实现更大容量、使用更多频谱、支持新的部署场景。这不仅将使拥有授权频谱的移动运营商受益，而且会为没有授权频谱的厂商创造机会，如有线运营商、企业和物联网垂直行业，使他们能够充分利用 5G NR技术。5G NR原生地支持所有频谱类型，并通过前向兼容灵活地利用全新的频谱共享模式。

- 先进的信道编码设计：目前LTE网络的编码还不足以应对未来的数据传输需求，因此迫切需要一种更高效的信道编码设计，以提高数据传输速率，并利用更大的编码信息块契合移动宽带流量配置，同时，还要继续提高现有信道编码技术（如LTE Turbo）的性能极限。而LDPC（Low-Density Parity-Check，低密度奇偶校验）的传输效率远超LTE Turbo，其易平行化的解码设计能以低复杂度和低时延扩展达到更高的传输速率。

6. 超密集异构网络

5G网络是一个超复杂的网络，在 2G时代，几万个基站就可以做全国的网络覆盖，但是到了4G中国的网络超过 500 万个。而 5G需要做到每平方公里支持 100 万个设备，这个网络必须非常密集，需要大量的小基站来进行支撑。同样一个网络中，不同的终端需要不同的速率、功耗，也会使用不同的频率，对于QoS的要求也不同。这样的情况下，网络很容易造成相互之间的干扰，5G网络需要采用一系列措施来保障系统性能：不同业务在网络中的实现、各种节点间的协调方案、网络的选择以及节能配置方法等。

在超密集网络中，密集地部署使得小区边界数量剧增，小区形状也不规则，用户可能会频繁切换。为了满足移动性需求，这就需要新的切换算法。

总之，一个复杂的、密集的、异构的、大容量的、多用户的网络，需要平衡、保持稳定、减少干扰，需要不断完善算法来解决这些问题。

7. 网络的自组织

自组织的网络（Self-Organizing Network，SON）是 5G的重要技术，这就是网络部署阶段的自规划和自配置以网络维护阶段的自优化和自愈合。自配置即新增网络节点的配置可实现即插即用，具有低成本、安装简易等优点。自规划的目的是动态进行网络规划并执行，同时满足系统的容量扩展、业务监测或优化结果等方面的需求。自愈合指系统能自动检测问题、定位问题和排除故障，大大减少维护成本并避免对网络质量和用户体验的影响。

SON技术应用于移动通信网络时，其优势体现在网络效率和维护方面，同时减少了运营商的支出和运营成本投入。但现有的 SON 技术都是从各自网络的角度出发，自部署、自配置、自优化和自愈合等操作具有独立性和封闭性，在多网络之间缺乏协作。

8．网络切片

就是把运营商的物理网络切分成多个虚拟网络，每个网络适应不同的服务需求，这可以通过时延、带宽、安全性、可靠性来划分不同的网络，以适应不同的场景。通过网络切片技术在一个独立的物理网络上切分出多个逻辑网络，从而避免了为每一个服务建设一个专用的物理网络，这样可以大大节省部署的成本。

在同一个 5G网络上，通过技术电信运营商会把网络切片为智能交通、无人机、智慧医疗、智能家居以及工业控制等多个不同的网络，将其开放给不同的运营者，这样一个切片的网络在带宽、可靠性能力上也有不同的保证，计费体系、管理体系也不同。在切片的网络中，各个业务提供商，不是如 4G一样，都使用一样的网络、一样的服务，很多能力变得不可控。5G切片网络，可以向用户提供不一样的网络、不同的管理、不同的服务、不同的计费，让业务提供者更好地使用 5G网络。

9．内容分发网络

在 5G网络中，会存在大量复杂业务，尤其是一些音频、视频业务大量出现，某些业务会出现瞬时爆炸性的增长，这会影响用户的体验与感受。这就需要对网络进行改造，让网络适应内容爆发性增长的需要。

内容分发网络CDN（Content Delivery Network）是在传统网络中添加新的层次，即智能虚拟网络。CDN系统综合考虑各节点连接状态、负载情况以及用户距离等信息，通过将相关内容分发至靠近用户的CDN代理服务器上，实现用户就近获取所需的信息，使得网络拥塞状况得以缓解，缩短响应时间，提高响应速度。

源服务器只需要将内容发给各个代理服务器，便于用户从就近的带宽充足的代理服务器上获取内容，降低网络时延并提高用户体验。CDN技术的优势正是为用户快速地提供信息服务，同时有助于解决网络拥塞问题。CDN技术成为 5G必备的关键技术之一。

10．设备到设备通信

这是一种基于蜂窝系统的近距离数据直接传输技术。设备到设备通信（D2D）会话的数据直接在终端之间进行传输，不需要通过基站转发，而相关的控制信令，如会话的建立、维持、无线资源分配以及计费、鉴权、识别、移动性管理等仍由蜂窝网络负责。蜂窝网络引入D2D通信可以减轻基站负担，降低端到端的传输时延，提升频谱效率，降低终端发射功率。当无线通信基础设施损坏，或者在无线网络的覆盖盲区，终端可借助D2D实现端到端通信甚至接入蜂窝网络。在 5G网络中，既可以在授权频段部署D2D通信，也可在非授权频段部署。

11．边缘计算

在靠近物或数据源头的一侧，采用网络、计算、存储、应用核心能力为一体的开放平台，就近提供最近端服务。其应用程序在边缘侧发起，产生更快的网络服务响应，满足行业在实时业务、应用智能、安全与隐私保护等方面的基本需求。5G要实现低时延，如果数据是到云端和服务器中进行计算机和存储，再把指令发给终端，就无法实现低时延。边缘计算是在基站上即建立计算和存储能力，在最短时间完成计算，发出指令。

12．软件定义网络和网络虚拟化

SDN（Software Defined Network，软件定义网络）架构的核心特点是开放性、灵活性和可编程性。它主要分为三层：基础设施层位于网络最底层，包括大量基础网络设备，该层根据控制层下发的规则处理和转发数据；中间层为控制层，该层主要负责对数据转发面的资源进行编排，控制网络拓扑、收集全局状态信息等；最上层为应用层，该层包括大量的应用服务，通过开放的北向API对网络资源进行调用。NFV作为一种新型的网络架构与构建技术，其倡导的控制与数据分离、软件化、虚拟化思想，为突破现有网络的困境带来了希望。

5G是一个复杂的体系，在5G基础上建立的网络，不仅要提升网络速度，同时还提出了更多的要求。未来5G网络中的终端也不仅是手机，而是包括汽车、无人驾驶飞机、家电、公共服务设备等多种设备。4G改变生活，5G改变社会，5G将会是社会进步、产业推动、经济发展的重要推进器。

6.5.3 第五代通信技术组网方式

随着国内5G牌照的发放，5G已经正式开启了商用进程，但是在未来很长的时间内，通信网将是4G和5G共存的局面。一是5G的建设不会那么快；二是5G从技术上就是把对应的频段定在超高频，难以一人打天下，需要和4G配合组网。正因如此，5G的协议就有两种组网方式：NSA non-Standalone（4G和5G共同组网）和SA Standalone（5G单独组网）。

1．SA和NSA

在3GPP R15中，5G NR有两种部署选择，分别是SA（Standalone）和NSA（non-Standalone）。SA模式下NR独立组网，NSA模式下，一个基站依赖于另外一个基站提供控制信道。核心网也有两种部署模式，沿用EPC架构升级软件（EPC+）支持eMBB业务作为过渡部署方式，或者部署基于服务化架构的全新5G网络。之所以会有各种组网模式，主要还是考虑到运营商现有网络的演进和尽量减少初期过大的投资。

SA和NSA组网模式如图6-24所示。

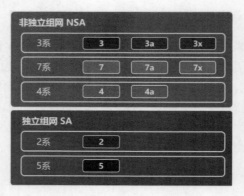

图6-24 SA和NSA组网模式

2．SA组网

SA组网包括了组网方式2和组网方式5，之所以能称之为独立组网，核心是因为只存在一种

基站，没有 4G基站和 5G基站混合组网，而且核心网是 5G网络，整个网络更多的像 5G网络而非
4G网络。

SA组网模式如图 6-25 所示。

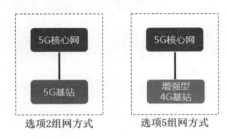

图 6-25　SA 组网模式

3．NSA 组网

在 3 系组网方式中，参考的是LTE双连接架构。所谓双连接架构，是指在LTE双连接构架中，
UE（用户终端）在连接态下可同时使用至少两个不同基站的无线资源（分为主站和从站）。5G基
站是无法直接连在 4G核心网上面的，所以，它会通过 4G基站接到 4G核心网。

3 系组网模式如图 6-26 所示。

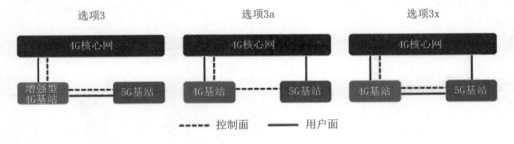

图 6-26　3 系组网模式

把 3 系组网方式里面的 4G核心网替换成 5G核心网，这就是 7 系组网方式。因为是 5G核心网，
所以此类方式下，4G基站都需要升级成增强型 4G基站。

7 系组网模式如图 6-27 所示。

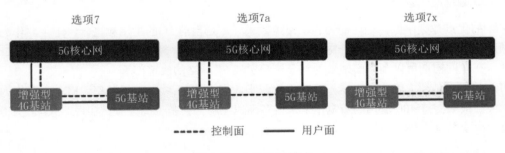

图 6-27　7 系组网模式

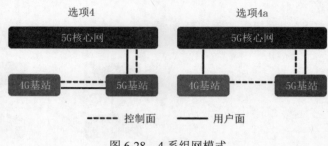

在 4 系组网里，4G基站和5G基站共用 5G核心网，5G基站为主站，4G基站为从站。唯一不同的是，选项 4 的用户面从 5G基站走，选项4a的用户面直接连 5G核心网。

4 系组网模式如图 6-28 所示。

尽管SA是未来成熟的组网方式，但SA从建立到真正成熟是一个循序渐进的过程，将经历漫长的时间，所以消费者不用担心NSA单模 5G手机被淘汰。

图 6-28　4 系组网模式

总的来说，NSA组网和SA组网各有优点，不分好坏。NSA是发展 5G所必须的，SA则是未来的一个发展方向。

6.5.4　5G 频率范围及频谱划分

1．5G 频率范围

5G频谱分为两个区域即FR1 和FR2，FR是Frequency Range的意思，即频率范围。FR1 的频率范围是 450MHz~6GHz，也叫Sub6G（低于 6 GHz）；FR2 的频率范围是 24GHz~52GHz，这段频谱的电磁波波长大部分都是毫米级别，因此也叫毫米波mmWave（严格来说大于 30GHz才叫毫米波），如图 6-29 所示。

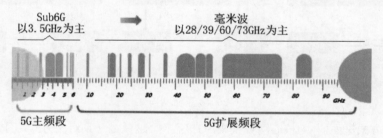

图 6-29　5G 频率范围

2．5G 频谱的优缺点

FR1 的优点是频率低，绕射能力强，覆盖效果好，是当前 5G的主用频谱。FR1 主要作为基础覆盖频段，最大支持 100Mbps的带宽。其中低于 3GHz的部分，包括了现在网络用的 2G、3G、4G的频谱，在建网初期可以利用旧站址的部分资源实现 5G网络的快速部署。

FR2 的优点是超大带宽，频谱干净，干扰较小，作为 5G后续的扩展频率。FR2 主要作为容量补充频段，最大支持 400Mbps的带宽，未来很多高速应用都会基于此段频谱实现，5G高达 20Gbps的峰值速率也是基于FR2 的超大带宽。

3．我国三大运营商 5G 频谱划分

目前我国仅对FR1 中的频段进行了分配，其中，中国移动：2515MHz~2675MHz共 160MHz，频段号为n41，以及 4800MHz~4900MHz共 100MHz，频段号为n79；中国电信：3400MHz~3500MHz

共 100MHz，频段号为n78；中国联通：3500MHz~3600MHz共 100MHz，频段号为n78。

6.5.5　5G 射频处理器电路

1．骁龙 X50 5G 调制解调器

骁龙X50 5G调制解调器支持在 6GHz以下和多频段毫米波频谱运行，为所有主要频谱类型和频段提供一个统一的 5G设计，同时应对广泛的使用场景和部署场景。

骁龙X50 5G调制解调器系列面向增强型移动宽带设计，以提供更宽带宽和超高速度。该调制解调器解决方案支持非独立（Non-Standalone，NSA）运行（通过LTE发送控制信令），并且支持下一代顶级移动蜂窝终端，并协助运营商开展早期 5G试验和部署。

骁龙X50 5G调制解调器通过单芯片支持 2G/3G/4G/5G多模功能，支持通过 4G 和 5G网络的同时连接。

2．骁龙 X50 电路结构

第一代 5G手机基本上都是采用骁龙X50 5G调制解调器，通过添加独立的 5G调制解调器芯片组到现有的LTE设计中实现。这不仅是为了加速智能手机的上市时间，同时，还通过重复使用现有的成熟设计来降低开发风险。

第一代 5G手机采用了单模 5G调制解调器、5G射频收发器和单频段 5G 射频前端，它们独立与现有的LTE 射频链路。这种 5G调制解调器需要独立的外部SDRAM和电源管理芯片。

5G频段目前主要分为两个技术方向，分别是Sub_6GHz以及高频毫米波（mmWave）。毫米波天线可用于 26.5GHz~29.5GHz、27.5GHz~28.35GHz或 37GHz~40GHz波段，而Sub_6GHz模块可用于 3.3GHz~4.2GHz、3.3GHz~3.8GHz或 4.4GHz 5.0GHz波段。

Sub_6GHz是指频率低于 6GHz的电磁波，我国目前采用的主要是Sub_6GHz技术。毫米波（mmWave）指EHF频段，即频率范围是 30GHz~300GHz的电磁波。

5G Sub_6GHz电路结构如图 6-30 所示。

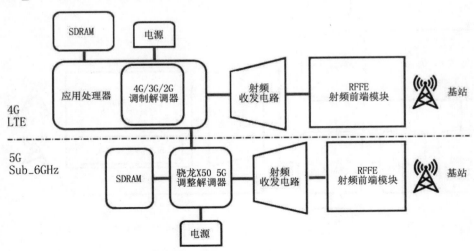

图 6-30　5G Sub_6GHz 电路结构

5G 毫米波电路结构如图 6-31 所示。

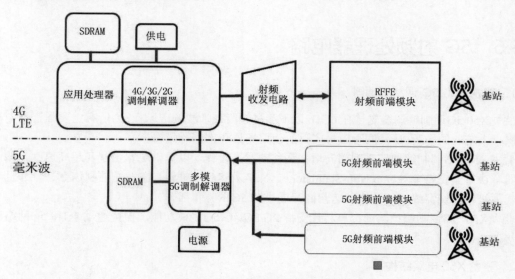

图 6-31　5G 毫米波电路结构

3. 巴龙 5000 电路结构

巴龙 5000 是一款支持 SA 和 NSA 两种组网方式以及 Sub_6GHz 和毫米波频段的多模调制解调器，Sub_6GHz 频段下最高支持 4.5Gbps 的下行速率，毫米波频段下最高支持 6.5Gbps 的下行速率。

巴龙 5000 调制解调器最早应用于华为 Mate 20X 5G 智能手机，Mate 20X 5G 手机采用海思 Kirin 980 应用处理器，该应用处理器已经具有内置的 LTE 调制解调器。在实际运行中只有多模巴龙 5000 调制解调器用于 5G/4G/3G/2G 通信，Kirin 980 应用处理器中集成的调制解调器并未使用，Mate 20X 5G 为巴龙 5000 配备了更高容量的 SDRAM。目前仅支持 Sub_6 GHz 的射频频段。

多模调制解调器电路结构如图 6-32 所示。

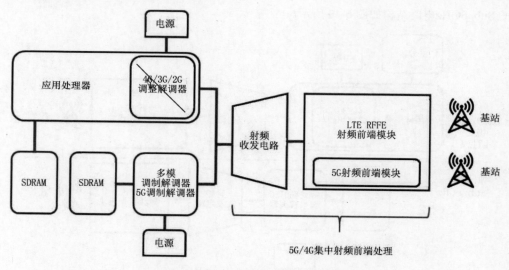

图 6-32　多模巴龙 5000 调制解调器电路结构

6.5.6　5G 射频前端模块

1.　射频前端模块简介

射频前端（Radio Frequency Front-End，简称 RFFE），是天线和射频收发机之间的射频电路部分，通俗的理解就是靠近天线部分的设备就是射频前端。

以手机接收信号为例，空气中的无线电磁波信号经过天线转换为有线信号，之后送入射频前端部分。在射频前端部分中，电磁波从天线出来先进入天线调谐器（Antenna Tuner），它是连接天线和后续电路的一个匹配网络。

接着信号经过分集开关（Diversity Switch），为移动和基础设施应用提供低插入损耗、高隔离和出色的线性度。之后是个双工器（Diplexer），双工器用于天线输入输出部分，拥有在收发时分类或混合两种不同频率信号的功能，并且还用于载波聚合（Carrier Aggregation，CA）电路中。

最后信号经过射频开关送到滤波器电路，射频开关负责接收、发射通道之间的切换；滤波器负责发射及接收信号的滤波；最后经过低噪放，低噪声放大器主要用于接收通道中的小信号放大，同时抑制噪声在可接受的范围内，供后续的收发机处理。接收机/发射机用于射频信号的变频、信道选择。信号的发射路径中各部分的作用与接收路径几乎相同，但是发射路径不再使用低噪放而是功率放大器（Power Amplifier，PA），用来放大信号作为发射使用。

在 5G 时代，信号频段数量大幅增加，随之需要的组成部件数量也大幅增加，每增加一个频段，需要增加 1 个 PA，1 个双工器，1 个射频开关，1 个 LNA 和 2 个滤波器。2G 需支持 4 个频段，3G 需支持 6 个频段，4G 为 20 个，5G 为 80 个。是不是可以理解——5G 时代的射频前端部件数量需要的是 4G 时代的 4 倍以上呢？也不是。这时候可以使用载波聚合技术。

2.　射频前端模块结构

射频前端模块结构如图 6-33 所示。

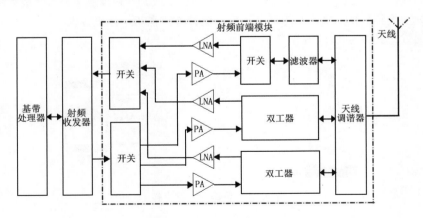

图 6-33　射频前端模块结构

6.5.7 MIMO 技术

MIMO技术指在发射端和接收端分别使用多个发射天线和接收天线,使信号通过发射端与接收端的多个天线传送和接收,从而改善通信质量。它能充分利用空间资源,通过多个天线实现多发多收,在不增加频谱资源和天线发射功率的情况下,可以成倍地提高系统信道容量,显示出明显的优势,被视为下一代移动通信的核心技术。

1. 单输入单输出技术

单输入单输出(Single Input Single Output,SISO)技术,就是基站和手机各自都有一根天线,它们之间只有一条唯一的收发通路。

单输入单输出技术如图 6-34 所示。

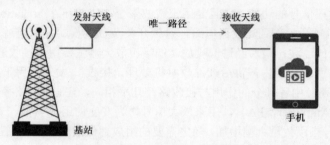

图 6-34　单输入单输出技术

2. 单输入多输出技术

单输入多输出(Single Input Multiple Output,SIMO)技术,就是在手机接收端新增加一个天线,这样从基站发出的消息就有两条路能到达手机了。只是这两条路都来自基站的同一根天线,只能发送相同的数据。这时,手机只要能从任意一条路径上收到一份就够了,虽然最大容量还是一条路没有变,成功收到数据的概率却提高了一倍,这种方式也叫作分集接收。

单输入多输出技术如图 6-35 所示。

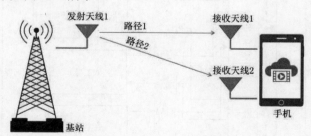

图 6-35　单输入多输出技术

3. 多输入单输出技术

多输入单输出(Multiple Input Single Output,MISO)技术是基站使用多根天线,手机使用一根天线。手机只有一根接收天线,基站有多根天线,发送的内容相同,发送的容量也相同,但是通信成功率却提高了多倍，这种方式也叫作分集发射。

多输入单输出技术如图 6-36 所示。

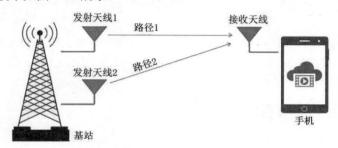

图 6-36　多输入单输出技术

4．多输入多输出技术

多输入多输出（Multiple Input Multiple Output，MIMO）技术，是基站和手机分别使用多根天线进行收发信号的技术。

木桶原理告诉我们，一只水桶能装多少水取决于它最短的那块木板，这也是判断MIMO最大容量的最简单办法——比较基站和手机的天线数，最大容量总是受制于天线数少的一方。

MIMO系统一般写作A×B MIMO，A表示基站的天线数，B表示手机的天线数。想想 4×4 MIMO和 4×2 MIMO的容量哪个大？从木桶原理来判断，4×4 MIMO可以同时发送和接收 4 路数据，其最大容量可以达到SISO系统的 4 倍，而 4×2 MIMO因为接收天线只有两根，只能同时接收 2 路数据，其最大容量只能达到SISO系统的 2 倍。

这种利用多天线、复用空间中不同的传输路径并行发送多份不同数据来提升容量的方法就叫空分复用，如图 6-37 所示。

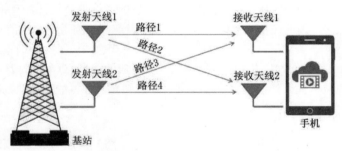

图 6-37　多输入多输出技术

多输入多输出技术是不是就是最好的技术？也不一定，受衰落和干扰影响，2×2 MIMO系统还有可能退化成SIMO、MISO等系统，也就意味着从空分复用退化成了发射分集或者接收分集，基站的期望也从追求高速率退化到了保证接收成功率了。

第6节 射频电路故障维修思路与案例

在智能手机中，射频电路故障维修难度较大，尤其让初学者头疼，那么怎么才能更好地维修射频电路故障呢？下面我们来具体进行分析。

6.6.1 射频电路故障维修思路

1. 判断故障部位

在遇到无信号、无服务故障时，首先要确认故障在射频处理器电路还是在应用处理器电路，如果故障在射频处理器电路，在手机上是能够看到调制解调器固件版本和串号的。如果看不到调制解调器固件版本和串号，说明问题在应用处理器电路。

2. 判断损坏原因

客户送来手机以后，要了解损坏的原因，是进水、摔过，还是正常使用出现的信号故障，还是被别人维修过出现的信号问题。

如果是进水的手机，重点检查射频部分是否有元器件腐蚀，依次检查供电、信号通路的元器件。如果是摔过的机器，则重点检查是否有元器件脱焊，尤其是天线开关、功率放大器等元器件。如果是被别人动过手脚的手机，则重点检查被别人动过的元器件，一个都不要放过。

3. 合理运用代换法及假天线法

代换法在维修中是经常使用的一种方法，就是用好的元器件替换怀疑有损坏的元器件，代换法在信号电路应用较多，因为在信号电路中，使用万用表不可能测量到高频信号，能测量高频信号必须使用昂贵的仪器，一般维修网点是不具备的。所以，代换法成了一种简单易行的好办法。

假天线法也是在信号电路中使用较多的方法，在相应的测试点焊接一段焊锡丝来代替天线，来进一步确认故障部位，假天线法简单方便，甚至不拆卸元器件就能够大概判断故障部位。

4. 重点检查射频供电

在智能手机中，射频处理器电路一般有单独的供电电路，为功率放大器和射频处理器电路进行供电，由于射频供电工作电流大，出现问题的概率非常高，所以要重点进行检查。

5. 射频电路故障维修流程图

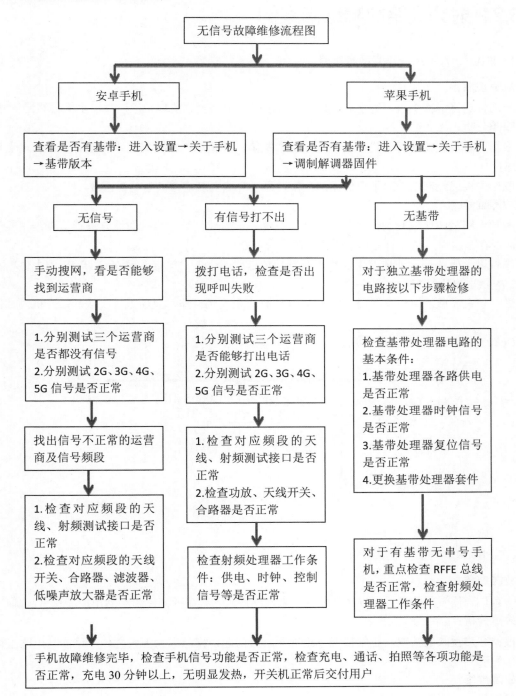

6.6.2 射频电路故障维修案例

1. iPhone 7 Plus 无信号故障维修

故障现象：

一同行送修一部手机，进水后出现无信号故障，主板全部清理干净以后，手机仍然无信号。

故障分析：

根据同行反映的情况，进水后出现无信号故障，分析认为可能与进水腐蚀有关系，重点检查进水部位。

既然主板已经清理干净了仍然无法工作，那么应该重点检查供电是否正常。

故障维修：

射频电路故障比较复杂，尤其是二修的机器，首先对同行维修过的地方进行检查，主要检查焊接是否存在虚焊，是否有元器件错位、脱落等问题。

排查以上问题后，使用万用表检查射频功放电路的供电，检查发现QPOET_RF的主供电不正常，3.7V供电电压没有。

进一步在显微镜下观察发现，C6805_RF附件焊盘腐蚀开路，重新处理飞线后，开机测试信号正常。

C6805_RF原理图如图 6-38 所示。

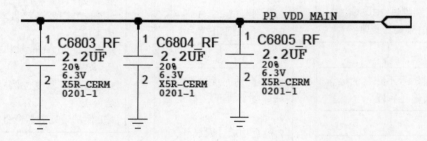

图 6-38　C6805_RF 原理图

2. iPhone 7 无信号故障维修

故障现象：

一客户送修一部手机，一直正常使用，未出现进水、磕碰的问题，突然出现无信号故障。

故障分析：

根据客户反映的情况，正常情况下出现无信号问题，排除人为因素之外，可能与电路工作不正常有关系。

故障维修：

拆机检查发现主板有摔过的痕迹，但主板比较干净，未发现有进水迹象。测主要供电，基本正常。

后发现射频处理器XCVR0_RF有虚焊情况，进行补焊，补焊后，开机信号正常。

射频处理器XCVR0_RF位置图如图 6-39 所示。

图 6-39　射频处理器 XCVR0_RF 位置图

3．iPhone XS Max 移动卡无 4G，电信卡无服务故障维修

故障现象：

一客户送修一部手机，手机摔过，出现装入移动卡无 4G 信号，装入电信卡出现无服务问题。

故障分析：

根据客户反映的情况，手机摔过以后出现无服务问题，应该与射频电路及相关电路有关系，检查无维修痕迹，应该重点检查虚焊部位。

故障维修：

根据电路工作原理分析认为，该故障与射频电路及功率放大器电路有关，代换功放小板后信号正常，检查芯片小板高频功放PA_HB_L虚焊，重新补焊后信号正常。

高频功放位置图如图 6-40 所示。

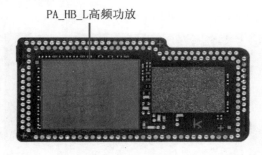

图 6-40　高频功放位置图

4．华为 P30 手机无服务

故障现象：

客户送修一部华为P30 手机，称手机进水后出现无服务故障。

故障分析：

根据客户反映的情况，手机进水后，出现无服务故障，一般与射频处理器及外围电路等有关系。

故障维修：

检查发现U3201 射频供电芯片外围腐蚀严重，清理后重新补焊，故障未排除，更换芯片后，故障排除。

U3201 射频供电芯片如图 6-41 所示。

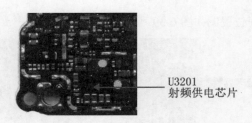

图 6-41　U3201 射频供电芯片

5. 华为 P30 手机 GSM 无服务故障维修

故障现象：

客户送修一部华为P30 手机，当时故障为不显示，修完以后出现无服务故障，逐个补焊重植芯片后，结果故障依旧。

故障分析：

根据客户反映的情况分析，华为P30 手机GSM频段信号收发涉及多个芯片，应重点检查涉及和GSM相关的电路芯片。

故障维修：

逐个把补焊的芯片取下来，检查主板芯片对地二极体值，发现U3301 有一个引脚对地短路，更换U3301 以后，发现仍然不正常。

把主板的助焊剂彻底清洗干净以后，发现U3301 旁边有一个电感脱落，重新补上一个电感后，手机正常工作。

GSM频段元件布局及收发路径如图 6-42 所示。

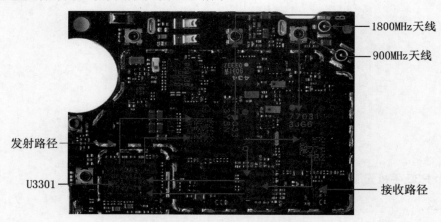

图 6-42　GSM 频段元件布局及收发路径

6. 华为 Mate30 5G 手机 5G 无信号故障维修

故障现象：

客户送修一部华为Mate30 5G手机，摔过一次后，手机 5G无服务，送来进行维修。

故障分析：

根据客户反映的情况分析，华为P30 手机GSM频段信号收发涉及多个芯片，应重点检查涉及和GSM相关的电路芯片。

故障维修：

重点检查 5G 频段功放、射频开关、低噪声放大器等元件，发现低噪声放大器焊盘虚焊，重新补焊后，开机测试，信号正常。

5G 频段元器件布局如图 6-43 所示。

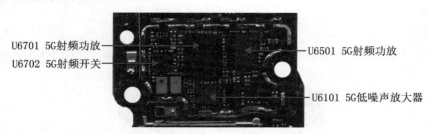

图 6-43　5G 频段元器件布局

7. 华为 Mate30 5G 手机移动 5G 无信号

故障现象：

客户送修一部华为 Mate30 5G 手机，刚买一个月时间，手机摔过一次后，移动 5G 无信号，客服不保修。

故障分析：

根据客户反映的情况分析，华为 Mate30 5G 手机是刚上市的新机型，移动 5G 使用的是 N41、N78、N79 频段，应该先从这几个频段收发信号入手。

故障维修：

拆机检查主板，未发现有明显的磕碰痕迹，拆下 5G 部分屏蔽罩，重点检查 N41 频段部分元器件，目前移动只使用了 N41 频段，其余两个频段未使用。

分别检查 N41 频段的几个滤波器 Z7501、Z7505，射频测试结果 J7502 等，使用万用表测量 J7502，发现其内部开路，拆下短接后，开机测试信号正常。

N41 频段元件图如图 6-44 所示。

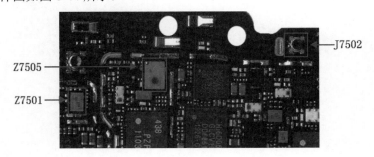

图 6-44　N41 频段元件图

8. 华为 V20 手机移动 4G 无接收信号

故障现象：

客户送修一部华为 V20 手机，突然出现移动 4G 无接收信号故障，没有摔过也无进水问题，正常使用。

故障分析：

因可以正常使用，故排除设置故障，应重点检查移动 4G 信号收发通道，涉及移动 4G 信号收发通道的元件有天线测试接口 J3402、天线开关+功放 H3500、天线开关 U3400、低噪声放大器 U4400、滤波器 Z4003、射频处理器 U3301 等元器件。

故障维修：

经检查发现，未发现有摔过、维修痕迹，在显微镜下仔细观察主板，发现射频处理器旁边电感有轻微裂痕，轻轻拨动一下，电感就裂开了。更换元件后开机测试，移动 4G 信号正常。

射频信号部分元件图如图 6-45 所示。

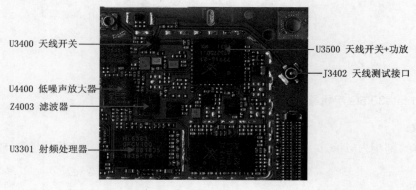

图 6-45　射频信号部分元件图

第7章
应用处理器电路故障维修

智能手机的应用处理器是整机的核心部分，指挥手机各功能电路完成各种指令的执行工作，在本章中主要讲述应用处理器电路基础、工作原理、电路故障维修等。

第1节 应用处理器电路基础 ▶

7.1.1 应用处理器

应用处理器（MAP）主要有中央处理器（CPU）、图形处理器（GPU）、数字信号处理器（DSP）、调制解调器（Modem）、导航定位、多媒体等芯片或者模块组成。

以高通骁龙 800 处理器来举例。在整个芯片中，CPU 部分只占芯片面积的 15%，其他部分功能占芯片面积的 85%。

高通骁龙 800 处理器架构如图 7-1 所示。

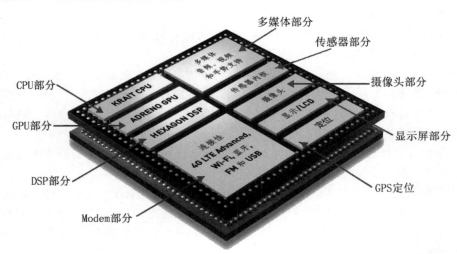

图 7-1　高通骁龙 800 处理器架构

1．中央处理器（CPU）

中央处理器是手机最核心的部分，它承担着手机通用任务的控制、处理、运算等工作，中央处理器的性能受到三个因素的影响，分别是架构、制程、工作频率，三者相辅相成。

（1）架构

架构是处理器的基础，对于处理器的整体性能起到决定性的作用，不同架构的处理器同主频下，性能差距可以达到 2~5 倍。可见架构的重要性。

那么什么是架构呢？我们来打个比方，架构就像是一座建筑的框架，而处理器就相当于一个完整的建筑，只有有了稳定的框架作为基础，才能建造出各式各样的房子。换句话说，架构只相当于一座建筑的框架，至于最后建造出来的房子长什么样，舒适度如何，就由处理器厂商自己决定了。不过有一点需要说明，假如结构的设计是五层，容纳人数的上限是 100 人，那么最后建好的房子也不能超过这个上限。这也就是说，采用相同架构的处理器，性能基本上已经锁定在一定的范围之内，不会有本质的区别。所以，看处理器的性能首先要看架构。

目前代表性的架构有三个：苹果自主设计的Twister，高通自主设计的Krait以及联发科公版 A72+A53 架构。

不同的架构有不同的性能和功耗，虽说架构是一个和运算量没有太大直接关系的量，但却是最关键的量，因为架构能决定主频、核心数、带宽等等和运算量直接相关的量。

（2）制程

制程是指芯片内电路与电路之间的距离，单位是nm（纳米）。更小的制程也就意味着更低的功耗和散热，同时在同样面积的芯片上更小的制程能集成更多的晶体，而晶圆的数量又是决定处理器性能的关键因素，所以，工艺制程越先进，处理器性能就越强。

芯片的工艺制程和架构是同时发展的，一般采用更新架构的处理器也会应用更先进的工艺制程，所以说，科技是同步发展的。目前最新的制程工艺是台积电为苹果生产的A14 处理，采用 5nm 的制程工艺。

（3）主频（工作频率）

CPU的主频，即CPU内核工作的时钟频率（CPU Clock Speed）。通常所说的某某CPU是多少兆赫的，而这个多少兆赫就是"CPU的主频"。

CPU的主频并不代表CPU的速度，但提高主频对于提高CPU运算速度却是至关重要的。不过手机的整体运行速度不仅取决于CPU运算速度，还与其他各部分系统的运行情况有关，只有在提高主频的同时，各部分系统运行速度和各部分系统之间的数据传输速度都得到提高后，手机整体的运行速度才能得到真正的提高。

主频一定意义上代表着一部手机的性能，虽然不同架构的同主频处理器会有所差异。但如果在相同的条件下，高主频显然意味着更强的性能。

除了上述参数之外，还有总线位宽和内存大小对CPU性能也有很大影响。什么是总线位宽？顾名思义，位宽就是指宽度，是什么的宽度呢？我们来打个比方，CPU需要处理的数据要通过一条道路，我们就把它想象成马路，数据流就是汽车数量，而位宽就是马路的宽度。总线位宽越宽，手机CPU处理越多数据就越得心应手。

此外，内存（RAM）越大，运行大型游戏以及多线程程序时速度就越快。比如同样为 1.5GHz 主频的两颗处理器，同等条件下，采用 2048MB RAM 的处理器就比采用 1024MB RAM 的处理器快。

所以理论上说，同款手机，RAM越大越好。

2．图形处理器（GPU）

图形处理器（Graphics Processing Unit，GPU），又称显示核心、视觉处理器、显示芯片，是一种专门在智能手机、平板电脑等移动设备上做图像和图形相关运算工作的微处理器。

从某种意义上来说，你可以把它想象成核芯显卡，玩游戏看到的画面绝大多数都是由GPU进行渲染。我们平常说这款手机好，玩王者荣耀不卡，其实都是GPU的功劳。性能好的GPU渲染速度更快、玩游戏就越流畅，反之则越卡。

随着AR和VR技术的发展，未来GPU的作用越来越重要，甚至会超过CPU，更形象的比喻是，CPU做管理，GPU干苦力。

3．数字信号处理器（DSP）

数字信号处理器（Digital Signal Processor，DSP）即数字信号处理器，是手机芯片里一个专门负责处理数字信号运算的微处理器，主要应用在实时快速地实现各种数字信号处理算法。

早期的手机中，DSP的设计主要用于对语音的处理，可以保证双方在同时讲话时不会有延迟。随着智能手机的功能变得越来越多，只靠CPU的运算会拖累手机其他方面的运算，因此DSP的出现则为CPU分忧解难，这就是DSP的作用。

4．调制解调器（Modem）

调制解调器（Modem）是手机中负责通信的核心部件，我们用手机打电话、上网、发短信等联网行为，都是由它处理执行，调制解调器会在手机和无线网络间建立起一条逻辑通道，传送联网数据、调整通信模式。

我们手机能连上什么制式的网络、能够连接什么频段、是否有出色的抗干扰能力、数据上传的速度有多快，都取决于 Modem 的性能。

运营商基站的作用就是保证我们所有人都能够收到不同制式的信号，通过移动网络打电话、上网，但是，通话的清晰度、稳定性、联网速度快慢、兼容WiFi的制式，这些功能依赖的是一个优秀的调制解调器。

5．应用处理器的生产厂家

智能手机应用处理器生产厂家有 8 家，分别是高通、联发科（MTK）、海思麒麟、苹果、德州仪器、三星Exynos（猎户座）、松果、英伟达，以下就主流的处理器作一介绍。

（1）麒麟处理器（华为海思）

麒麟 990 处理器是华为推出的最新款处理器，麒麟 990 5G是华为推出的全球首款旗舰 5G 应用处理器，是业内最小的 5G手机芯片方案，基于业界最先进的 7nm+ EUV工艺制程，首次将 5G Modem集成到应用处理器芯片中，面积更小，功耗更低；率先支持NSA/SA双架构和TDD/FDD全频段，是业界首个全网通 5G应用处理器。基于巴龙 5000 卓越的 5G联接能力，麒麟 990 5G在Sub_6GHz频段下实现领先的 2.3Gbps峰值下载速率，上行峰值速率达 1.25Gbps。

麒麟 990 处理器的性能参数如图 7-2 所示。

图 7-2　麒麟 990 处理器的性能参数

（2）骁龙处理器（高通）

骁龙是 Qualcomm Technologies（美国高通）旗下移动处理器和 LTE 调制解调器的品牌名称，骁龙处理器具备高速的处理能力，可提供令人惊叹的逼真画面以及超长续航时间。

在 2013 年之前，骁龙处理器分为 S1、S2、S3、S4 四个层级，以区分不同的四代产品；在 2013 年之后，骁龙处理器分为骁龙 800 系列、骁龙 700 系列、骁龙 600 系列、骁龙 400 系列和骁龙 200 系列处理器。

市面上的安卓旗舰手机，除了华为大多用的是高通的骁龙处理器。最新的骁龙 865、骁龙 765 统一支持 2G/3G/4G/5G 所有模式，支持 Sub_6GHz/毫米波、TDD/FDD、NSA/SA、DSS（动态频谱共享）、载波聚合，下载速度最高可达 3.7Gbps。

骁龙 865 处理器如图 7-3 所示。

图 7-3　骁龙 865 处理器

（3）苹果处理器

苹果最新发布的处理器是 A14 处理器，A14 处理器采用了 5nm 技术，性能比上一代处理器提升 20% 以上，内部搭载的晶体管达到 125 亿个。这个晶体管数量要比桌面和服务器 CPU 还多，芯片总面积也缩小至约 85mm 见方，与 7nm 相比，晶体管密度是以前的 1.8 倍，运行速度增加了 15%，功耗降低 30%，能效超越三星 3nm工艺。

A14 处理器在神经引擎方面有了更大的进步，由于 5nm制造工艺提供了更高的晶体管密度，增加了神经引擎内核，并且可能还会进行其他架构改进，预计A14 机器学习的速度至少是A13 的两倍。

（4）联发科（MTK）处理器

联发科最新款处理器是旗下Helio芯片新品G90 系列，这也是联发科全新G系列的第一款产品。G（G代表着游戏）系列的定位为手机游戏处理器。

联发科G90 系列处理器如图 7-4 所示。

架构方面，新的G90 系列采用了比联发科P65 更高性能的 8 核架构，包含两个ARM Cortex-A76 高性能核心以及 6 个ARM Cortex-A55 能效核心。在对手游同样重要的GPU部分，G90 系列选择了ARM Mali-G76 MP4。在性能的区分上，G90 与性能更强的G90T差别在于CPU和GPU主频的变化。

G90 CPU部分最高频率为 2.0GHz，G90T仅提升至2.05GHz。而GPU部分，G90 为 720MHz，G90T升至800MHz。在内存支持上，G90 可以提供最高 8GB LPDDR4x，G90T最高可达 10GB，对于目前的手机游戏性能要求而言，已经够用。

图 7-4 联发科 G90 系列处理器

（5）Exynos 处理器（三星）

三星最新处理器Exynos 990 是一款具有强大人工智能处理能力的移动处理器，Exynos 990 处理器拥有双核神经处理单元（NPU），可提供更为快速的高效机器学习性能。可与 5G 蜂窝调制解调器配对，为直播时代提供高速移动宽带速度。Exynos 990 集成了强大的 8 核中央处理器、尖端图形处理器、先进的显示器和视频子系统，可提供强大的性能，以适应下一代智能手机。

Exynos 990 处理器如图 7-5 所示。

图 7-5 Exynos 990 处理器

Exynos 990 内置强大的顶级双核神经处理单元（NPU）和改进后的数字信号处理器（DSP），每秒可执行超过 10 万亿次的运算（TOP），可让智能手机提供更为丰富的移动体验，实现智能摄像头、虚拟助手和扩展现实等多种智能功能。

Exynos 990 处理器与下一代 5G技术Exynos Modem 5123 配合使用，调制解调器支持非常快的下载速度，在 mmWave（毫米波）中的速度高达 7.35Gbps，在sub_6GHz中的速度高达 5.1Gbps，支持高达 8x载波聚合。Exynos Modem 5123 还采用了先进的 7nm EUV工艺，具有多种节能技术，提高了 5G通信的电池寿命。

以上介绍的是目前市场上主流的应用处理器，其余处理器因在手机中使用较少，在此不再赘述。

7.1.2　基带处理器

基带处理器（Digital Base Band Processor，BB）是智能手机的重要部件，相当于一个协处理器，负责数据处理与储存，主要组件为数字信号处理器（DSP）、中央处理器（CPU）、内存（SRAM、Flash）等单元，主要功能为基带编码/译码、声音编码及语音编码等。

在采用了双处理器结构的手机中，基带处理器的工作内容相当于单处理器结构手机应用处理器内部的调制解调器（Modem）+数字信号处理器（DSP）。实际上，双处理器结构中基带处理器的工作内容很复杂。

传统基带处理器中的CPU的基本作用是完成以下两个功能：一个是运行通信协议物理层的控制码；另一个是控制通信协议的上层软件，包括表示层或人机界面（MMI）。DSP的基本作用是完成物理层大量的科学计算功能，包括信道均衡、信道编解码以及电话语音编解码。

随着多媒体功能的日益增加，增加智能电话功能的方法之一是提高基带处理器的集成度。目前基带处理器已是一种高度复杂的芯片，它不仅支持几种通信标准，而且提供多媒体功能以及用于多媒体显示器、图像传感器和音频设备相关的接口。

7.1.3　存储器

1．内存（RAM）

内存也叫随机存取存储器RAM，内存相当于电脑的内存条，无法存储文件，只能在运行程序的时候，程序会加载到内运存中，提供给CPU、GPU等硬件来读取数据，属于临时性存储。RAM有很多种，具体说明如下：

（1）SRAM

静态随机存取存储器（Static Random-Access Memory，SRAM）是随机存取存储器的一种。所谓的"静态"，是指这种存储器只要保持通电，里面储存的数据就可以恒常保持。

当供电停止时，SRAM储存的数据会消失（被称为volatile memory），这与在断电后还能储存资料的ROM或闪存是不同的。

因占用面积大，目前已经不在手机中使用了。

（2）DRAM

动态随机存取存储器（Dynamic Random Access Memory，DRAM）是一种半导体存储器，主要的作用原理是利用电容内存储电荷的多少来代表一个二进制比特（bit）是 1 还是 0。

由于在现实中晶体管会有漏电电流的现象，导致电容上所存储的电荷数量并不足以正确地判别数据，而导致数据毁损。因此对于DRAM来说，周期性地充电是一个不可避免的要件。由于这种需要定时刷新的特性，因此被称为"动态"存储器。

（3）SDRAM

同步动态随机存取内存（Synchronous Dynamic Random-access Memory，简称SDRAM）是有一个同步接口的动态随机存取内存（DRAM）。

DRAM有一个异步接口，这样它可以随时响应控制输入的变化，而SDRAM有一个同步接口，在响应控制输入前会等待一个时钟信号，这样就能和计算机的系统总线同步。时钟被用来驱动一个有限状态机，对进入的指令进行管线（Pipeline）操作，这使得SDRAM与没有同步接口的异步DRAM（Asynchronous DRAM）相比，可以有一个更复杂的操作模式。

（4）DDR RAM

双倍速率同步动态随机存储器（Double Data Rate Random Access Memory，DDR RAM），也是内存的一种。

DDR RAM一个时钟周期内传输两次数据，它能够在时钟的上升期和下降期各传输一次数据，因此称为双倍速率同步动态随机存储器。DDR RAM可以在与SDRAM相同的总线频率下达到更高的数据传输率。

DDR RAM在目前智能手机中使用较多，是主流的随机存储器。在智能手机中使用较多的还有LPDDR。

2．机身内存（ROM）

存储器的作用相当于"仓库"，用来存放手机中的各种程序和数据。

所谓程序就是根据所要解决问题的要求，应用指令系统中所包含的指令，编成一组有次序的指令的集合；所谓数据就是手机工作过程中的信息、变量、参数、表格等，例如键盘反馈回来的信息。

（1）EEPROM

EEPROM（Electrically Erasable Programmable Read Only Memory）是指带电可擦可编程只读存储器。是一种掉电后数据不丢失的存储芯片。EEPROM 可以在电脑上或专用设备上擦除已有信息并重新编程。

EEPROM在手机维修中俗称"码片"，它存储了手机串码、电压数据、功率参数、话机锁等重要数据。

（2）FLASH

FLASH是存储芯片的一种，通过特定的程序可以修改里面的数据。FLASH在电子以及半导体领域内往往表示Flash Memory的意思，即平时所说的"闪存"，全名叫Flash EEPROM Memory。FLASH在手机的作用很大，地位非常重要，具体作用如下：存储主机主程序、存储字库信息、存储网络信息、存储录音、存储加密信息、存储序列号（IMEI码）等。

FLASH存储器结合了ROM和RAM的长处，不仅具备电子可擦除可编程（EEPROM）的性能，还可以快速读取数据（NVRAM的优势），使数据不会因为断电而丢失。

目前FLASH主要有两种，NOR FLASH和NAND FLASH。NOR FLASH的读取和我们常见的SDRAM的读取是一样的，用户可以直接运行装载在NOR FLASH里面的代码，这样可以减少SRAM

的容量从而节约了成本。NAND FLASH没有采取内存的随机读取技术，它的读取是以一次读取一块的形式来进行的，通常是一次读取512个字节，采用这种技术的FLASH比较廉价。

NOR FLASH是Intel公司1988年开发出的技术，NOR的特点是芯片内执行（XIP，eXecute In Place），这样应用程序可以直接在FLASH闪存内运行，不必再把代码读到系统RAM中。NOR的传输效率很高，在1MB~4MB的小容量时具有很高的成本效益，但是很低的写入和擦除速度大大影响了它的性能。

NAND FLASH内存是FLASH内存的一种，1989年东芝公司发布了NAND FLASH结构，其内部采用非线性宏单元模式，为固态大容量内存的实现提供了廉价有效的解决方案。NAND FLASH存储器具有容量较大、改写速度快等优点，适用于大量数据的存储，因而在业界得到了越来越广泛的应用，常在嵌入式系统中用于存放系统、应用和数据等，类似与PC系统中的硬盘。

（3）eMMC和UFC

eMMC（Embedded Multi Media Card）是嵌入式多媒体控制器，是一个起源比较早的技术，由MMC（多媒体卡）接口、快闪存储器设备和主控制器封装成BGA芯片。

MMC前面加了个Embedded，主要就是为了突出现在这个设备是嵌入在电路板上。eMMC和MMC一样，沿用了8bit的并行接口。在传输速率不高的时代，这个接口够用了。但随着设备对接口的带宽要求越来越高，想把并行接口速率提高也越来越难。

大多数主流中端手机采用的都是eMMC 5.1的闪存，其理论带宽为600Mbps。顺序读取速度为250Mbps，顺序写入速度为125Mbps。

UFS（Universal Flash Storage）即"通用闪存存储"，UFS闪存主要包括三部分：前端UFS接口（M-PHY）、UFS控制器和闪存介质。UFS弥补了eMMC仅支持半双工运行的缺陷，可以实现全双工运行。

UFS作为目前安卓智能手机最先进的非易失存储器（NVM）已经广泛应用在很多手机OEM的旗舰机型上，并会逐渐取代eMMC的地位。

手机闪存的eMMC标准规格从eMMC 4.4发展到eMMC 4.5，读取速度实现了翻番，达到了200Mbps。然后，很快又进入了eMMC 5.0时代，读写速度再次翻番达到400Mbps，最新的eMMC 5.1，理论带宽达到了600Mbps。然而在读写速度方面，UFS 2.0更是领先一大截，如UFS 2.0闪存读写速度最高可达到1400Mbps，将近eMMC 5.0的3倍。

第2节　iPhone手机应用处理器电路工作原理　▶

在Android系统手机中，大部分是单处理器结构，使用一个应用处理器完成多媒体、通信数据处理与存储功能；iOS系统的手机大部分采用双处理器结构，基带处理器完成通信数据处理，应用处理器完成多媒体信息处理。

为了描述方便，下面以iOS系统双处理器结构手机iPhone为例介绍应用处理器电路的工作原理。

7.2.1 应用处理器电路

1. 应用处理器电路结构

目前智能手机中流行的数码相机、高清视频拍摄与播放、MP3 播放器、FM广播接收、视频图像播放、高保真音频等功能，基带处理器已无能力完成，只能由应用处理器来完成。

iPhone手机应用处理器最大的好处在于完全独立在手机通信模块之外，可以灵活方便地设计外围电路。从电路结构上来看，iPhone手机应用处理器电路主要由核心处理器、外部电路等组成。

iPhone手机应用处理器电路结构如图 7-6 所示。

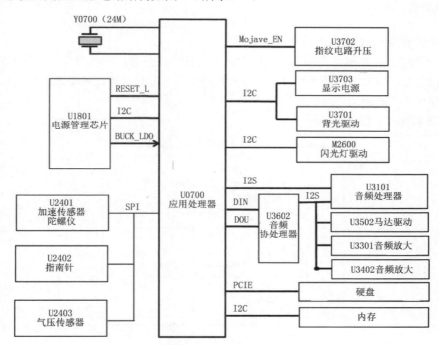

图 7-6 iPhone 手机应用处理器电路结构

2. 应用处理器电路工作原理

手机应用处理器电路是整个手机的控制中心和处理中心，是整个电路的核心部分，其能否正常运行直接决定手机能否正常工作。

应用处理器的基本工作条件有三个：一是供电，一般由电源管理电路提供；二是时钟，一般由 24MHz（38.4MHz）或 32.768kHz时钟电路提供；三是复位信号，一般由电源管理电路提供。应用处理器只有具备以上三个基本条件后，才能正常工作。

手机中的应用处理器一般是 32 位或 64 位处理器，它与外围电路的工作流程如下：按下手机开机按键，电池给电源管理电路部分供电，同时电源管理电路供电给应用处理器电路，应用处理器复位后，再输出维持信号给电源管理电路部分，这时即使松开手机按键，手机仍然维持开机。

复位后，应用处理器开始运行其内部的程序存储器，首先从地址 0（一般是地址 0，也有些厂家中央处理器不是）开始执行，然后顺序执行它的引导程序，同时从外部存储器（FLASH、eMMC、UFS）内读取资料。如果此时读取的资料不对，则应用处理器会内部复位（通过应用处理器内部的"看门狗"或者硬件复位指令）引导程序，顺利执行完成后，应用处理器才从外部存储器读取程序执行，如果读取的程序异常，它也会导致"看门狗"复位，即程序又从地址 0 开始执行。

7.2.2　基带处理器电路

在双处理器结构的手机中，通常将中央处理器（CPU）、数字处理电路（DSP）集成在一起，组成基带处理器。

1．中央处理器电路

（1）中央处理器电路结构

中央处理器的工作原理其实很简单，它的内部元件主要包括：控制单元、运算逻辑单元、存储单元（高速缓存、寄存器）三大部分，指令由控制单元分配到运算逻辑单元，经过加工处理后，再送到存储单元里等待应用程序的使用。

中央处理器框图如图 7-7 所示。

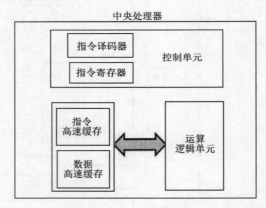

图 7-7　中央处理器框图

①指令高速缓存是芯片上的指令仓库，这样中央处理器就不必停下来查找外存中的指令，加快了处理速度。

②控制单元负责整个处理过程。根据来自译码单元的指令，它会生成控制信号，告诉运算逻辑单元和寄存器如何运算、对什么进行运算以及怎样对结果进行处理。

③运算逻辑单元是芯片中的智能部件，能够执行加、减、乘、除等各种命令。此外，它还知道如何读取逻辑命令，如或、与、非。来自控制单元的信息将告诉运算逻辑单元应该做些什么，然后运算逻辑单元从寄存器中提取数据，以完成任务。

④寄存器是运算逻辑单元为完成控制单元请求的任务所使用的数据的小型存储区域（数据可以来自高速缓存、内存、控制单元）。

⑤数据高速缓存存储来自译码单元专门标记的数据，以备运算逻辑单元使用。同时还准备了分配到计算机不同部分的最终结果。

（2）中央处理器工作原理

中央处理器是处理数据和执行程序的核心，它的工作原理就像一个工厂对产品的加工过程：进入工厂的原料（程序指令），经过物资分配部门（控制单元）的调度分配，被送往生产线（运算逻辑单元），生产出成品（处理后的数据）后，再存储在仓库（存储单元）中，最后等着拿到市场上去卖（交由应用程序使用）。在这个过程中，我们注意到从控制单元开始，中央处理器就开始了正式的工作，中间的过程是通过运算逻辑单元来进行运算处理，交给存储单元代表工作的结束。

基带处理器中的中央处理器主要执行系统控制、通信控制、身份验证、射频监测、工作模式控制接口控制等功能。

2. 数字信号处理电路（DSP）

智能手机基带处理器的DSP由DSP内核加上内建的RAM和加载了软件代码的ROM组成。

DSP通常提供如下功能：射频控制、信道编码、均衡、分间插入与去分间插入、AGC、AFC、SYCN、密码算法、邻近蜂窝监测等。

DSP核心还要处理一些其他的功能，包括双音多频音的产生和一些短时回声的抵消，在GSM电话的DSP中，通常还有突发脉冲（Burst）建立。

数字信号处理电路主要执行语音信号的A/D、D/A转换，PCM编译码，音频路径转换，发射话音的前置放大，接受话音的驱动放大器，双音多频DTMF信号发生等功能。

3. 基带处理器工作时序

下面以iPhone 8 Plus手机为例，分析基带处理器的工作时序，如图7-8所示是iPhone 8 Plus手机的基带处理器的工作时序，在iPhone 8 Plus手机中，涉及基带启动电路的芯片主要有应用处理器U1000、主电源管理芯片U2700、基带电源管理芯片U_PMIC_E、基带处理器U_MDM_E等几个主要芯片。

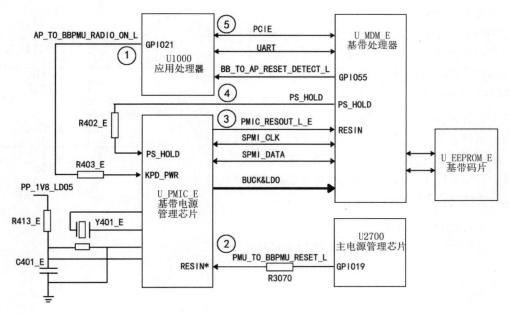

图 7-8 基带处理器工作时序

应用处理器U1000输出基带启动信号AP_TO_BBPMU_RADIO_ON_L经过R403_E给基带电源管理芯片U_PMIC_E，启动基带处理器。

主电源管理芯片U2700输出复位信号PMU_TO_BBPMU_RESET_L送到基带电源原理芯片U_PMIC_E内部。

基带电源原理芯片U_PMIC_E输出复位信号PMIC_RESOUT_L_E送到基带处理器U_MDM_E。

基带处理器U_MDM_E开始工作，调用U_EEPROM_E内部运行程序。正常工作以后，基带处理器U_MDM_E给基带电源原理芯片U_PMIC_E一个维持信号PS_HOLD，完成基带启动过程。

应用处理器U1000 通过PCIE总线完成基带处理器U_MDM_E的检测工作，然后从硬盘调取文件至FLASH中，再开始引导激活基带，包含主引导加载程序和次引导加载程序分别存于ROM和SDRAM中。

7.2.3　时钟电路

众所周知，所有的实时系统都需要在每一个时钟周期去执行程序代码，而这个时钟周期就由晶振产生。在手机中一般至少有两个晶振，一个是 32.768kHz的RTC晶振；另一个是 13MHz/26MHz基准时钟晶振，在智能手机中会使用多个晶振。

1. 实时时钟电路

在所有的手机中，实时时钟电路的晶振都是 32.768kHz，这是一个标准的时钟晶体，为什么要采用 32.768kHz的晶振呢？32.768kHz的晶振产生的振荡信号，经过电路内部分频器进行 15 次分频后得到 1Hz秒信号，即秒针每秒钟走一下。电路内部分频器只能进行 15 次分频，要是换成别的频率的晶振，15 次分频后就不是 1Hz的秒信号，时钟就不准了。

（1）实时时钟电路结构

32.768kHz实时时钟电路一般由 32.768kHz时钟晶体和电源管理芯片内部或与CPU内部共同产生振荡信号，也有一部分由 32.768kHz晶体和专用的集成电路构成振荡信号。

实时时钟电路结构如图 7-9 所示。

（2）实时时钟在手机中的作用

实时时钟在手机中最常见的作用是计时，手机显示的时间日期就是由实时时钟电路负责提供；在待机状态下，实时时钟还作为应用处理器电路或基带处理器电路休眠时钟使用，实时时钟电路还在继续工作。

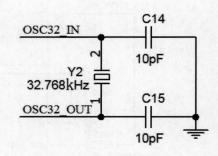

图 7-9　实时时钟电路结构

（3）实时时钟信号波形

实时时钟的波形是正弦波，频率为 32.768kHz，如图 7-10 所示。

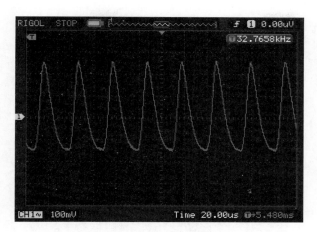

图 7-10　实时时钟信号波形

2．系统时钟电路

系统时钟是保证应用处理器、射频处理器正常工作的条件之一，使电路按时序进行有规律的工作。

（1）系统时钟电路结构

系统时钟电路一般由系统时钟晶体和射频处理器电路或电源管理芯片内部共同产生振荡信号。根据用途不同，有些功能电路或接口电路使用单独的系统时钟。

系统时钟电路结构如图 7-11 所示。

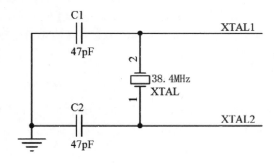

图 7-11　系统时钟电路结构

（2）系统时钟在手机中的作用

系统时钟作为应用处理器电路的主时钟，是应用处理器电路工作的必要条件，开机时需要有足够的幅度就可以，对频率的准确性要求不高。

开机后，系统时钟作为射频处理器电路的基准频率时钟，完成射频系统共用收发本振频率合成、PLL锁相以及倍频，射频处理器电路对系统频率要求精度较高（±误差不超过 150Hz），只有系统时钟基准频率精确，才能保证收发频率准确，使手机与基站保持正常的通信，完成基本的收发功能。

GSM手机系统时钟频率有 13MHz、26MHz 或 19.5MHz。CDMA手机通常使用的频率是 19.68MHz，也有的使用频率是 19.2MHz、19.8MHz；WCDMA手机使用的频率是 19.2MHz，有的使用频率为 38.4MHz、13MHz；LTE手机、5G手机一般使用频率为 38.4MHz。

（3）系统时钟信号波形

38.4MHz系统时钟波形为正弦波，如图7-12所示。

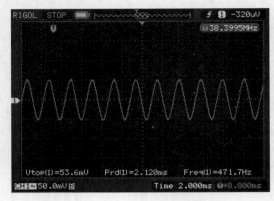

图 7-12　38.4MHz 系统时钟波形

7.2.4　复位电路

1. 复位信号

复位信号是手机应用处理器、基带处理器部分工作的必要条件之一，应用处理器刚供上电源时，其内部各寄存器处于随机状态，不能正常运行程序，因此，应用处理器、基带处理器必须有复位信号进行复位。手机中的应用处理器的复位端一般是低电平复位，即在一定时钟周期后使应用处理器内部各种寄存器清零，而后此处电压再升为高电平，从而使应用处理器从头开始运行程序。

复位信号英文符号是RESET，简写为RST。

2. 复位电路

在电路中复位信号是/RESET，RESET前面的斜杠表示低电平复位，复位电路如图7-13所示。该电路利用R402和C402组成了延时复位电路。

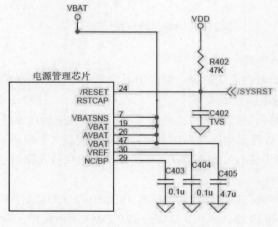

图 7-13　复位电路

3．复位信号波形

复位信号在开机瞬间存在，开机后变为高电平。如果需要正确测量复位信号波形，应使用双踪示波器，一路测微电源管理芯片的输出电压，一路测量复位信号。

用数字示波器来测量复位信号时，CH1 信道测量的是VDD电压，CH2 信道测量的是复位信号，复位信号延时时候大约为100ms。

复位信号波形如图 7-14 所示。

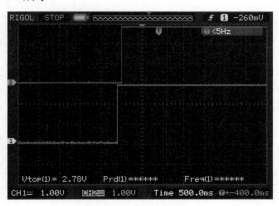

图 7-14　复位信号波形

7.2.5　存储器电路

下面分别以目前常见的eMMC闪存、UFS闪存为例，分析存储器电路的工作原理。

1．eMMC 电路原理

eMMC闪存电路原理如图 7-15 所示。

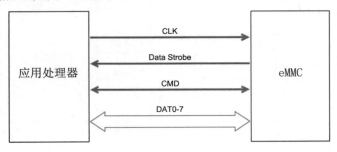

图 7-15　eMMC 闪存电路原理

各个信号的用途如下所示：

- CLK：用于同步的时钟信号。
- Data Strobe：此信号是从eMMC端输出的时钟信号，频率和CLK信号相同，用于同步从eMMC端输出的数据。该信号在eMMC 5.0 中引入。
- CMD：此信号用于发送应用处理器的Command和eMMC的Response信号。
- DAT0-7：用于传输数据的 8bit总线。

2. UFS 闪存电路原理

UFS闪存电路原理如图 7-16 所示。

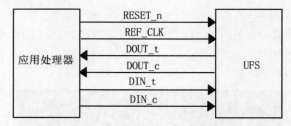

图 7-16　UFS 闪存电路原理

各个信号的用途如下所示：

- RESET_n：复位信号。
- REF_CLK：用于同步的基准时钟信号。
- DOUT_t、DOUT_c：全双工差分信号，用于UFS闪存和应用处理器之间通信。
- DIN_t、DIN_c：全双工差分信号，用于UFS闪存和应用处理器之间通信。

UFS硬件架构如图 7-17 所示。

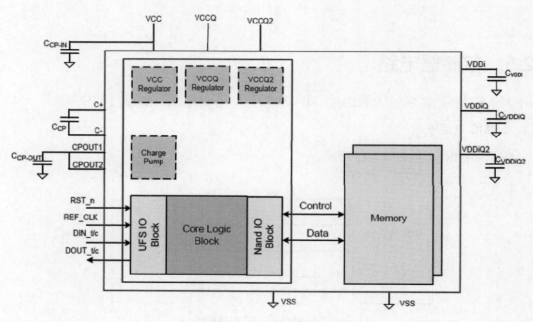

图 7-17　UFS 硬件架构

三个供电电压VCC、VCCQ和VCCQ2 分别给UFS设备模块供电。VCC是 3.3V或 1.8V电压，负责给闪存介质供电；VCCQ是 1.2V电压，负责给闪存输入输出接口和UFS控制器供电；VCCQ2 是 1.8V电压，负责给其他低压模块供电。

198

7.2.6　总线电路

总线（Bus）是智能手机各种功能部件之间传送信息的公共通信干线，总线用于应用处理器与外部电路的信息、数据交换。

1. I^{2}C 串行总线电路

（1）I^{2}C 串行总线接口

I^{2}C总线（Inter Integrated Circuit Bus）常译为内部集成电路总线，或集成电路间总线，是飞利浦公司的一种通信专利技术。它可以由两根线组成：一根是串行数据线（SDA）；另一根是串行时钟线（SCL），可使所有挂接在总线上的器件进行数据传递。I^{2}C总线使用软件寻址方式识别挂接于总线上的每个I^{2}C总线器件，每个I^{2}C总线都有唯一确定的地址号，以使在器件之间进行数据传递，I^{2}C总线几乎可以省略片选、地址、译码等连线。

在I^{2}C总线中，处理器拥有总线控制权，又称为主控制器，其他电路皆受处理器的控制，故将它们统称为控制器。主控制器能向总线发送时钟信号，又能积极地向总线发送数据信号和接收被控制器送来的应答信号，被控制器不具备时钟信号发送能力，但能在主控制器的控制下完成数据信号的传送，它发送的数据信号一般是应答信息，以将自身的工作情况告诉处理器。处理器利用SCL线和SDA线与被控电路之间进行通信，进而完成对被控电路的控制。

（2）I^{2}C 总线电路

在手机电路中，很多芯片都是通过I^{2}C总线和应用处理器进行通信。手机中的I^{2}C总线电路如图7-18 所示。

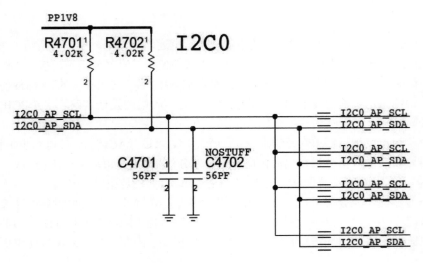

图 7-18　I^{2}C 总线电路

每一个I^{2}C总线器件内部的SDA、SCL引脚电路结构都是一样的，引脚的输出驱动与输入缓冲连在一起。其中输出为漏极开路的场效应管，输入缓冲为一只高输入阻抗的同相器，这种电路具有两个特点：

①由于SDA、SCL为漏极开路结构（OD），因此它们必须接有上拉电阻，阻值的大小常为1.8kΩ、4.7kΩ或10kΩ，但是使用1.8kΩ时性能最好；当总线空闲时，两根线均为高电平。

连到总线上的任一器件输出的低电平都将使总线的信号变低，即各器件的SDA及SCL都是"与"关系。

②引脚在输出信号的同时还对引脚上的电平进行检测，检测是否与刚才的输出一致，为"时钟同步"和"总线仲裁"提供了硬件基础。

2. PCIE 总线电路

（1）PCIE 总线

PCIE总线使用点到点的连接方式，在一条PCIE链路的两端只能各连接一个设备，这两个设备互为数据发送端和数据接收端。

PCIE发送端和接收端中都含有TX（发送逻辑）和RX（接收逻辑），其物理结构如图7-19所示。

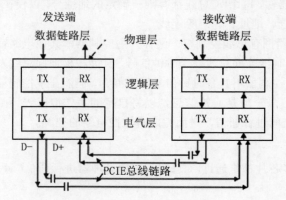

图 7-19　PCIE 物理结构图

由图7-19可知，在PCIE总线的物理链路的一个数据通路（Lane）中，有两组差分信号，共4根信号线组成。其中发送端的TX部件与接收端的RX部件使用一组差分信号连接，该链路也被称为发送端的发送链路，也是接收端的接收链路；而发送端的RX部件与接收端的TX部件使用另一组差分信号连接，该链路也被称为发送端的接收链路，也是接收端的发送链路。一个PCIE链路可以由多个Lane组成。

高速差分信号电气规范要求其发送端串接一个电容，以进行AC耦合，该电容也被称为AC耦合电容。PCIE链路使用差分信号进行数据传送，一个差分信号由D+和D-两个信号组成，信号接收端通过比较这两个信号的差值，判断发送端发送的是逻辑"1"还是逻辑"0"。

与单端信号相比，差分信号抗干扰能力更强，因为差分信号在布线时要求"等长""等宽""贴近"，而且在同层。因此外部干扰噪声将被"同值"而且"同时"加载到D+和D-两个信号上，其差值在理想情况下为0，对信号的逻辑值产生的影响较小。因此差分信号可以使用更高的总线频率。

此外，使用差分信号能有效抑制电磁干扰EMI（Electro Magnetic Interference）。由于差分信号D+与D-距离很近而且信号幅值相等、极性相反，这两根线与地线间耦合电磁场的幅值相等，将相互抵消，因此差分信号对外界的电磁干扰较小。当然差分信号的缺点也是显而易见的，一是差分信号使用两根信号线传送一位数据；二是差分信号的布线相对严格一些。

PCIE系统中使用了复位信号，该信号为全局复位信号，由处理器系统提供，处理器系统需要为PCIE设备提供该复位信号，PCIE设备使用该信号复位内部逻辑。当该信号有效时，PCIE设备将进行复位操作。

在一个处理器系统中，可能含有许多PCIE设备，这些设备与处理器系统提供的PCIE链路直接相连，PCIE设备都具有REFCLK+和REFCLK-信号，在一个处理器系统中，通常采用专用逻辑向PCIE设备提供REFCLK+和REFCLK-信号。

当PCIE设备进入休眠状态，主电源已经停止供电时，PCIE设备使用该信号向处理器系统提交唤醒请求，使处理器系统重新为该PCIE设备提供主电源Vcc。在PCIE总线中，WAKE#信号是可选的，因此使用WAKE#信号唤醒PCIE设备的机制也是可选的。WAKE#是一个漏极开路信号，一个处理器的所有PCIE设备可以将WAKE#信号进行线与后，统一发送给处理器系统的电源控制器。当某个PCIE设备需要被唤醒时，该设备首先设置WAKE#信号有效，然后在经过一段延时之后，处理器系统开始为该设备提供主电源Vcc，并使用PERST#信号对该设备进行复位操作。此时WAKE#信号需要始终保持为低，当主电源Vcc上电完成之后，PERST#信号也将置为无效并结束复位，WAKE#信号也将随之置为无效，结束整个唤醒过程。

（2）PCIE 总线电路

iPhone手机NAND FLASH的PCIE接口如图 7-20 所示。

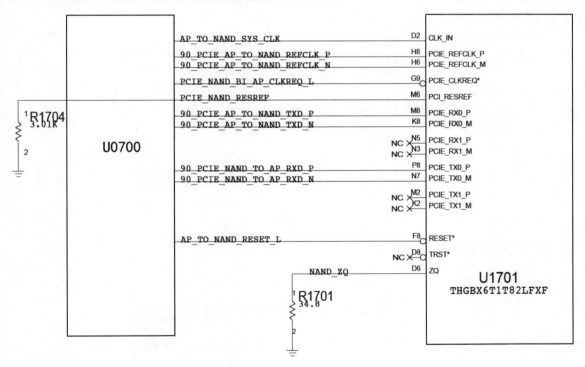

图 7-20　NAND FLASH 的 PCIE 接口

在电路中，AP_TO_NAND_SYS_CLK为系统时钟信号，90_PCIE_AP_TO_NAND_REFCLK_P、90_PCIE_AP_TO_NAND_REFCLK_N为参考时钟信号，PCIE_NAND_BI_AP_CLKREQ_L为时钟请求信号，AP_TO_NAND_RESET_L为复位信号，90_PCIE_AP_TO_NAND_TXD_P、90_PCIE_AP_TO_NAND_TXD_N、90_PCIE_NAND_TO_AP_RXD_P、90_PCIE_NAND_TO_AP_RXD_N

为两组收发的差分信号。

3. MIPI 总线电路

（1）MIPI 总线

MIPI（Mobile Industry Processor Interface）是 2003 年由ARM、Nokia、ST、TI等公司成立的一个联盟，目的是把手机内部的接口如摄像头、显示屏接口、射频/基带接口等标准化，从而减少手机设计的复杂程度和增加设计的灵活性。MIPI联盟下面有不同的工作组（WorkGroup），分别定义了一系列的手机内部接口标准，比如摄像头接口CSI、显示接口DSI、射频接口DigRF、麦克风/喇叭接口SLIMbus等。

（2）MIPI 总线电路

统一接口标准的好处是手机厂商根据需要可以从市面上灵活选择不同的芯片和模组，更改设计和功能时更加快捷方便。MIPI是一个比较新的标准，其规范也在不断修改和改进，目前比较成熟的接口应用有DSI（显示接口）和CSI（摄像头接口）。

CSI-2 是一条用于移动应用的高性能串行互连总线，它把摄像头传感器连接到数字图像模块，如主处理器或图像处理器。CSI-2 使用MIPI D-PHY来作为物理层和高速差分接口，通常带有好几条数据通道（典型的是 1、2、4 或甚至是 8 条）和一条普通差分时钟通道。CSI-2 协议支持应用处理器、摄像头传感器和桥接应用中所需的主机和设备接口。

MIPI摄像头串行接口如图 7-21 所示。

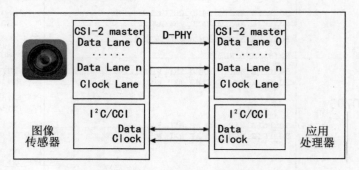

图 7-21　MIPI 摄像头串行接口

MIPI显示屏串行接口如图 7-22 所示。

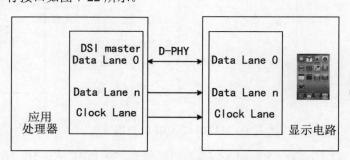

图 7-22　MIPI 显示屏串行接口

DSI是一条高速、高分辨率的串行互联总线，它为显示设备提供连接。DSI使用MIPI标准D-PHY

来作为物理层高速差分接口，带有多达 4 条数据通道和一条普通差分时钟通道。像素数据和指令被串行化送到一个单独的物理流中，而状态能够从显示中读回。该协议支持应用处理器、显示面板和桥接应用中所需的主机和设备接口。它也支持运行在视频模式和指令模式中的显示设备，因为在更复杂和更低功耗实现中的需求依赖于系统实现和应用。当显示面板上集成了显示控制器和帧缓冲器时，就需要指令模式。转换通常是以一条指令接着数据像素/参数的形式发生。在指令模式中，主机可写入和读出面板寄存器和帧缓冲器，而在视频模式中转换时，像素数据就被实时地从主机转到面板。

手机MIPI总线电路如图 7-23 所示。

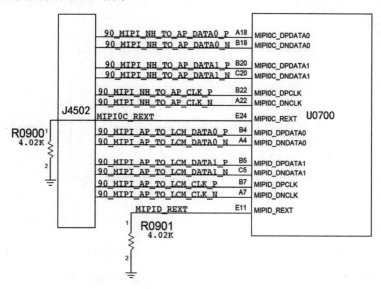

图 7-23   MIPI 总线电路

4．SPI 总线电路

（1）SPI 总线

SPI（Serial Peripheral Interface）是串行外设接口的缩写，它是Motorola公司推出的一种同步串行接口技术，是一种高速的、全双工、同步的通信总线。SPI的通信原理很简单，它以主从方式工作，这种模式通常有一个主设备和一个或多个从设备，需要至少 4 根线，事实上 3 根也可以（单向传输时），它们是SDI（数据输入）、SDO（数据输出）、SCLK（时钟）、CS（片选）。

SPI的 4 个信号分别是：

①SDO/MOSI：主设备数据输出，从设备数据输入。

②SDI/MISO：主设备数据输入，从设备数据输出。

③SCLK：时钟信号，由主设备产生。

④CS/SS：从设备使能信号，由主设备控制。当有多个从设备的时候，因为每个从设备上都有一个片选引脚接入到主设备机中，当我们的主设备和某个从设备通信时需要将从设备对应的片选引脚电平拉低或者是拉高。

（2）SPI 总线电路

SPI接口器件，分为主机（Master，主设备）和从机（Slave，从设备）。主机产生时钟信号，从机使用主机产生的时钟。主机能主动发起数据传输，单片机的SPI控制寄存器SPCR中的MSTR位就是用来选择单片机在传输中是作为主机还是从机的。MSTR设为 1 时为主机，设为 0 的时候为从机。对单片机来讲，管脚SS的电平也会影响SPI的工作模式，在主机模式下，如果SS是输入且为低电平，那么MSTR会被清零，设备进入从机模式。MISO信号由从机在主机的控制下产生。

一个主机对接一个从机进行全双工通信的系统构成的方式。在该系统中，由于主机和从机的角色是固定不变的，并且只有一个从机，因此，可以将主机的SS端接高电平，将从机的SS端固定接地，如图 7-24 所示。

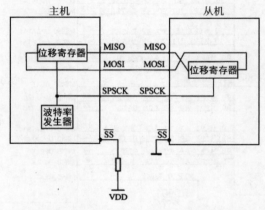

图 7-24　一个主机对接一个从机的系统结构

一个主机和多个从器件的系统构成方式。各个从器件是应用处理器的外围扩展芯片，它们的片选端SS分别独占应用处理器的一条通用I/O引脚，由应用处理器分时选通它们建立通信。这样省去了应用处理器在通信线路上发送地址码的麻烦，但是占用了应用处理器的引脚资源。当外设器件只有一个时，可以不必选通而直接将SS端接地即可，如图 7-25 所示。

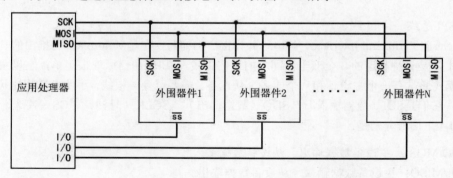

图 7-25　一个主机和多个从器件的系统

在手机中，SPI总线如图 7-26 所示。

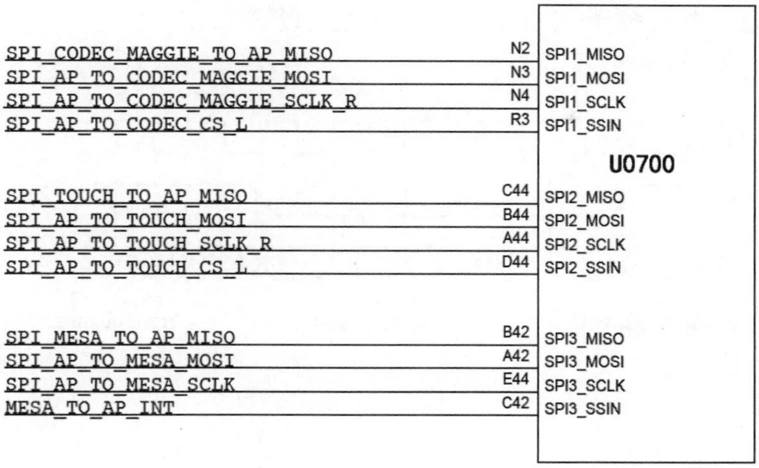

	N2	SPI1_MISO
SPI_CODEC_MAGGIE_TO_AP_MISO	N2	SPI1_MISO
SPI_AP_TO_CODEC_MAGGIE_MOSI	N3	SPI1_MOSI
SPI_AP_TO_CODEC_MAGGIE_SCLK_R	N4	SPI1_SCLK
SPI_AP_TO_CODEC_CS_L	R3	SPI1_SSIN
		U0700
SPI_TOUCH_TO_AP_MISO	C44	SPI2_MISO
SPI_AP_TO_TOUCH_MOSI	B44	SPI2_MOSI
SPI_AP_TO_TOUCH_SCLK_R	A44	SPI2_SCLK
SPI_AP_TO_TOUCH_CS_L	D44	SPI2_SSIN
SPI_MESA_TO_AP_MISO	B42	SPI3_MISO
SPI_AP_TO_MESA_MOSI	A42	SPI3_MOSI
SPI_AP_TO_MESA_SCLK	E44	SPI3_SCLK
MESA_TO_AP_INT	C42	SPI3_SSIN

图 7-26　SPI 总线

上图中的三组SPI总线分别控制不同的电路，在维修中要注意进行区分，并注意各个信号的作用与功能。

5. I²S 总线电路

（1）I²S 总线基础

I^2S（Inter—IC Sound）总线，又称集成电路内置音频总线，是飞利浦公司为数字音频设备之间的音频数据传输而制定的一种总线标准，该总线专门用于音频设备之间的数据传输，广泛应用于各种多媒体系统。它采用了沿独立的导线传输时钟与数据信号的设计，通过将数据和时钟信号分离，避免了因时差诱发的失真。

I^2S拥有三条信号数据线，分别是：

①SCK（Continuous Serial Clock）串行时钟

对应数字音频的每一位数据，SCK都有 1 个脉冲。SCK的频率=2×采样频率×采样位数。

②WS（Word Select）字段（声道）选择

用于切换左右声道的数据。WS的频率＝采样频率。命令选择线表明了正在被传输的声道。WS为"1"表示正在传输的是左声道的数据。WS为"0"表示正在传输的是右声道的数据。

WS可以在串行时钟的上升沿或者下降沿发生改变，并且WS信号不需要一定是对称的。在从属装置端，WS在时钟信号的上升沿发生改变。WS总是在最高位传输前的一个时钟周期发生改变，这样可以使从属装置得到与被传输的串行数据同步的时间，并且使接收端存储当前的命令以及为下次的命令清除空间。

③SD（Serial Data）串行数据

用二进制补码表示的音频数据。I^2S格式的信号无论有多少位有效数据，数据的最高位总是被最先传输（在WS变化[也就是一帧开始]后的第 2 个SCK脉冲处），因此最高位拥有固定的位置，而最低位的位置则依赖于数据的有效位数，使得接收端与发送端的有效位数可以不同。如果接收端能处理的有效位数少于发送端，可以放弃数据帧中多余的低位数据；如果接收端能处理的有效位数多于发送端，可以自行补足剩余的位（常补足为零）。这种同步机制使得数字音频设备的互连更加方便，而且不会造成数据错位。为了保证数字音频信号的正确传输，发送端和接收端应该采用相同的数据格式和长度。当然，对I^2S格式来说，数据长度可以不同。

I^2S总线的典型时序图如图 7-27 所示。

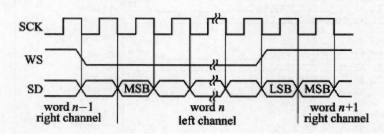

SCK
WS
SD
MSB
LSB
MSB
word n−1
right channel
word n
left channel
word n+1
right channel

图 7-27　I^2S 总线的典型时序图

（2）I^2S 总线电路

在手机中，典型的I^2S总线电路结构如图 7-28 所示。

I2S_BB_TO_AP_BCLK
I2S_BB_TO_AP_LRCLK
I2S_BB_TO_AP_DIN
I2S_AP_TO_BB_DOUT
NC
CH11
CM7
CK9
CG18
CJ9
I2S3_MCK
I2S3_BCLK
I2S3_LRCK
I2S3_DIN
I2S3_DOUT

图 7-28　I^2S 总线电路结构

6. GPIO 接口电路

GPIO（General-Purpose Input /Output Ports）的中文意思是通用I/O端口。在智能手机系统中，经常需要控制许多结构简单的外部设备或者电路，这些设备有的需要通过CPU控制，有的需要CPU提供输入信号，并且许多设备或电路只要求有开/关两种状体就够了，比如LED的亮与灭。对这些设备的控制，使用传统的串口或者并口显得比较复杂，所以，在应用处理器上通常提供了一种“通用可编程I/O端口”，也就是GPIO。

一个GPIO端口至少需要两个寄存器，一个做控制用的“通用IO端口控制寄存器”，还有一个是存放数据的“通用I/O端口数据寄存器”。数据寄存器的每一位是和GPIO的硬件引脚对应的，而数据的传递方向是通过控制寄存器设置的，通过控制寄存器可以设置每一位引脚的数据流向。

最后，GPIO接口主要是给研发人员设置不同的控制功能使用的，对于维修人员来讲，只要知道每一个GPIO接口的功能就行了。

7. UART 接口电路

（1）UART 接口

UART（Universal Asynchronous Receiver and Transmitter）通用异步收发器（异步串行通信口）是一种通用的数据通信协议，它包括了RS232、RS499、RS423、RS422 和RS485 等接口标准规范和总线标准规范，即UART是异步串行通信口的总称。

UART使用的是异步串行通信。串行通信是指利用一条传输线将资料一位位地顺序传送。特点是通信线路简单，利用简单的线缆就可实现通信，降低成本，适用于远距离通信，但传输速度慢的应用场合。

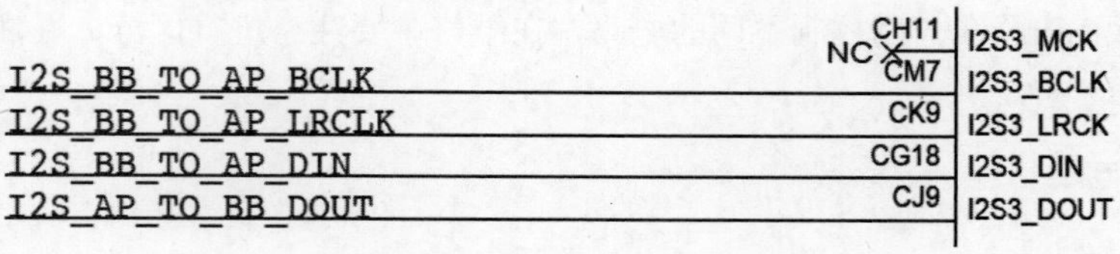

异步通信以一个字符为传输单位，通信中两个字符间的时间间隔多少是不固定的，然而在同一个字符中的两个相邻位间的时间间隔是固定的。

数据传送速率用波特率来表示，即每秒钟传送的二进制位数。例如数据传送速率为 120 字符/秒，而每一个字符为 10 位（1 个起始位，7 个数据位，1 个校验位，1 个结束位），则其传送的波特率为 10×120＝1200 字符/秒＝1200 波特。

数据通信格式如图 7-29 所示。

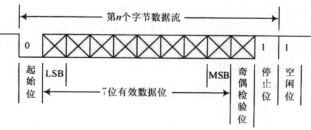

图 7-29　数据通信格式

其中各位的意义如下：

- 起始位：先发出一个逻辑"0"信号，表示传输字符的开始。
- 数据位：可以是 5~8 位逻辑"0"或"1"。如ASCII码（7 位），扩展BCD码（8 位）。小端传输。
- 校验位：数据位加上这一位后，使得"1"的位数应为偶数（偶校验）或奇数（奇校验）。
- 停止位：它是一个字符数据的结束标志。可以是 1 位、1.5 位、2 位的高电平。
- 空闲位：处于逻辑"1"状态，表示当前线路上没有资料传送。

RTS（Require To Send，发送请求）为输出信号，用于指示本设备准备好可接收；CTS（Clear To Send，发送清除）为输入信号，有效时停止发送。

（2）UART 接口电路

在手机中，蓝牙UART接口如图 7-30 所示。

U0700 的RTS连接WLAN_RF的CTS；U0700 的CTS连接WLAN_RF的RTS。前一路信号控制WLAN_RF的发送，后一路信号控制U0700 的发送。对WLAN_RF的发送（U0700 接收）来说，如果U0700 接收缓冲快满时发出RTS信号（意思通知WLAN_RF停止发送），WLAN_RF通过CTS检测到该信号，停止发送；一段时间后U0700 接收缓冲有了空余，发出RTS信号，指示WLAN_RF开始发送数据。U0700 发（WLAN_R接收）类似。

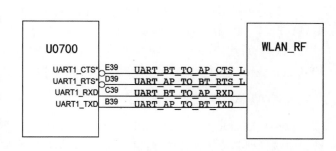

图 7-30　蓝牙 UART 接口

8．RFFE 总线电路

（1）RFFE 总线

射频前端（RFFE）数字接口电路，对于大多数初学者还有维修同行来讲还比较陌生，给维修造成了不小的难度，下面我们先讲RFFE总线电路的工作原理。

MIPI RFFE规范定义了带RFFE功能设备之间的接口，在RFFE总线上有一个主设备以及多达 12 个从设备。它使用两条信号线，一条由主设备控制的频率信号（SCLK）；另一条是单/双向数据信号（SDATA），以及一个I/O电源/参考电压（VIO）。

SDATA属性的选择是根据从设备是否为仅写入，或是可支持读/写能力，RFFE总线零组件以平行方式连接SCLK和SDATA线路。主设备中永远存在着针对SCLK和SDATA的线路驱动器；而仅从设备支持回读功能，它需要一个SDATA专用的线路驱动器。每一个实体从设备都必须有一个SCLK输入接脚、一个SDATA输入或双向接脚，以及一个VIO接脚，以确保设备间的信号兼容。

如今，高级的智能手机普遍使用MIPI联盟标准化的串行RFFE总线以控制RF前端，这样的好处是电路设计简单、控制方便。

（2）RFFE 总线电路

iPhone手机中的RFFE1-4 总线接口如图 7-31 所示。

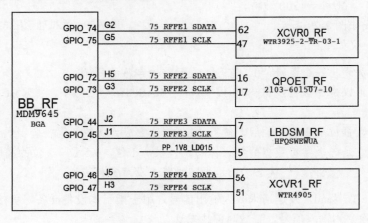

图 7-31　RFFE1-4 总线接口

由基带处理器BB_RF输出RFFE1、RFFE2、RFFE3、RFFE4 数字总线信号对主射频处理器、副射频处理器、射频功率放大器及其他器件进行控制。

RFFE1 总线接口控制主射频处理器XCVR0_RF芯片，RFFE2 总线接口控制QPOET_RF芯片，RFFE3 总线接口控制LBDSM_RF芯片，RFFE4 总线接口控制副射频处理器XCVR1_RF芯片。

9．DWI 总线电路

DWI（Double Wire Interface，DWI）是应用处理器系统芯片与电源管理芯片之间的串行接口线，电源管理芯片的软件控制接口，能增强I^2C控制和校正输出的电压等级和背光电压等级。

DWI支持两种模式：直接传输模式，用于应用处理器系统芯片控制PMU输出电压的调整；同步传输模式，用于背光驱动的控制。

10．SWD 接口电路

SWD接口是ARM处理器的一种调试方式，使用最新的SWD调试协议，仅需要两根数据线就可以完成JTAG接口的所有功能。

SWDIO 即 TMS ， SWCLK 即 TCK 。

在iPhone手机中，SWD接口如图 7-32 所示。

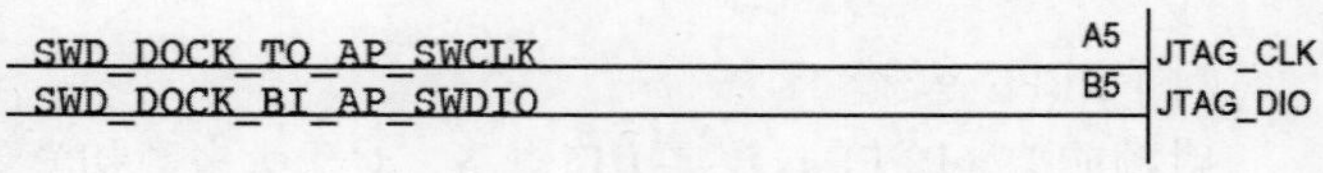

```
 SWD_DOCK_TO_AP_SWCLK        A5  JTAG_CLK
 SWD_DOCK_BI_AP_SWDIO        B5  JTAG_DIO
```

图 7-32　SWD 接口

11. JTAG 接口电路

JTAG（Joint Test Action Group，联合测试工作组）是一种国际标准测试协议（IEEE 1149.1 兼容），主要用于芯片内部测试。

标准的JTAG接口是 4 线：TMS、TCK、TDI、TDO，分别为模式选择、时钟、数据输入和数据输出线。

相关JTAG引脚的定义为：TCK为测试时钟输入；TDI为测试数据输入，数据通过TDI引脚输入JTAG接口；TDO为测试数据输出，数据通过TDO引脚从JTAG接口输出；TMS为测试模式选择，TMS用来设置JTAG接口处于某种特定的测试模式；RESET（TRST）为测试复位，输入引脚，低电平有效。

JTAG引脚定义如图 7-33 所示。

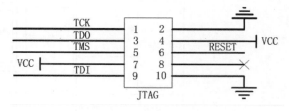

图 7-33　JTAG 引脚定义

第3节　华为手机应用处理器电路原理分析

本节我们以华为Mate 20X 5G版手机和nove 5 手机为例介绍其应用处理器的结构和电路原理。

7.3.1　应用处理器结构

华为Mate 20X 5G版使用海思Hi3680 芯片，采用了麒麟 980 八核处理器，7nm工艺，网络制式支持移动、联通、电信/5G+、4G+、4G、3G、2G等网络制式。麒麟 980 八核处理器的结构如图 7-34 所示。

1. Application 子系统

支持SD3.0、UART、SPI、SDIO、I^2C、I^2S、PCM、HIS、HSIC、MIPI、DVP、GPIO、HDMI、USB、Keypad、LPDDR4 控制器、UFS、PWM等功能模块。

2. 用户接口系统

用户接口处理系统包括：Camera 接口、PCM接口、I^2S接口、RF接口、LCD接口、USB接口、UART接口、MIPI、GPIO、JTAG接口、SPI接口、键盘接口等。

3. 多媒体和游戏引擎

多媒体和游戏引擎用于运行Mpeg/Jpeg硬件引擎、游戏引擎、Java加速器和提供MP3、MMS、MIDI功能。

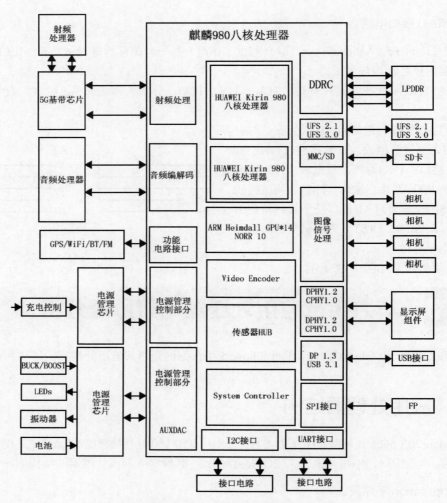

图 7-34　麒麟 980 八核处理器的结构

7.3.2　应用处理器供电电路

下面我们以华为nova 5 手机为例，介绍应用处理器供电电路的工作原理。

智能手机应用处理器有多种节电模式，为了满足工作、空闲与休眠模式下可以关断不用的供电电路，在应用处理器电路中，设置了多组供电，以满足不同模式下的供电需求。

除此之外，应用处理器供电电路还应满足电压、电流、精度、损耗、功率等具体要求，方可保证应用处理器电路的正常工作。

1. 应用处理器电源管理芯片

在华为nova 5 手机中，应用处理器电路使用了单独的电源管理芯片，为应用处理器核心部分提供供电。应用处理器电源管理芯片如图 7-35 所示。

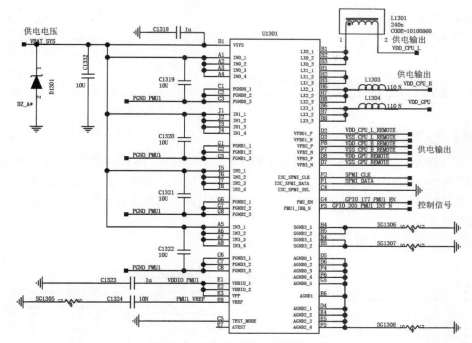

图 7-35　应用处理器电源管理芯片

2．应用处理器电源供电

在应用处理器供电电路中，使用了多组供电，为了描述方便，我们以其中一组供电为例来进行讲解。

电源供电电路如图 7-36 所示。

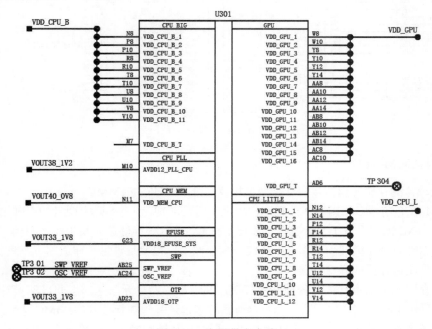

图 7-36　电源供电电路

由电源管理芯片输出的 VDD_CPU_B、VDD_GPU、VOUTT38_1V2、VOUT40_0V8、VOUT33_1V8、VDD_CPU_L 送到应用处理器 U301 的内部，为应用处理器电路供电。

7.3.3 应用处理器通信接口

1. 显示屏、摄像头接口

显示屏、摄像头接口采用了 MIPI 协议下的 DSI（显示接口）和 CSI（摄像头接口）协议。

D-PHY 提供了对 DSI（显示接口）和 CSI（摄像头接口）在物理层上的定义。D-PHY 采用 1 对源同步的差分时钟和 1~4 对差分数据线来进行数据传输。数据传输采用 DDR 方式，即在时钟的上下边沿都有数据传输。

显示屏、摄像头接口电路如图 7-37 所示。

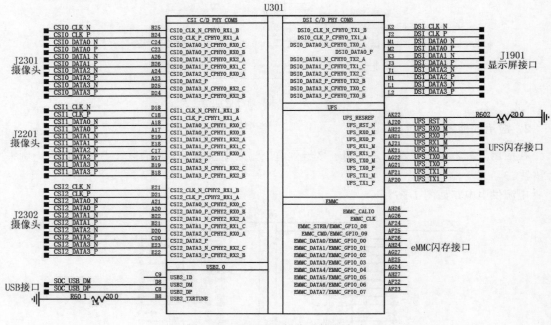

图 7-37　显示屏、摄像头接口电路

2. 存储器通信接口

应用处理器的存储器通信接口支持两种协议，分别是 UFS 和 eMMC。

虽然 eMMC 闪存和 UFS 闪存在外观和作用上没明显区别，但是实际上两者的内部结构却有着本质上的差异。eMMC 闪存基于并行数据传输技术打造，其内部存储单元与主控之间拥有 8 个数据通道，传输数据时 8 个通道同步工作，工作模式为半双工，也就是说每个通道都可以进行读写传输，但同一时刻只能执行读或者写的操作。

UFS 闪存则是基于串行数据传输技术打造，其内部存储单元与主控之间虽然只有两个数据通道，但由于采用串行数据传输，其实际数据传输时速远超基于并行技术的 eMMC 闪存。此外，UFS 闪存支持的是全双工模式，所有数据通道均可以同时执行读写操作，在数据读写的响应速度上也要比eMMC闪存快得多。

7.3.4　应用处理器射频控制接口

应用处理器的射频控制接口负责射频接收I/Q信号处理、射频发射I/Q信号处理、各频段天线开关控制信号、射频MIPI信号处理。

应用处理器射频控制接口电路如图 7-38 所示。

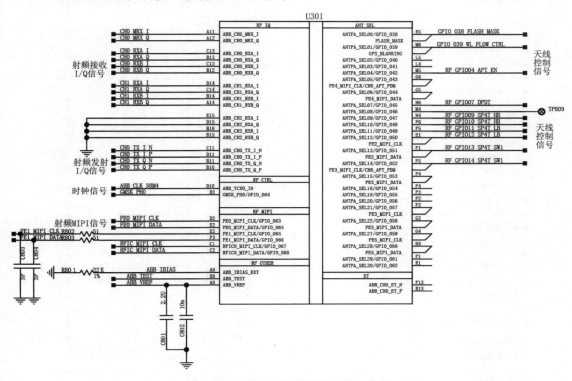

图 7-38　应用处理器射频控制接口电路

7.3.5　应用处理器电路 GPIO 接口

在智能手机的应用处理器电路中，为了满足手机功能的需要，研发人员使用了GPIO接口用来设置不同的功能。GPIO可以设置为输入接口，也可以设置为输出接口。

也可以这样理解，同一块应用处理器芯片在不同的手机中，引脚的功能不一定完全一样，在维修手机的时候，一定要注意这种问题的存在。

为了描述方便，我们只截取了应用处理器的部分电路进行分析，其余部分在讲功能电路或接口电路的时候会有详细描述。

应用处理器电路GPIO接口如图 7-39 所示。

图 7-39 应用处理器电路 GPIO 接口

7.3.6 LPDDR4X 电路

LPDDR（Low Power Double Data Rate SDRAM），是DDR的一种，又称为mDDR（Mobile DDR SDRAM），中文直译是低功耗双重数据比率，也就是实现低功耗指定的内存同其他设备的数据交换标准，以低功耗和小体积著称，专门用于智能手机等移动式电子产品。

在华为nova 5 手机中，使用的是LPDDR4X内存。

1. LPDDR4X 供电电路

在LPDDR4X供电电路中，供电电压分别为 1.8V、1.2V、0.62V，在最新的LPDDR4X中，与

LPDDR4 供电相同，只是通过将I／O电压降低到 0.62 V而不是 1.1 V，这样可以节省额外的功耗，也就是更省电。

LPDDR4X供电电路如图 7-40 所示。

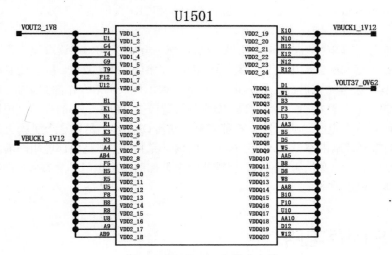

图 7-40　LPDDR4X 供电电路

2．LPDDR4X 内存通信电路

LPDDR4X内存通信电路如图 7-41 所示。

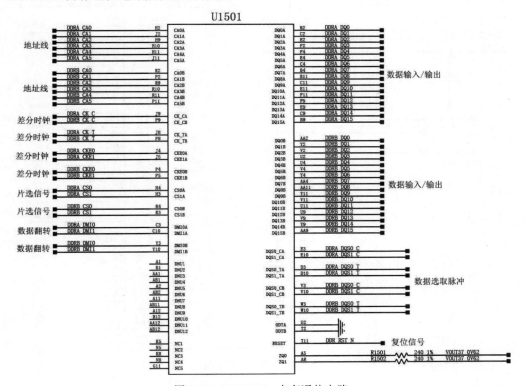

图 7-41　LPDDR4x 内存通信电路

LPDDR4X内存可提供 32Gbps的带宽，输入/输出接口数据传输速度最高可达 3200Mbps，LPDDR4X内存U1501 上电以后，经过 200μs的平稳电平后，等待 500μs CKE使能信号，在这段时间里，LPDDR4X内存芯片内部开始状态初始化，该过程与外部时钟无关。然后LPDDR4X内存开始ODT（On-DieTermination，片内终结）的过程，在复位和CKE使能信号有效之前，ODT信号始终为高阻。

在CKE使能信号为高电平后，等待再次复位后，然后开始从MRS中读取模式寄存器，然后加载MR2、MR3 的寄存器来配置应用设置；然后使能DLL，并且对DLL复位。接着便启动ZQCL命令，来开始ZQ校准过程。校准结束后，LPDDR4X内存就进入了可以正常操作的状态。

ZQ信号在DDR3 时代开始引入，要求在ZQ引脚放置一个 240Ω±1%的高精度电阻到地，注意必须是高精度。而且这个电阻是必须有，不能省略。进行ODT时，是以这个引脚上的阻值为参考来进行校准。校准需要调整内部电阻，以获得更好的信号完整性，但是内部电阻随着温度变化会有些细微的变化，为了将这个变化纠正回来，就需要一个外部的精确电阻作为参考，详细来讲就是为RTT和RON提供参考电阻。

7.3.7　UFS 闪存电路

UFS闪存电路如图 7-42 所示。

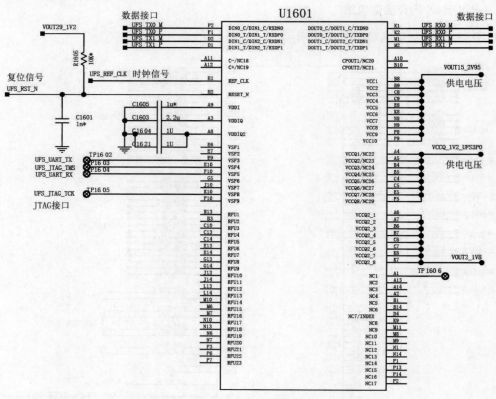

图 7-42　UFS 闪存电路

UFS闪存电路有三组供电，分别是VOUT2_1V8、VCCQ_1V2_UFS3P0、VOUT15_2V95，其中

VOUT15_2V95 是 2.95V电压，负责给闪存介质供电；VCCQ_1V2_UFS3P0 是 1.2V电压，负责给闪存输入输出接口和UFS控制器供电，VOUT2_1V8 是 1.8V电压，负责给其他低压模块供电。

时钟信号UFS_REF_CLK送到UFS闪存U1601 的B1 脚，复位信号UFS_RSR_N送到UFS闪存U1601 的B2 脚，另外还有四组全双工差分信号，负责UFS闪存U1601 和应用处理器之间通信。

第4节 应用处理器电路故障维修思路与案例 ▶

在智能手机中，处理器电路故障维修难度较大，尤其是初学者往往不知该从何入手，如果盲目维修，可能造成更严重的后果。

7.4.1 应用处理器电路故障维修思路

1．掌握处理器电路的工作原理

在动手维修智能手机应用处理器电路之前，首先要掌握处理器电路的工作原理，注意智能手机的处理器电路工作原理与传统手机的逻辑电路有些区别。

智能手机的应用处理器电路要严格按照一定的时序工作，掌握应用处理器电路的工作时序以后，才能动手进行维修。

2．了解手机损坏的原因

客户送来手机以后，要了解损坏的原因，比如是进水、摔过，被别人维修过，还是正常使用出现的基带故障。

如果是进水的手机，重点检查应用处理器电路部分是否有元器件腐蚀，依次检查供电、控制通路的元器件。如果是摔过的机器，则重点检查是否有元器件脱焊，尤其是供电、应用处理器等元器件。如果是被别人动过手脚的手机，则重点检查被别人动过的元器件。

3．检查供电电路

确定故障原因以后，检查应用处理器电路的各路供电电压是否正常，在应用处理器电路中，如果有一路供电不正常，则应用处理器电路可能就无法工作。

为了准确判断故障范围，各路供电都要认真测量。

4．检查控制信号

在应用处理器电路中，主要检查的控制信号有时钟信号、复位信号、总线接口等，总线接口的检测一般要使用示波器。

5．合理运用二极体值法

二极体值法用途比较广泛，可以适用于不同的维修场合，在应用处理器电路故障维修中，可以运用二极体值法，综合判断故障范围。

6．应用处理器电路维修流程图

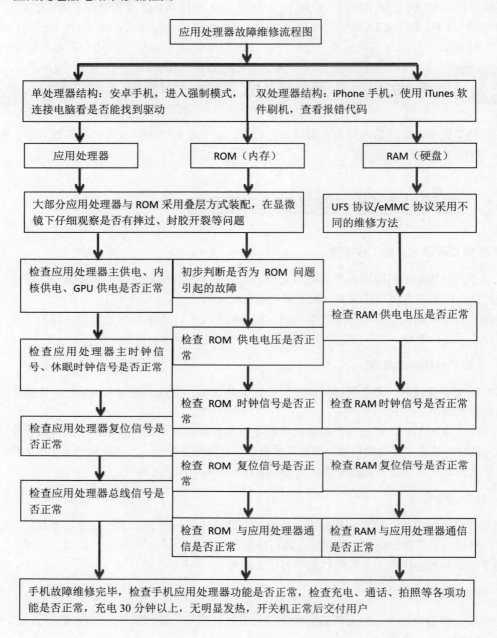

7.4.2 应用处理器电路故障维修案例

1．iPhone 7 手机无基带故障维修

故障现象：

一客户送修一部iPhone 7 手机，称出现"无服务"或"正在搜索"问题，可正常使用，未有进

水或其他问题出现。

故障分析：

根据客户反映的情况，出现"无服务"或"正在搜索"问题，应重点检查基带处理器电路，看供电等是否到位，基带是否有虚焊问题。

故障维修：

进入设置→通用→关于本机，在"调制解调器固件"选项显然无版本显示。iPhone 7 手机有两种硬件版本，全网通采用高通MDM9645，移动联通 4G版本采用英特尔PMB9943。一般使用高通处理器的手机容易出现此故障，苹果公司正在对此类问题进行召回维修。

检查发现，一般为内核供电短路造成，是电源管理芯片BBPMU_RF引起的，可以更换电源管理芯片解决，如图 7-43 所示。

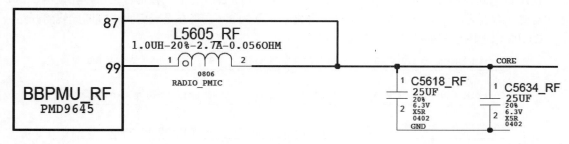

图 7-43　内核供电输出

对于基带处理器问题造成的短路，尤其是内部芯片短路则无法解决，因为基带处理器、应用处理器、硬盘、基带码片直接存在紧密关系。

2．iPhone XS Max 手机进水无基带故障维修

故障现象：

客户送修一部iPhone XS Max手机，称手机进水后出现无基带故障，没有在其他地方维修过。

故障分析：

根据客户反映的情况，手机进水后，出现无基带故障，一般与基带处理器、基带码片、基带处理器供电等有关系。

故障维修：

拆机检查发现，电感L402、L405 周围有轻微进水腐蚀问题，彻底清洗后故障排除，这两个电感是基带处理器供电电感，进水腐蚀导致虚焊引起无供电问题。

供电电感位置如图 7-44 所示。

图 7-44　供电电感位置

3. iPhone XS Max 手机不开机故障维修

故障现象:

客户送修一部iPhone XS Max手机,手机摔过以后出现不开机问题,没有维修过。

故障分析:

将手机单板加电触发开机后,电流从 50mA 跳到 200mA 时卡住,手机不开机,根据电流分析,初步判断为CPU与硬盘之间通信出现问题。

故障维修:

根据故障原因分析,出现该问题一般有三种可能:①硬盘损坏或虚焊;②CPU与硬盘之间通信异常;③CPU本身损坏。

使用数字式万用表分别测量硬盘与应用处理器之间的通信线路,看是否正常,在检测C1102时,发现其靠近应用处理器一段的二极体值异常,正常为386,现在是无穷大,判断此线路开路。C1102 原理图位置如图 7-45 所示。

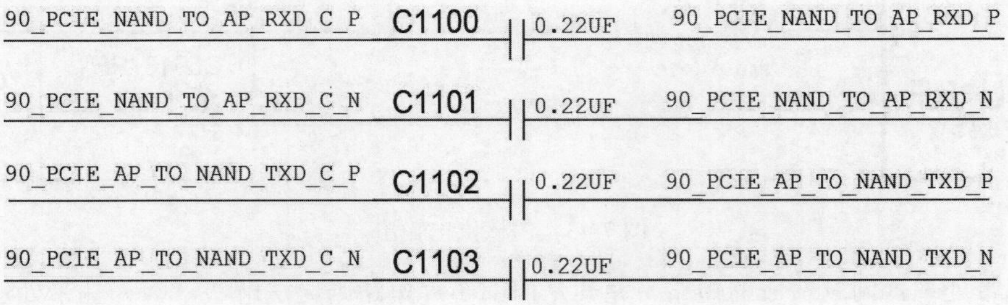

90_PCIE_NAND_TO_AP_RXD_C_P	C1100	0.22UF	90_PCIE_NAND_TO_AP_RXD_P
90_PCIE_NAND_TO_AP_RXD_C_N	C1101	0.22UF	90_PCIE_NAND_TO_AP_RXD_N
90_PCIE_AP_TO_NAND_TXD_C_P	C1102	0.22UF	90_PCIE_AP_TO_NAND_TXD_P
90_PCIE_AP_TO_NAND_TXD_C_N	C1103	0.22UF	90_PCIE_AP_TO_NAND_TXD_N

图 7-45　C1102 原理图位置

C1102 主板图位置如图 7-46 所示。

图 7-46　C1102 主板图位置

4. iPhone XS Max 手机白苹果重启故障维修

故障现象:

一同行送来一部iPhone XS Max手机,故障为开机白苹果重启,客户送修时是别的故障,主板分层后,维修好其他故障以后,就出现这个问题。

故障分析:

初步分析认为,可能在主板分层的时候处理不当,引起白苹果重启问题,应该重点检查两块主板的贴合位置是否存在问题。

故障维修：

在显微镜下观察主板，发现靠近主板贴合位置的两个电阻被碰掉了，这两个电阻分别是R6620、R6621，是I^2C总线的上拉电阻，如果该电阻丢失或开路，会导致I^2C总线工作不正常。

R6620、R6621 在原理图位置如图 7-47 所示。

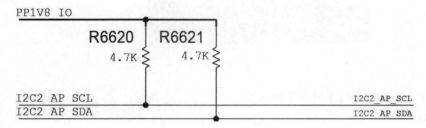

图 7-47　R6620、R6621 在原理图位置

R6620、R6621 在主板图位置如图 7-48 所示。

图 7-48　R6620、R6621 在主板图的位置

5．华为 Mate30 手机不开机故障维修

故障现象：

一同行送来一部华为Mate30 手机维修，开始维修不显示故障，结果拆下屏蔽罩以后就不开机了。

故障分析：

分析认为，可能是拆卸屏蔽罩的时候，碰到某些元件或者造成封胶芯片虚焊引起不开机故障，重点检查屏蔽罩附近的元器件。

故障维修：

分别测量各路供电输出电压都基本正常，未发现异常问题，使用示波器分别测量复位信号、时钟信号，在测量时钟信号的时候，发现没有时钟信号，检查 38.4MHz时钟晶体发现脱焊，重新补焊后，测量时钟信号正常。

38.4MHz时钟晶体位置如图 7-49 所示。

图 7-49　38.4MHz 时钟晶体位置

6. iPhone X 手机刷机报错 9 故障维修

故障现象：

客户送修一部iPhone X手机，故障为不开机，手机在其他地方维修过，但没有修好。

故障分析：

使用iTunes软件刷机，刚出现进度条的时候就报错9，分析认为是硬盘电路问题引起的不开机故障。

故障维修：

拆机检查硬盘，发现硬盘被动过，拆下硬盘后使用测试架读取内部资料，发现资料无法读出来，怀疑硬盘损坏。

更换一个全新的硬盘，重新写入底层数据以后，开机测试，手机功能完全正常。

iPhone X手机硬盘位置如图 7-50 所示。

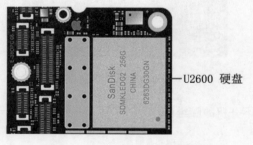

图 7-50　iPhone X 手机硬盘位置

7. 华为 nova 4 手机不开机故障维修

故障现象：

客户送修一部华为nova 4 手机，故障为不开机，手机一直正常使用，没有磕碰、摔过等问题。

故障分析：

根据客户问题分析，如果是没有磕碰、摔过等问题，应该重点检查手机各路供电电压是否正常。

故障维修：

拆机检查，手机主板非常新，没有动过的痕迹，检查应用处理器、EMMC芯片各路供电电压，基本正常。

在测量C1049 上的电压时，发现没有电压，正常应该为 0.75V，检查发现主板线路断线，从电源管理芯片 0.75V 输出电压端飞线后，电压正常。装机测试，开机正常。

应用处理器电路位置如图 7-51 所示。

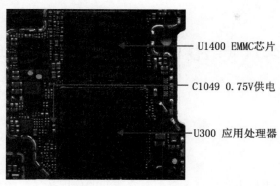

图 7-51　应用处理器电路位置

8. 华为荣耀 V9 手机不开机故障维修

故障现象：

客户送修一部华为荣耀V9 手机，故障为不开机，手机一直正常使用，外观有磕碰痕迹，最近突然出现不开机问题。

故障分析：

根据客户问题分析，如果是没有磕碰、摔过等问题，应该重点检查手机各路供电电压是否正常。

手机加电后，电流在 200mA，看起来要开机但是还是无法启动。

故障维修：

将测试点TP3047 强制对地短接后，手机连接电脑，电脑端口出现HUAWEI1.0 端口，分析认为是存储器或应用处理器故障引起不开机问题。

测量存储器及应用处理器各路工作电压均正常，未发现有问题。从其他手机拆一个存储器装上以后能开机显示恢复模式，说明原机存储器损坏，更换存储器并重新写软件后，手机开机正常。

第8章

电源管理电路故障维修

电源管理电路在智能手机电路中至关重要，它所起的作用是为智能手机各个单元电路、功能电路提供稳定的直流电压，负责对电池进行充电。如果该电路出现问题，将会造成整个电路工作的不稳定，甚至造成智能手机无法开机。

由于电源电路工作在大电流、温度高的环境，往往容易出现问题，因此学习和理解电源电路的维修知识，对日后的手机维修工作有很大的帮助。

第1节　电源管理电路基础　▶

本节主要介绍电源管理电路涉及的无线充电技术及协议。

8.1.1　无线充电技术

目前主流的无线充电标准有 5 种，分别是Qi标准、Power Matters Alliance（PMA）标准、Alliance for Wireless Power（简称A4WP）标准、iNPOFi技术、Wi-Po技术。

1．Qi 标准

Qi是全球首个推动无线充电技术的标准化组织——无线充电联盟（Wireless Power Consortium，简称WPC）推出的"无线充电"标准，具备便捷性和通用性两大特征。

首先，不同品牌的产品，只要有一个Qi的标识，都可以用Qi无线充电器充电。其次，它攻克了无线充电"通用性"的技术瓶颈，在不久的将来，手机、相机、电脑等产品都可以用Qi无线充电器充电，为无线充电的大规模应用提供了可能。

Qi采用了最为主流的电磁感应技术，在中国的应用产品主要是手机，这是第一个阶段，以后将发展运用到不同类别或更高功率的数码产品中。

2．Power Matters Alliance 标准

Power Matters Alliance标准是由Duracell Powermat公司发起的，该公司是由宝洁与无线充电技术公司Powermat合资经营，拥有比较出色的综合实力。除此以外，Powermat还是Alliance for Wireless Power（A4WP）标准的支持成员之一。AT&T、谷歌和星巴克三家公司也加盟了PMA联盟（Power Matters Alliance缩写）。

3．A4WP 标准

A4WP是Alliance for Wireless Power标准的简称，由美国高通公司、韩国三星公司以及前面提到的Powermat公司共同创建的无线充电联盟创建。该联盟还包括Ever Win Industries、Gill Industries、Peiker Acustic和SK Telecom等成员，目标是为包括便携式电子产品和电动汽车等在内的电子产品无线充电设备设立技术标准和行业对话机制。

4．iNPOFi 技术

iNPOFi（Invisible Power Field，即"不可见的能量场"）无线充电是一种新的无线充电技术，其无线充电系列产品采用智能电传输无线充电技术，具备无辐射、高电能转化效率、热效应微弱等特性。

iNPOFi智能无辐射技术与现有其他的无线充电技术相比，iNPOFi没有辐射，采用电场脉冲模式，不产生任何辐射，中国泰尔实验室测试结果显示，辐射增加值近乎零。在高效方面，泰尔试验室还测定，该技术的产品充电传输效率高达 90%以上，彻底改变了传统无线充电最高 70%的电转换低效率问题。

5．Wi-Po 技术

Wi-Po技术，为Wi-Po磁共振无线充电技术，利用高频恒定幅值交变磁场发生装置，产生6.78MHz的谐振磁场，实现更远的发射距离。

该技术通过蓝牙 4.0 实现通信控制，安全可靠，并且可以支持一对多同步通信，同时还具有过温、过压、过流保护和异物检测功能。该技术由于使用的载体为空间磁场，能量不会像电磁波那样发射出去，所以不会对人体造成辐射伤害。

Wi-Po磁共振无线充电可应用于手机、电脑、智能穿戴、智能家居、医疗设备、电动汽车等各种场景。

8.1.2　快速充电技术

目前主流的快速充电技术有高通的Quick Charge版（如QC2.0、QC3.0、QC4.0）、联发科版（Pump Express和Pump Express plus）、OPPO 的VOOC技术（SuperVOOC和VOOC）、兼容Quick Charge协议和海思快充协议华为快充技术。

1．高通的 Quick Charge 版

目前高通QC4.0已经发布，但是市面上常见的高通Quick Charge快充标准大多为QC2.0 和QC3.0两种，相比于第一代的 5V/2A固定电流电压技术来说，QC2.0 则提供了 5V、9V和12V三个档位的电压以及最大 3A（一般手机适配器不会达到这么多）的电流。相较于QC1.0 来说，充电速率上提升了很多。

高通QC2.0 已经融入到高通骁龙 801 处理器芯片中，目前的手机与相应的充电器搭配即可支持，例如小米 4、三星S5 等手机。理论上，Quick Charge 2.0 比传统USB充电方式快 75%，能在 30分钟内为 3300mAh的电池充入 60%的电量。

高通QC3.0 相比QC2.0 主要是增加了一个"最佳电压智能调节"（Intelligent NegoTIaTIon for

OpTImum Voltage，INOV）算法，可以以 200mV为一个台阶进行智能调节，提供从 5V到 20V电压的灵活选择（原来的QC2.0 只支持 9V、12V、20V三个档位）。这样手机可以在不同充电阶段，获得恰到好处的电压，达到预期的充电电流，使得电量损失最小化。

高通QC4.0 技术将最高功率调整到 28W，并且加入了USB PD支持。方案设计为 5V/4.7A-5.6A和 9V/3A，舍弃了 12V的设计，且步进电压调整为 10mV。QC4.0 将支持大电压与大电流两种方案，充电速度进一步提升的同时也将改善发热以及对电池的损耗。

2．联发科 Pump Express 版

Pump Express快充技术是由内置于电源管理芯片内的电路和充电器组成，它有几个亮点：Pump Express技术允许充电器根据电流决定充电时所需的初始电压，由电源管理芯片发出脉冲电流指令通过USB的VBUS传送给充电器，充电器依照这个指令调节输出电压，电压逐渐增加至高达 5V 达到最大充电电流。

此外，Pump Express技术还拥有两种规格：一是输出功率小于 10W的Pump Express；二是输出功率大于 15W的Pump Express Plus。两种模式满足了各家厂商对不同定位产品的需求。

此外，Pump Express技术发展到 3.0，带来了更加快速高效的充电体验，仅需 20 分钟就能将智能手机的电池从零充到 70%，此外，Pump Express 3.0 是全球首款采用USB Type-C接口进行直接充电的快充方案，该方案能够有效防止充电时手机出现发烫问题，是安全系数极高的充电方案。

3．OPPO 的 VOOC 技术

与智能手机快充提高手机电压的做法不同，VOOC闪充使用低压大电流技术来实现快充。高压充电自身受物理法则限制，电压太高会导致手机过热，而VOOC闪充的低压大电流技术充电就有着"得天独厚"的优势——不会导致充电时手机过热，甚至边使用边充电的情况下也不会导致充电过热。

OPPO的VOOC闪充技术，使用MCU单片微型计算机来取代传统充电电路中的降压电路。智能电源管理芯片可以自动识别当前充电设备是否支持VOOC闪充。如果支持，将会分段恒流地实现阶段性电流的输出；如果检测到不支持，会自动使用稳定充电电流实现慢速充电。

4．华为快充技术

华为最新的快充技术已从之前的Fast Charge（FCP）更新至了Super Charge（SCP），而Super Charge快充技术可以说是全球最快、兼容性最好的快充代表之一，兼容PD和高通QC协议。华为手机内置了一颗专门用于电源管理的IC芯片，可以智能识别不同充电器和数据线，匹配最佳快充方案。此外，它还能通过直充SCP协议，实现手机与充电器的实时通信，并且还能根据充电过程的电压需求，智能协调充电过程中最高效的电压和电流，避免带来不必要的效率损耗。

Super Charge技术有 5 大安全保护点：Super Charge充电器、Type-C接口、智能充电芯片、分流闸口、电池分别形成保护点。每个保护点又有三层防护网（安全电压防护网、安全电流保护网、温度监控保护网），共计 15 层安全保护机制。任何一项出现异常波动都会快速触发保护机制，毕竟是低压高电流的快充模式，不仅保证了手机充电的安全，更保证了用户的人身和财产安全。

8.1.3   USB Type-C 协议

1. USB Type-C 介绍

USB Type-C是一种全新的USB接口协议（USB接口还有Type-A和Type-B），由USB-IF组织于2014 年 8 月份发布，是USB标准化组织为了解决USB接口长期以来物理接口规范不统一、电能只能单向传输等弊端而制定的全新接口，它集充电、显示、数据传输等功能于一身。Type-C接口最大的特点是支持正反两个方向插入，正反面随便插。

USB Type-C协议数据线如图 8-1 所示。

图 8-1   USB Type-C 协议数据线

2. USB Type-C 的技术特性

（1）供电

USB Type-C接口默认的 5V供电向后兼容之前的USB接口。不仅如此，USB Type-C接口包含 4 个引脚分别专门用于供电和接地。USB供电规范可使USB Type-C接口最高支持 20V的电压及 5A的电流。

（2）对称的连接

USB Type-C接口是对称的，所以它的插拔以及数据线方向正反皆可，解决了之前接口带来的各种烦恼。USB Type-C接口可以接入两端中的任一端，而功能则由被接入的硬件定义。USB Type-C线缆两端的接口是相同的，因此线缆的插拔得以简化。

（3）带宽

USB Type-C支持USB 2.0、USB 3.1 Genl（Super Speed USB 5Gbps）和USB 3.1 Gen2（Super Speed USB 10Gbps）数据传输速率。USB 2.0 和USB 3.1 分别由单独的规范定义。Super Speed USB差分信号对被分配在接口的两侧，因此以任一方向插入接口时均会使用到一组Super Speed USB信号传输连接。

（4）通道配置

USB Type-C接口包含两个通道配置（Channel Configuration）信号引脚（CC1&CC2），用于功能协调。上述信号确定接口插入方向，并用于协调接口上的供电功能、替代模式和外设模式。

（5）非 USB 信号传输

USB Type-C接口支持多种OEM产品定制模式，以扩展设备功能。

3．USB Type-C 接口引脚定义

USB Type-C接口有 4 对TX/RX差分线，2 对USB D+/D-，一对SBU，2 个CC，另外，还有 4 个VBUS和 4 个地线。USB Type-C接口的引脚定义如图 8-2 所示。

A1	A2	A3	A4	A5	A6	A7	A8	A9	A10	A11	A12
GND	TX1+	TX1−	VBUS	CC1	D+	D−	SBU1	VBUS	RX2−	RX2+	GND
GND	RX1+	RX1−	VBUS	SBU2	D−	D+	CC2	VBUS	TX2−	TX2+	GND
B12	B11	B10	B9	B8	B7	B6	B5	B4	B3	B2	B1

图 8-2 USB Type-C 接口的引脚定义

8.1.4 USB-PD 协议

USB PD（Power Delivery，功率传输协议）是目前主流的快充协议之一。是由USB-IF组织制定的一种快速充电规范。USB PD通过USB电缆和连接器增加电力输送，扩展了USB应用中的电缆总线供电能力。该规范可实现更高的电压和电流，输送的功率最高可达 100W（瓦），并可以自由改变电力的输送方向。

经常会有人把USB PD和Type-C放在一起谈，甚至把Type-C充电器叫作PD充电器，USB PD和Type-C其实是两码事。USB PD是一种快速充电协议，而Type-C则是一种新的接口规范。Type-C接口默认最大支持 5V/3A，但在实现了USB PD协议以后，能够使输出功率最大支持到前文提到的100W。所以现在许多使用Type-C接口的设备都会支持USB PD协议。

第2节 电源管理电路工作原理

8.2.1 电源管理电路的结构

电源管理电路在智能手机中有着至关重要的作用，从组成结构上来看，电源管理电路主要由电源管理芯片、充电控制芯片、电池及电池接口电路、供电输出电路、时钟电路、复位电路等组成。

电源管理电路的框图如图 8-3 所示。

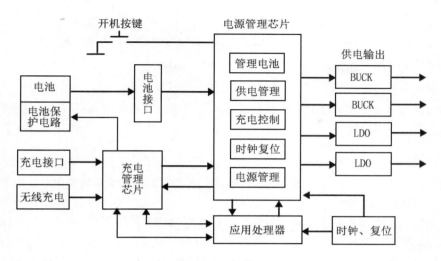

图 8-3　电源管理电路框图

8.2.2　手机供电流程

电源管理电路是手机单元电路、功能电路的能源中心，电源管理电路只有输出符合标准的电压，其他电路才能工作。手机中任何一个电路，只要它的供电不正常就会"罢工"，从而表现出各种各样的故障现象，可见电源系统在手机电路中的重要性。

手机所需的各种电压一般先由手机电池供给，电池电压在手机内部需要转换为多路不同的电压值供给手机的不同部分。

当手机安装上电池后，电池电压（一般为 3.7V）通过电池接口送到电源管理芯片内部，此时开机按键有 2.8V~3V 的开机电压，在未按下开机按键时，电源管理芯片未工作，此时电源管理芯片无输出电压。当按下开机键时，开机按键的其中一个引脚对地构成了回路，开机按键的电压由高电平变为了低电平，此由高到低的电压变化被送到电源管理芯片内部的触发电路。触发电路收到触发信号后，启动电源管理芯片，其内部的各路稳压器就开始工作，从而输出各路电压到各个电路。

8.2.3　手机开关机过程

1．电源管理芯片的工作条件

（1）电源管理芯片供电正常

电源管理芯片要正常工作，需有工作电压，即电池电压或外接电源电压，外部电压不正常时，电源管理芯片则无法正常工作。

（2）开机触发信号

在按下开机键时，开机触发信号就有了电平的变化，从高电平变为低电平或从低电平变为高电平，此信号会被送到电源管理芯片内部触发相应的电路工作。

（3）电源管理芯片工作正常

电源管理芯片内一般集成有多组受控LDO电路、BUCK电路，当有开机触发信号时，电源管理芯片输出端应有电压输出。

（4）开机维持信号

开机维持信号来自应用处理器，电源管理芯片只有得到开机维持信号后才能输出持续电压，否则，手机将不能持续开机。

2. 开机过程

插上电池后，电池电压加到电源管理芯片的输入引脚，其内部电源转换器产生约 2.8V 开机触发电压，并加到开机触发引脚。

当按开机键时，电源触发引脚电压被拉低，触发电源管理芯片工作，并按不同电路的要求送出工作电压，同时电源管理芯片也送出一路比应用处理器供电电压滞后约 30ms 的复位电压使应用处理器电路复位，返回初始状态。另外，应用处理器控制电源管理芯片送出时钟电压，使 13MHz 晶体振荡，产生 13MHz 时钟信号，输出给应用处理器作为运行时钟信号。此时应用处理器具备了供电、复位、13MHz 时钟信号等开机条件，于是应用处理器发送片选信号，命令存储器调取开机程序。存储器找到程序后，反馈使能信号给应用处理器，并通过总线传送到暂存运行并自检，通过后应用处理器送出开机维持信号令电源管理芯片维持工作，手机维持开机。

3. 关机过程

手机正常开机后应用处理器的关机检测引脚有 3V 电压，而在手机开机状态下再按开关机键，此时把应用处理器的关机检测引脚电压拉低。当应用处理器检测该电压变化超过 2 秒时，确认为要关机，于是命令存储器运行关机程序，自检通过后应用处理器撤去开机维持电压，电源管理芯片停止工作，手机因失电而停止工作，手机关机。

当应用处理器检测该电压变化少于 2 秒时，则作为挂机或退出处理。

8.2.4　电池电路

手机电池多种多样，其供电电路也是多种多样，手机的电池触点一般有 2~4 个，分别是：电池正极（VBATT）、电池信息（BSI、BATID等）、电池温度（BTEMP）、电池负极（GND）。

手机电池通过触点与手机内部电路进行连接后，给手机提供能量，在手机中电池供电通常用VBATT、B+表示。

电池电路如图 8-4 所示。

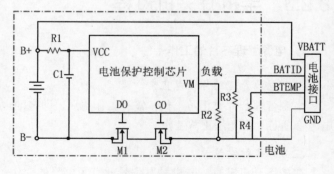

图 8-4　电池电路

8.2.5　开机按键电路

　　手机的开机方式有两种，一种是高电平开机，也就是当开关键被按下时，开机触发端接到电池电源，是高电平启动电源电路开机；一种是低电平开机，也就是当开关键被按下时，开机触发线路接地，是低电平启动电源电路开机。

　　开机信号电压是一个直流电压，在按下开机键后应由低电平跳到高电平（或由高电压跳到低电平）。开机信号电压用万用表测量很方便，将万用表黑表笔接地，红表笔接开机信号端，接下开机键后，电压应有高低电平的变化，否则，说明开机键或开机线不正常。

　　开机按键电路如图 8-5 所示。

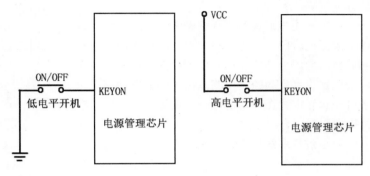

图 8-5　开机按键电路

8.2.6　充电电路

1．充电电路的组成

　　充电电路一般由充电检测电路、充电驱动电路、电池电量检测电路三部分电路组成。

　　（1）充电检测电路

　　用于检测充电器是否插入手机充电接口，检测充电器是哪一种类型，然后启动对应的充电模式。

　　（2）充电驱动电路

　　用于控制外接电源向手机电池进行充电，充电驱动电路根据电量检测电路反馈的信号来控制充电电流的大小。

　　（3）电池电量检测电路

　　用于检测充电电量的多少，当电池已充满时，电池电量检测电路将向充电控制电路发出"充电已完成"的信号，充电控制电路控制充电电路断开，停止充电。

　　除此之外，智能手机还含有充电保护电路，防止过充或在低于 5 度的环境中充电。

2．充电电路工作原理

　　（1）检测电路检测到电池电压低于 2.5V 时，此时手机默认为电池处于未激活状态，应用处理器控制充电电路以微弱的电流注入电池正极，慢慢将其激活。

（2）检测到 2.5V<VBAT<4.2V时，应用处理器输出控制信号启动充电电路对电池进行充电。充电时又分为"恒流充电"和"恒压充电"两个阶段。

在恒流阶段，手机始终以近 1000mA的大电流对电池进行充电，此时电池电压在逐渐上升，上升到一定值后固定下来不再变化，而改为充电电流开始逐渐下降。

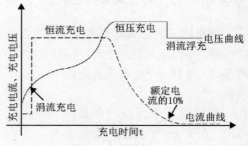

（3）充电电流最终下降到额定电流的 10%，进入涓流浮充阶段，当电池充满时，经检测电路检测到后会向应用处理器发出"电池已满"的信息，应用处理器收到后向控制电路发出关闭充电的指令，手机停止充电并在显示屏显示"电池已充满"的字样提醒用户，充电完成。

充电过程曲线如图 8-6 所示。

图 8-6　充电过程曲线

8.2.7　LDO 电路

LDO（Low Dropout Regulator，低压差线性稳压器）电路在手机维修中俗称"稳压块"。LDO电路是一种在智能手机中使用较多的器件，有些LDO稳压器是单独的芯片，例如摄像供电电路中的LDO电路，有些LDO电路集成在芯片内部，例如电源管理芯片内就集成了多个LDO电路。

为什么要在手机中使用LDO电路呢？在手机中，不同的电路使用的供电电压不同，需要的供电电流也不同，为了满足这些电路的需求，需要不同的供电，满足这些需求只有LDO电路才能担当重任。

LDO从结构上来看，就是一个微缩的串联稳压电源电路，它由电压电流调整的功率MOSFET、肖特基二极管、取样电阻、分压电阻、过流保护、过热保护、精密基准源、放大器等功能电路在一个芯片上集成而成。

LDO电路框图如图 8-7 所示。

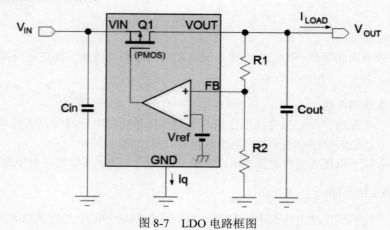

图 8-7　LDO 电路框图

在手机中，LDO电路如图 8-8 所示。

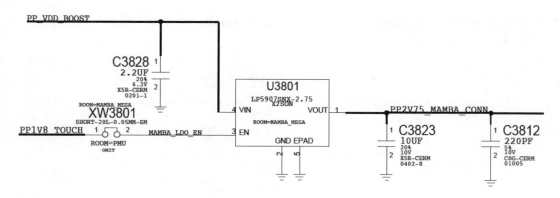

图 8-8　LDO 电路

供电电压送到LDO模块U3801 的 4 脚，U3801 的 3 脚为控制脚，当PP1V8_TOUCH为高电平时，U3801 启动，从 1 脚输出PP2V75_MAMBA_CONN电压。

8.2.8　BUCK 电路

BUCK电路，也称降压式变换电路，是一种输出电压小于输入电压不隔离直流变换电路，适用于输出低电压大电流的环境。

BUCK电路的基本原理是电源通过一个电感给负载供电，同时电感储存一部分能量，然后将电源断开，只由电感给负载供电。如此周期性的工作，通过调节电源接通的相对时间来实现输出电压的调节。

BUCK电路框图如图 8-9 所示。

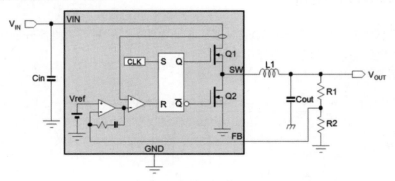

图 8-9　BUCK 电路框图

BUCK电路由场效应管、触发器、放大器、精密基准源、储能电感、滤波电容、取样电阻等构成，当开关闭合时，电源通过三极管Q、电感L给负载供电，并将部分电能储存在电感L以及电容C中。

由于电感L的自感，在开关接通后，电流增大得比较缓慢，即输出不能立刻达到电源电压值。一定时间后，开关断开，由于电感L的自感作用（可以比较形象地认为电感中的电流有惯性作用），将保持电路中的电流不变，即从左往右继续流，该电流流过负载，从地线返回从而形成了一个回路。

通过控制场效应管的占空比（即PWM——脉冲宽度调制）就可以控制输出电压。实现方法是通过检测输出电压来控制开、关的时间，以保持输出电压不变，即实现了稳压的目的。

在手机中，BUCK电路如图 8-10 所示。

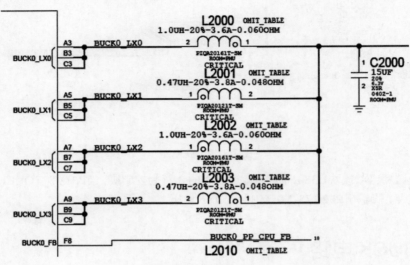

图 8-10　BUCK 电路

在电路图中，L2000、L2001、L2002、L2003 是储能电感，C2000 是滤波电容，PWM控制电路已集成到集成电路的内部了。

在看BUCK电路的时候，主要看集成电路输出端的英文字母，一般都会有BUCK字母。

8.2.9　BOOST 电路

开关直流升压电路（即所谓的BOOST或者step-up电路）是一种开关直流升压电路，它可以是输出电压比输入电压高，适用于高电压小电流的环境。

BOOST电路框图如图 8-11 所示。

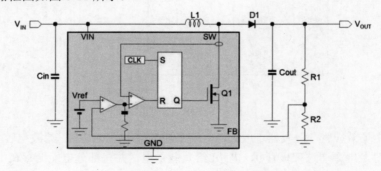

图 8-11　BOOST 电路框图

BOOST电路的基本原理是，电源先给电感储能，然后将储了能的电感当作电源，与原来的电源串联，从而提高输出电压，如此周期性的重复。

BOOST电路由场效应管、触发器、放大器、精密基准源、续流二极管、储能电感、滤波电容等构成。当场效应管导通时，电源Vin、储能电感、场效应管构成回路，此时，电源给储能电感充能，储能电感将电能转化为磁能储存起来。同时，滤波电容中储蓄的电荷继续向负载供电，续流二极管用于防止电容经过场效应管对地放电。

当场效应管断开时，电源Vin、储能电感、续流二极管、负载构成回路。此时，储能电感开始将储存的磁能转化为电流。与Vin一起向负载供电。同时，对滤波电容充电。

在手机中，BOOST电路如图 8-12 所示。

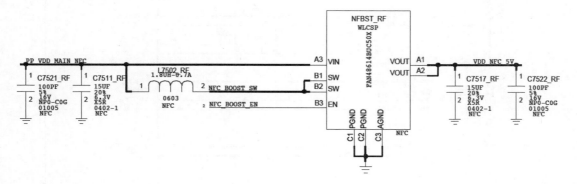

图 8-12　BOOST 电路

在电路图中，L7502 是储能电感，C7517 是滤波电容，续流二极管、PWM控制电路已集成到集成电路的内部。

在看BOOST电路的时候，主要看集成电路周围的英文字母，一般都会有BOOST字母。

第 3 节　华为 nove 5 手机电源管理电路原理分析▶

我们以华为nova 5 手机的电源管理电路为例，分析智能手机电源电路的工作原理。在华为手机中，并没有像iPhone手机那样，应用处理器和基带处理器电路各采用了一块电源管理芯片。

8.3.1　按键电路

在华为nova 5 手机的按键中，主要实现开关机、音量升、音量降等功能，长按或者同时按下组合按键还可以实现其他功能，开关机、音量升、音量降按键通过按键接口电路连接到电源管理芯片内部。

按键接口电路如图 8-13 所示。

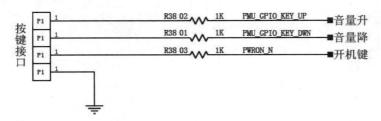

图 8-13　按键接口电路

在按键接口电路中，R3802、R3801、R3803 是隔离电阻，用于防止外部静电信号经按键窜入电路中。

按键接口信号如图 8-14 所示。

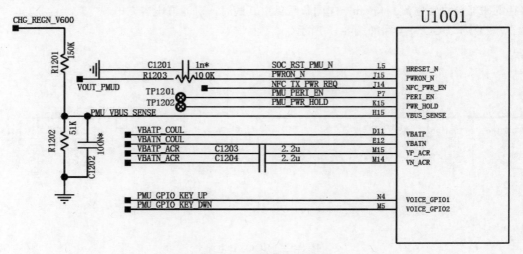

图 8-14　按键接口信号

开关机信号送入到电源管理芯片U1001 的J15 脚；音量升、音量降按键信号分别送入到电源管理芯片U1001 的N4、M5 脚，在U1001 的内部进行缓冲处理后，通过数据总线送至应用处理器电路。

8.3.2　电池接口电路

电池接口电路图如图 8-15 所示。

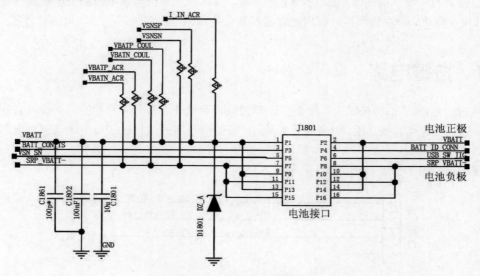

图 8-15　电池接口电路图

电池接口电路有 6 个有效触点，分别是电池正极VBATT、电池温度检测BATT_CONN_TS、电池类型检测BATT_ID_CONN、电池信息检测VSN_SN、USB检测USB_SW_JIG和接地。

电池温度检测电路如图 8-16 所示。

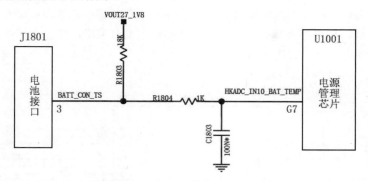

图 8-16 电池温度检测电路

电池温度检测信号BATT_CONN_TS从电池接口J1801 的 3 脚输出，经过电阻R1803、R1804送入到电源管理芯片U1001 的G7 脚。

电池类型检测电路如图 8-17 所示。

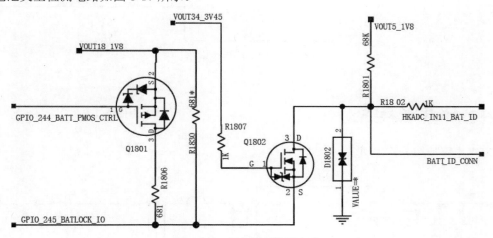

图 8-17 电池类型检测电路

Nova 5 采用了电池防伪技术，如果接入山寨电池或者二手电池，都能够识别出来，而且维修的时候，不能使用稳压电源代替电池，否则会出现手机开机后会自动关机，关机状态下无法充电等问题。

电池类型检测BATT_ID_CONN 从电池接口输入，经过电阻R1801、R1802 输出HKADC_IN11_BAT_ID信号送至电源管理芯片内部。

送入到电源管理芯片内部的电池类型检测信号与应用处理器的数据进行对比，如果是原装电池，就正常工作，如果不是原装电池，应用处理器就输出GPIO_244_BATT_PMOS_CTRL信号，控制Q1801 导通，改变GPIO_245_BATLOCK_IO上拉电阻数据，控制应用处理器输出数据到充电控制芯片，停止充电。

8.3.3 LDO 电路

LDO电路是一种低压差线性稳压器，是一种在智能手机中应用最广泛的稳压电路，多用在小电流、低电压的电路，在华为 nova 5 手机中，电源管理芯片 U1001 有多达 40 多路 LDO 电压输出。

电源管理芯片 U1001 的 LDO 电路部分比较简单，外部只接了滤波电容，其余全部都集成在电源管理芯片的内部，如果在维修中，其中一路 LDO 供电没有输出，排除虚焊、外部短路、开路问题后，则需要更换电源管理芯片 U1001。

LDO 供电电路如图 8-18 所示。

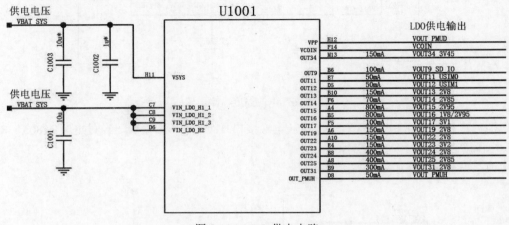

图 8-18　LDO 供电电路

8.3.4　BUCK 电路

BUCK 电路如图 8-19 所示。

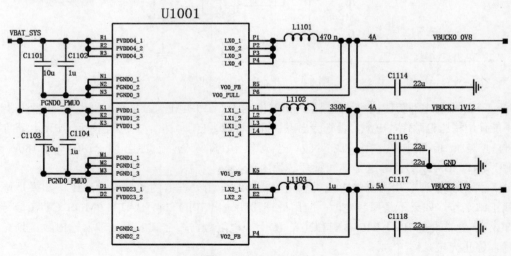

图 8-19　BUCK 电路

在电源管理芯片 U1001 的内部，集成了 BUCK 电路的电子开关控制部分，在 U1001 的外部接有电感和滤波电容，完成了 BUCK 电路的续流和滤波过程。

为了描述方便，只截取了部分 BUCK 电路，并没有把所有的 BUCK 电路画出来。BUCK 电路可以提供最大 4A 的电流，这是 LDO 电路无法相比的。

8.3.5　时钟电路

在华为nova 5 手机中，时钟电路分为 2 部分，一部分是 32.768kHz；另一部分是 38.4MHz。下面我们分别进行介绍。

1．32.768kHz 实时时钟

实时时钟电路如图 8-20 所示。

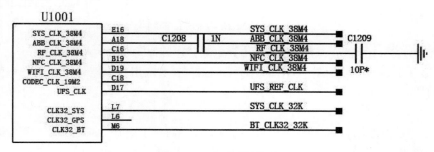

图 8-20　实时时钟电路

实时时钟信号从电源管理芯片U1001 的D17、L7、M6 脚输出，分别送到应用处理器、存储器电路、GPS电路、蓝牙电路等。

2．38.4MHz 系统时钟

38.4MHz系统时钟既为射频处理器电路提供基准时钟，也为应用处理器电路提供系统主时钟，38.4MHz系统时钟是手机工作的必要条件之一。

38.4MHz系统时钟如图 8-21 所示。

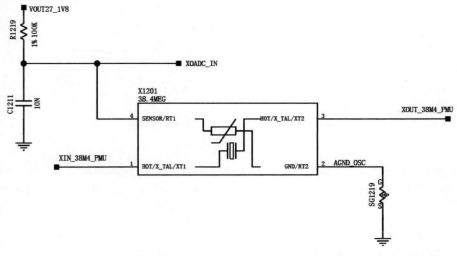

图 8-21　38.4MHz 系统时钟

38.4MHz系统时钟控制信号如图 8-22 所示。

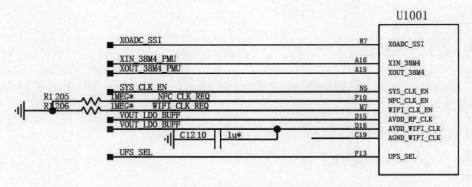

图 8-22　38.4MHz 系统时钟控制信号

　　系统时钟晶振X1201 的 1、3 脚分别连接到电源管理芯片U1001 的A16、A15 脚，与内部的电路共同组成振荡电路。系统时钟控制信号SYS_CLK_EN从应用处理器输出，送到电源管理芯片U1001 的N5 脚。

8.3.6　复位电路

　　为确保手机中的电路稳定可靠工作，复位电路是必不可少的一部分。复位电路的作用就是把电路恢复到起始状态，就像计算器的清零按钮的作用一样，以便回到原始状态，重新进行计算。

　　和计算器清零按钮有所不同的是，复位电路启动的手段有所不同。一是在给电路通电时马上进行复位操作；二是在必要时可以由手动操作；三是根据程序或者电路运行的需要自动地进行。

　　复位电路如图 8-23 所示。

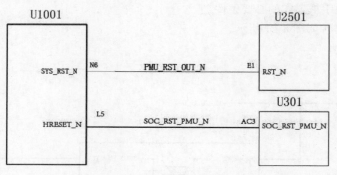

图 8-23　复位电路

　　电源管理芯片U1001 的N6 脚输出复位信号PMU_RST_OUT_N，送到充电管理芯片U2501 的E1 脚；电源管理芯片U1001 的L5 脚输出复位信号SOC_RST_PMU_N，送到充电管理芯片U2501 的AC3 脚。

8.3.7　温度检测电路

　　华为nova 5 手机的温度检测电路由电源管理芯片U1001 完成，保护手机避免在过高温度的环境中使用而可能造成的损坏。

在温度检测电路中，使用了负温度系数的NTC电阻，这些NTC电阻分布在主板的各个部位，当局部温度过高的时候，这些NTC电阻会把信息传递到电源管理芯片U1001，电源管理芯片U1001输出信号给应用处理器，应用处理器一方面会控制部分功能停止工作，另一方面会控制显示屏显示温度过高的警示信息。

温度检测电路如图 8-24 所示。

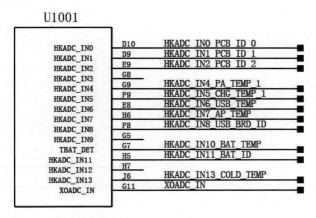

图 8-24　温度检测电路

温度检测取样电路如图 8-25 所示。

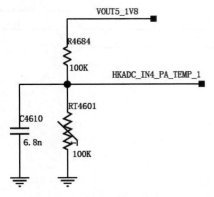

图 8-25　温度检测取样电路

负温度系数NTC电阻RT4601 和电阻R4684 组成分压电路，当温度变化引起NTC电阻RT4601 阻值变化时，HKADC_IN4_PA_TEMP_1 上的电压信号也会发生变化，该电压信号送到电源管理芯片U1001的内部，就可以检测该主板部位的温度了。在华为nova 5 手机中，使用了多个温度检测取样电路，这里就不一一列举了。

8.3.8　上电时序

上电时序指设备开机时各信号出现的先后顺序，智能手机在工作时要严格执行上电时序才能够完成开机过程并正常开机，否则手机将出现不开机问题。

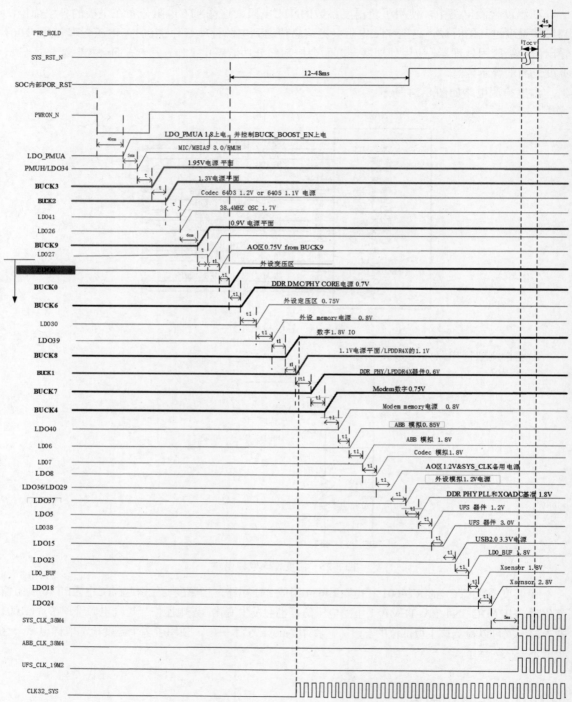

下面我们以华为P30 Pro手机为例，看一下电源管理电路上电时序图，如图 8-26 所示。

图 8-26 手机上电时序

第 4 节 　 充电电路原理分析

本节主要介绍快充技术和无线充电技术的原理并对其相关电路进行分析。

8.4.1　快充技术原理及相关电路

1. 快充技术原理

电池充电的基本条件是充电器电压要比电池电压高，这样才能完成电荷转移过程。初中物理学过，功率（P）=电压（U）×电流（I），在电池电量一定的情况下，功率标志着充电速度，所以可以通过三种方式来缩短充电时间：电流不变，提升电压；电压不变，提高电流；电压、电流两者都提高。如果把充电比喻成水池蓄水，提升电压，会对池壁带来更大压力，带来安全隐患，所以单纯采用提升电压还是有一定风险的。

通常可以通过下列三种方式来缩短充电时间。

（1）高电压恒定电流模式

该模式手机的充电过程是，先将220V电压降至5V充电器电压，5V充电器电压再降到4.2V电池电压。整个充电过程中，因为增大了电压，会产生热能，所以充电时，充电器会发热，手机也会发热，而且功耗也很大，对电池损害还是很大的。

（2）低电压高电流模式

该模式在电压一定的情况下，增加电流，使用并联电路的方式进行分流。在恒定电压下，进行并联分流之后每个电路所分担的压力较小，每条电路所承受的压力也就小。

（3）高电压高电流模式

这种方式同时增大电流与电压，这样由公式P=UI 可以知道，这种方式是增大功率最好的办法，但增大电压的同时会产生更多的热能，所消耗的能量也较多，并且电压与电流也不能无限制的随意增大。

这三种方式有一个共同的问题，就是对充电器、手机以及充电数据线的电子元件要求很高。高通利用其技术上的优势使用第三种方式，而OPPO选择退而求其次，采用了第二种方式来提高充电效率。

一般来说，采用恒压并提高电流是更普遍的做法，目前手机标配的适配器通常为5V/1A输出，部分厂商将充电电流提升到了2A，一定程度上缩短了手机的充电时间，这确实是一种解决方案，但问题是，首先，2A需要充电器和手机都支持才行，手机上也有控制器，并不是多大电流都能支持，如果用2A充电器给仅支持1A的手机充电，其实输出也只有1A。

另外，电流不能无止境地提升，大电流充电会产生更多的热量，如果发热速度超过了散热速度，又没有保护机制，电池的温度就会不断升高，寿命会降低甚至引起爆炸。所有的电子产品，充电器和产品本身都会限制最大电流。

目前提升充电功率的方法是，要么提升电压，要么增加电流，要么电压、电流均提高，并且只有经认证的手机端和适配器才能实现高效的充电效果。

2．快充技术芯片电路结构

快速充电方案包含两个部分，充电器部分和充电控制部分，充电控制部分的芯片置于手机主板上，有独立的充电控制芯片，也有的直接集成在手机电源管理芯片内部。

充电控制芯片对锂离子电池的整个充电过程实施管理和监控，包含了复杂的处理算法，锂离子电池充电包括几个阶段：预充阶段、恒流充电阶段、恒压充电阶段、涓流充电阶段。充电控制芯片根据锂离子电池充电过程的各个阶段的电器特性，向充电器发出指令，通知充电器改变充电电压和电流，而充电器接收到来自充电控制芯片的需求，实时调整充电器的输出参数，配合充电控制芯片实现快速充电。

充电控制芯片电路如图8-27所示。

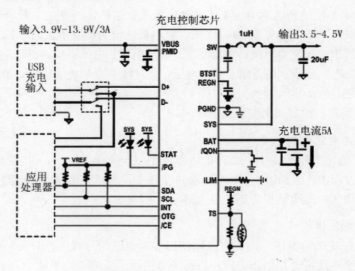

图 8-27　充电控制芯片电路

3．高通 QC2.0 快充原理

高通QC2.0分为A级和B级两种行业标准。A标准：5V、9V、12V输出电压；B标准：5V、9V、12V、20V输出电压。现在大部分支持快充的手机基本上都是QC2.0A标准，QC2.0 充电器默认 5V 输出。

手机通过USB数据通信口D+、D-输出电压信号给充电器，充电器内置的USB解码芯片判断充电器需要输出的电压大小，对充电的USB线没有特别的要求。

适配器检测到D+、D-上的电压和其输出电平之间的对应表如表8-1所示。

表 8-1　D+、D-上的电压和其输出电平之间的对应表

D+	D-	OUTPUT
3.3V	3.3V	20V
0.6V	0.6V	12V
3.3V	0.6V	9V
0.6V	0V	5V

高通QC2.0 快充的原理如下：

（1）将充电器通过数据线连接到手机上，充电器默认将D+、D-短接，这样手机端探测到充电器类型是DCP（专用充电端口模式），此时默认输出 5V电压，手机正常充电。

（2）如果手机支持QC2.0 快速充电协议，则Android用户空间的HVDCP（High Voltage Deticated Charger Port）进程启动，开始在D+上加载 0.325V电压，并维持 1.25s以上。

（3）当充电器检测到D+上的电压 0.325V并维持超过 1.25s后，充电器断开D+和D-的短接，由于D+和D-断开，故D-上的电压不再跟随D+变化，此时电压开始下降。

（4）手机端检测到D-上的电压从 0.325V开始下降并维持 1ms以上时，HVDCP读取/sys/class/power supply/usb/voltage max 的值，如果是 9000mV，则设置D+上的电压为 3.3V，D-上的电压为 0.6V；若为 5000mV，则设置D+上的电压为 0.6V，D-上的电压为 0V。

（5）充电器检测到D+、D-上的电压后，就调整充电器的输出至相应电压。

4．USB PD 快速充电原理

USB PD通信原理是将协议层的消息调制成 24MHz的FSK信号并耦合到VBUS上或者从VBUS上获得FSK信号来实现手机和充电器通信的过程。

在USB PD通信中，是将 24MHz的FSK通过耦合电容耦合到VBUS上的直流电平上的，而为了使 24MHz的FSK不对电源或者USB设备的VBUS直流电压产生影响，在回路中同时添加了隔离电感组成的低通滤波器过滤掉FSK信号。

USB PD的通信原理如图 8-28 所示。

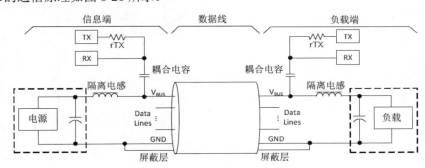

图 8-28　USB PD 通信原理

USB PD的原理如下：

（1）USB OTG的PHY监控VBUS电压，如果有VBUS的 5V电压存在并且检测到OTG ID脚是 1kΩ下拉电阻（不是OTG Host模式，OTG Host模式的ID电阻是小于 1kΩ的），就说明该电缆是支持USB PD的。

（2）USB OTG做正常充电器探测并且启动USB PD设备策略管理器，策略管理器监控VBUS的直流电平上是否耦合了FSK信号，并且解码消息得出是Capabilities Source消息，就根据USB PD规范解析该消息，得出USB PD充电器所支持的所有电压和电流列表对。

（3）手机根据用户的配置从Capabilities Source消息中选择一个电压和电流对，并将电压和电流对加在Request消息的payload上，然后策略管理器将FSK信号耦合到VBUS直流电平上。

（4）充电器解码FSK信号并发出Accept消息给手机，同时调整Power Supply的直流电压和电流输出。

（5）手机收到Accept消息，调整充电控制芯片的充电电压和电流。

（6）手机在充电过程中可以动态发送Request消息来请求充电器改变输出电压和电流，从而实现快速充电的过程。

5．快速充电电路原理分析

下面我们以华为nova 5 手机为例，对快速充电电路的原理进行分析。华为标配的超级快充充电器有 10V/4A、9V/2A或 5V/2A等几种类型。

（1）过压保护电路

过压保护电路如图 8-29 所示。

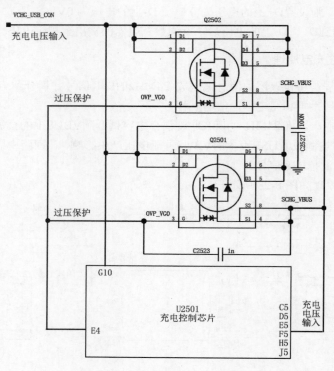

图 8-29　过压保护电路

过压保护电路在检测到充电输入电压VCHG_USB_CON出现过压状况时，充电控制芯片U2501内部的检测电路输出OVP_VGO信号，分别送到Q2501、Q2502 的G极，控制两个场效应管断开，避免充电输入电压VCHG_USB_CON经过场效应管送到充电控制芯片内部。保护手机核心芯片免遭受过压损伤。

（2）过流保护电路

过流保护电路如图 8-30 所示。

过流保护电路中的核心元件是一个 2mΩ的电阻，电池接口J1801 的负极SRP_VBATT-通过 2mΩ的电阻接地。

当充电电流过大时，R1805 两端的压降就

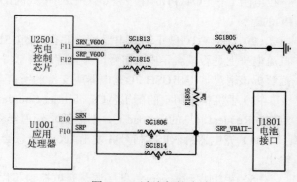

图 8-30　过流保护电路

会增大，SRN_V600、SRP_V600 将R1805 两端的取样电压送到充电控制芯片U2501 的F11 脚、F12 脚。SRN、SRP将R1805 两端的取样电压送到充电控制芯片U2501 的F11 脚、F12 脚。充电控制芯片U2501 停止充电，避免手机主板元件被烧毁。

（3）充电过热保护电路

充电过热保护电路如图 8-31 所示。

充电过热保护电路比较简单，采用了负温度系数热敏电阻RT2502，RT2502、R2513 组成分压电路，R2513 的一端接充电基准电压，另一端接热敏电阻RT2502，当温度升高的时候，RT2502 阻值变小，输入到充电控制芯片U2501 的电压TS_BUS就会降低。

当充电电路的温度升高到一定程度的时候，充电控制芯片U2501 内部就会启动相应的电路，关闭充电电路，等温度降低以后再启动充电电路。

（4）CC 逻辑控制电路

CC逻辑控制电路如图 8-32 所示。

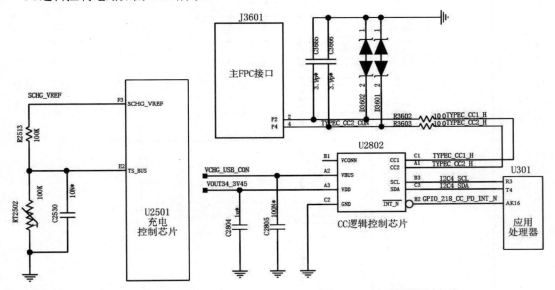

图 8-31　充电过热保护电路　　　　　　　图 8-32　CC 逻辑控制电路

CC（Configuration Channel）逻辑控制电路是USB Type-C里的关键电路，它的作用有检测正反插，检测USB连接识别可以提供多大的电压和电流，USB设备间数据传输、视频传输连接建立与管理等。

当接入外部设备的时候，Type_CC1_H、Type_CC2_H用来检测接入的设备类型，区分数据线是正面还是反面，是主设备还是从设备，并配置充电模式（有USB Type-C和USB Power Delivery两种模式）、Vconn模式（当线缆里有芯片的时候，一个cc传输信号会变成供电Vconn）以及其他模式，如接音频配件、显示配件等。

CC逻辑控制芯片U2802 根据检测的结果使数据通过I²C总线与应用处理器U301 进行通信，应用处理器U301 输出GPIO_218_CC_PD_INT_N信号，控制CC逻辑控制芯片U2802 工作在对应的模式。

（5）充电输出电路

充电输出电路如图 8-33 所示。

充电控制芯片U2501 输出的电压，一路从U2501 的SYS1、SYS2、SYS3、SYS4 脚输出，送至手机各部分电路完成供电；一路从A9、A10等引脚输出，送至电池，给电池充电。

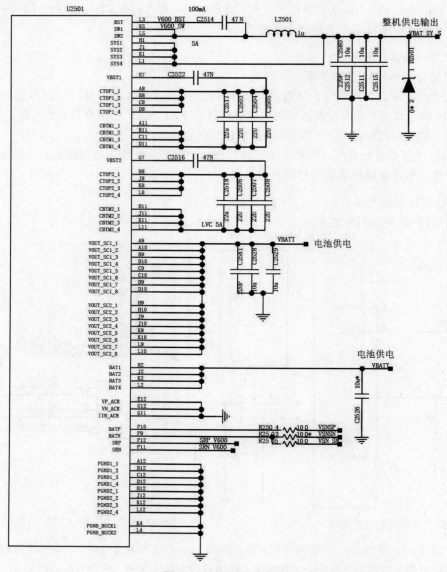

图 8-33   充电输出电路

8.4.2   无线充电原理及相关电路

1．Qi 标准的工作原理

    Qi标准基于电磁感应原理进行输电，感应耦合电能传输系统的基本原理如图8-34所示。这个系统由发射器线圈L1 和接收器线圈L2 组成，两个线圈共同构成一个电磁耦合感应器。发射器线圈所携带的交流电生成磁场，并通过感应使接收器线圈产生电压。这种电压可用于为移动设备供电或为电池充电。

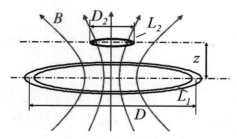

图 8-34　感应耦合电能传输系统

电能传输效率取决于感应器之间的耦合和它们的品质因数（Q）。耦合不仅与两个感应器之间的距离（z）以及相对大小（D2 /D）有关，还与线圈的形状和它们之间的角度有关。

2．系统构成

Qi无线充电系统由基站和移动设备组成。基站包含一个或多个发射器，发射器将提供用以接收的能量。移动设备包含一个接收器用来提供电能给负载（如电池），接收器还将为发射器提供信息。发射器内有能量转换单元，将电能转换为无线能源信号，接收器内的能量收集单元则将无线能源信号转换为电能。接收器将根据需要将电能输送至负载，发射器根据接收器的需要适配能量传递。

3．无线充电电路原理分析

下面以iPhone XS手机无线充电接收接口J3500为例，介绍无线充电电路的原理，如图 8-35 所示。

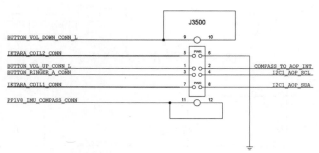

图 8-35　无线充电接收接口 J3500

无线充电的接收部分是一个线圈，接收 128kHz的交流信号，信号输入到无线充电接收接口J3500。IKTARA_COIL2_CONN、IKTARA_COIL1_CONN信号从J3500 的 5 脚和 7 脚输出到无线充电管理芯片U3400。

无线充电接收输入信号如图 8-36 所示。

IKTARA_COIL1_CONN 信号送到无线充电管理芯片 U3400 的 B6、 B7、 C6 脚，IKTARA_COIL2_CONN信号送到无线充电管理芯片U3400 的B1、B2、C2 脚。

当手机放在无线充电设备上时，充电管理芯片U3400 激活，电源管理芯片U2700 的H13 脚输出复位信号PMU_TO_IKTARA_RESET_L至U3400 的J4 脚，U2700 的L10 脚输出PMU_TO_IKTARA_EN_EXT_1P8V信号至U3400 的E7 脚，如图 8-37 所示。

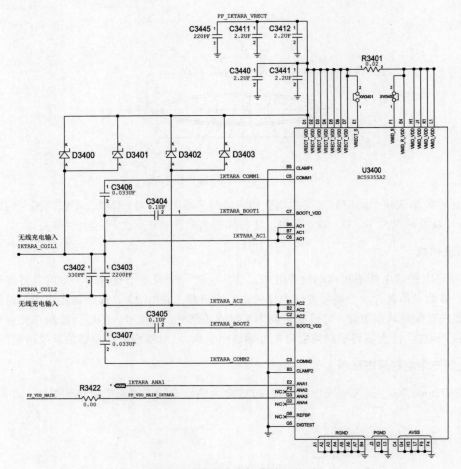

图 8-36　无线充电接收输入信号

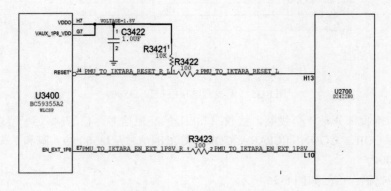

图 8-37　U3400 控制信号

充电管理电路如图 8-38 所示。

无线充电管理芯片 U3400 对输入的交流信号进行整流，从 U3400 的 J2、K2、L2 脚输出 PP_VBUS2_IKTARA 给充电管理芯片 U3300 的 F5、G5、H5 脚。充电管理芯片 U3300 工作，内部导通 从 A7、B7、C7、D7、E7、F7、G7 脚输出充电电流，经过 M5500 后，一路送给 PP_VDD_MAIN，作为 整机供电；一路送回到 U3300 的 A2、B2、C2、D2、F2 脚，然后从 U3300 的 A1、B1、C1、D1、E1 脚

输出，给电池进行充电。

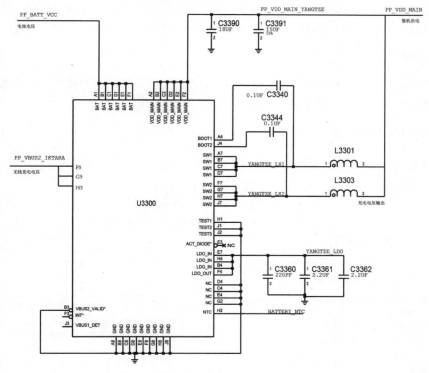

图 8-38　充电管理电路

应用处理器通过I²C0 总线控制U3400 的输入输出电压和电流大小；设置PP_VBUS2_IKTARA
为 15V，VBUS2 限流分别为 100mA、400mA、600mA。

第 5 节　电源管理电路故障维修思路与案例

8.5.1　电源管理电路故障维修思路

在智能手机中，电源电路由于工作于高负荷状态下，所以故障率比较高，维修电源电路要把握好以
下几点。

1. 掌握电源电路的工作时序

所谓的时序就是工作的先后顺序，在智能手机中，电源电路各路电压输出是有一定的工作时
序的。掌握不好工作时序，就无法分析无供电输出的具体原因，这在维修故障时非常关键。

要想掌握电源电路的工作时序，必须首先掌握电路的基本工作原理，能够看懂手机原理图。

2. 判断损坏原因

客户送来手机以后，要了解损坏的原因，是进水、摔过，还是正常使用出现的不开机故障，
或者是被别人维修过出现的问题。

如果是进水的手机，重点检查电源电路是否有元器件腐蚀，依次检查供电、控制的元器件。如果是摔过的手机，则重点检查是否有元器件脱焊，尤其是电源管理芯片等元器件。如果是被别人动过手脚的手机，则重点检查被别人动过的元器件，一个都不要放过。

3．合理运用"电流法"

在电源电路维修中，运用"电流法"排除故障再合适不过。在前面的维修方法中已经讲过"电流法"的具体操作步骤，在这里不再赘述。

4．不开机故障维修流程图

（1）不开机故障维修流程图

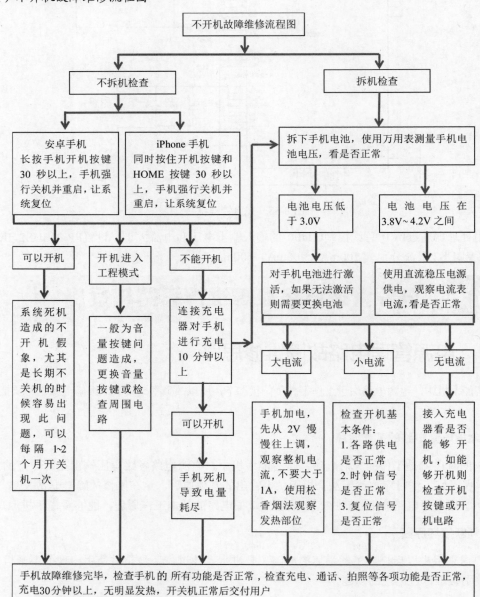

（2）不充电故障维修流程图

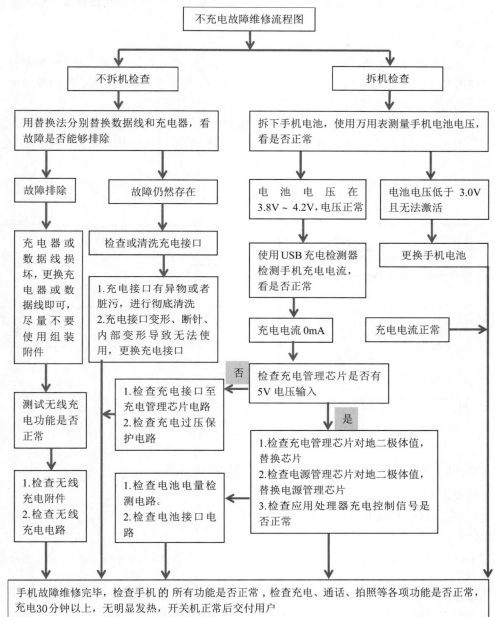

8.5.2　电源管理电路故障维修案例

1．iPhone 7 Plus 不开机故障维修

故障现象：

一同行送来一台iPhone 7 Plus手机，称客户送修时不开机，且手机是摔过以后出现的不开机问题。

故障分析：

因为手机摔过，且存在不开机问题，应该是主板供电存在短路或者开路问题，应该重点检查电源供电部分。

故障维修：

拆机加电，发现主板短路，用万用表测量发现PP1V8_SDRAM供电短路。对于短路故障，在维修中一般使用"松香烟法"，就是在主板上熏一层松香烟，然后手机加电开机，这时候漏电的地方由于发热就会把松香烟融化掉，根据融化的部位就可以判断故障范围了。

发现电源管理芯片和应用处理器上层缓存上面的松香烟都融化了，测量应用处理器上层缓存的供电PP1V1_SDRAM，发现该路电压没有出现短路问题。故障应该是电源管理芯片问题，更换后，开机一切正常。

供电电路原理图如图 8-39 所示。

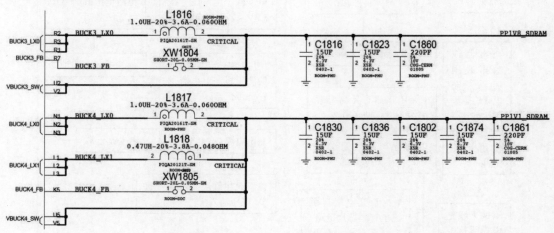

图 8-39　供电电路原理图

2．iPhone 7 手机不开机、电流在 30~50mA 故障维修

故障现象：

一客户送修一台iPhone 7 手机，称手机轻微摔过后出现不开机问题。

故障分析：

因为手机摔过，且存在不开机问题，应该是主板供电存在短路或开路问题，应该重点检查电源供电部分。

故障维修：

手机加电，开机电流在 30~50mA，分析认为可能电源电路输出有问题，使用数字万用表的电压档分别测量各路输出电压，当测到PP1V25_BUCK时，发现该处电压不正常，进一步检查发现电感L1804 虚焊，重新补焊后开机正常。

电感L1804 原理图如图 8-40 所示。

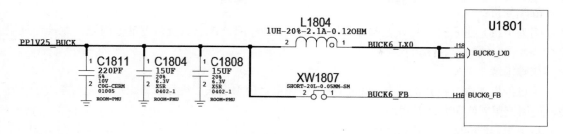

图 8-40　电感 L1804 原理图

3. iPhone 7 手机不开机故障维修

故障现象：

一维修同行送来一台 iPhone 7 手机，称客户送修时说手机摔过，看电流以为是典型的应用处理器上层开路电流，但是处理完上层以后，故障依旧。

故障分析：

因为手机摔过，且存在不开机问题，同行已经处理完应用处理器上层了，故障也没有进一步扩大，说明仍然没有找到原始故障点。

进一步分析认为，应该重点检查供电部分问题。

故障维修：

把应用处理器上层重新处理以后开机，发现开机电流在 50~80mA 和 -50~0mA 之间来回摆动，检查电源管理芯片输出各路供电，发现 PP1V1_SDRAM 供电不正常，该处电压输出为 0V。

PP1V1_SDRAM 供电为应用处理器主要供电之一，如果该电压不正常则会造成开机不正常。测量发现 L1817 开路，更换后手机开机正常。

L1817 电路原理图如图 8-41 所示。

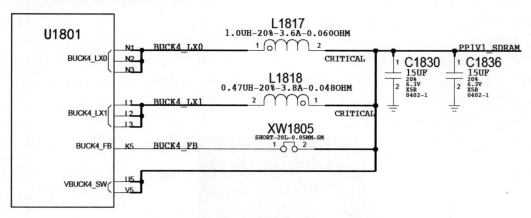

图 8-41　L1817 电路原理图

4. iPhone 7 手机不开机故障维修

故障现象：

一维修同行送来一台 iPhone 7 手机，送修时为不开机，开机电流 300mA，客户称有过轻微进水。

故障分析：

因为手机是进水机，且存在漏电问题，分析认为，应该重点检查供电部分问题，尤其是重点检查是否有腐蚀的元器件。

故障维修：

手机拆机加电，按开机键有 300mA 漏电，使用"松香烟法"进行维修，后发现电容C3002 发烫，使用万用表测量发现其短路。

拆下电容C3002 后，开机功能一切正常。

C3002 原理图如图 8-42 所示。

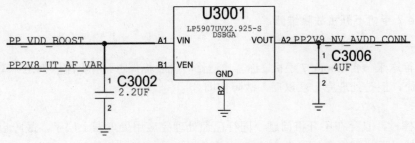

图 8-42　C3002 原理图

5．华为荣耀 9X 手机不开机故障维修

故障现象：

一维修同行送来一台华为荣耀 9X手机，称客户送修时为不开机，客户称轻微进水，没有维修过。

故障分析：

因为手机是进水机，且存在不开机问题，分析认为，应该重点检查供电部分问题，尤其是重点检查电源管理芯片及周围元件。

故障维修：

将手机加电后，按开机键分别测量输出电压，发现C1101 上没有电压，该电压为VBAT_SYS 电压，是系统供电电压。检查电源管理芯片U1001 周围有轻微进水痕迹，将电源管理芯片U1001 拆下来重新植锡后，开机测量输出电压正常，手机正常开机。

电源管理芯片U1001 位置如图 8-43 所示。

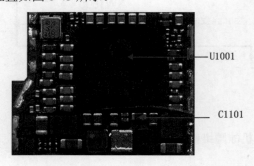

图 8-43　电源管理芯片 U1001 位置

6. 华为 Mate 9 手机不开机、不充电故障维修

故障现象：

客户送修一部华为Mate 9 手机，说手机不开机，之前有轻微进水，晾干后仍然无法正常使用。

故障分析：

插上充电器充电，利用USB电流检测器检测发现充电电流只有 90mA。刚开始以为是电池问题，重新扣一下电池，手机开机了。但是重启或者关机再开机，手机还是不开机，插上数据线连接电脑后，发现电脑识别到手机但无驱动，应该是手机进入BOOT模式。

故障维修：

拆机检查手机主板，找到BOOT模式短接点，发现附近有水渍痕迹，清理干净后仍然不正常，测量TS3007测试点对地阻值为 0 欧姆，拆除TVS管D3001 后，手机开机正常。

分析认为是D3001 进水后击穿，造成手机进入BOOT模式，引起手机不开机、不充电故障。

TVS管D3001 位置图如图 8-44 所示。

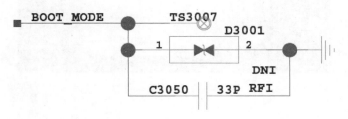

图 8-44　TVS 管 D3001 位置图

7. 华为 P30 Pro 手机不充电故障维修

故障现象：

客户送修一部华为P30 Pro手机，据客户描述，一直正常使用，最近突然出现不充电问题。

故障分析：

插上充电器充电，利用USB电流检测器检测发现充电电流为 0mA。更换充电器和数据线以后仍然不正常，分析故障出现在主板充电电路及电池电路上。

故障维修：

拆机后，首先更换手机电池再次测试仍然不能正常充电，测量充电电压，发现LB1601 一段有充电电压，另一端没有充电电压，短接LB1601 后，充电正常。

LB1601 位置如图 8-45 所示。

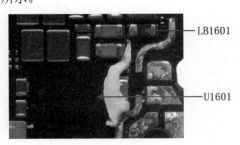

图 8-45　LB1601 位置

8. 华为 nova 4 手机不开机故障维修

故障现象：

客户送修一部华为nova 4 手机，一直正常使用，手机摔过一次后出现不开机问题。

故障分析：

插上充电器充电，手机能显示充电，分析原因可能是开机触发电路工作不正常造成无法开机问题。

故障维修：

拆机后检查开机按键正常，检查触点J2902 时，发现其焊盘脱焊，将焊盘刮开，从主板进行飞线，然后将触点重新固定后，开机测试功能正常。

J2902 触点位置如图 8-46 所示。

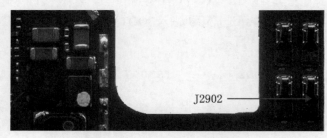

图 8-46　J2902 触点位置

第9章

智能手机音频电路故障维修

在智能手机中，音频电路主要包括音频处理器电路、音频编解码电路、音频放大电路等，这些电路共同完成手机音频信号的处理。

本章主要讲解声音的基本概念和数字化、麦克风降噪技术、音频处理器电路的工作原理以及故障维修方法与案例等内容。

第1节　音频电路基础　▶

本节主要讲解音频电路的基本概念、声音的数字化、音视频编解码器、屏幕发声技术、麦克风降噪技术等基本知识。

9.1.1　声音的基本概念

声音是通过一定介质传播的连续的波，称为声波，如图9-1所示。

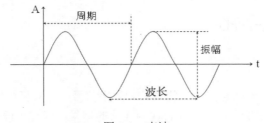

图9-1　声波

1. 声波的指标

（1）振幅

表示质点离开平衡位置的距离，反映从波形的波峰到波谷的压力变化，以及波所携带的能量的多少。高振幅波形的声音较大，低振幅波形的声音较安静。

（2）周期

指描述单一、重复的压力变化序列。从零压力到高压，再到低压，最后恢复为零，这一时间的持续视为一个周期。如波峰到下一个波峰，波谷到下一个波谷均为一个周期。

（3）频率

声波的频率是指波列中质点在单位时间内振动的次数。以赫兹（Hz）为单位测量，描述每秒周期数。例如，1000Hz波形每秒有1000个周期。频率越高，声音的音调越高。

（4）相位

表示周期中的波形位置，以度为单位测量，共360°。零度为起点，随后90°为高压点，180°为中间点，270°为低压点，360°为终点。相位也可以弧度为单位。弧度是角的国际单位，符号为rad。

（5）波长

表示具有相同相位度的两个点之间的距离，也是波在一个时间周期内传播的距离。以英寸或厘米等长度单位测量。波长随频率的增加而减少。

2．声音的频率分类

声音按频率分类可分为二次声波、可听声波和超声波三种，如图9-2所示。

图9-2　声音的频率

语音信号的频率范围为：300Hz~3kHz，声音的传播携带了信息，它是人类传播信息的一种主要媒体。

3．声音的三种类型

（1）波形声音：包含了所有声音形式。

（2）语音：不仅是波形声音，而且还有丰富的语言内涵（抽象→提取特征→意义理解）。

（3）音乐：与语音相比，形式更规范，音乐是符号化的声音。

9.1.2　声音的数字化

1．声音信号的类型

声音信号主要由模拟信号（自然界、物理）和数字信号（计算机）组成。

模拟信号是指信息参数在给定范围内表现为连续的信号，或在一段连续的时间间隔内，其代表信息的特征量可以在任意瞬间呈现为任意数值的信号。

数字信号指自变量是离散的、因变量也是离散的信号，这种信号的自变量用整数表示，因变量用有限数字中的一个数字来表示。

在计算机中，数字信号的大小常用有限位的二进制数表示，由于数字信号是用两种物理状态来表示0和1的，故其抵抗材料本身干扰和环境干扰的能力都比模拟信号强很多。在现代技术的信号处理中，数字信号发挥的作用越来越大，几乎复杂的信号处理都离不开数字信号，或者说只要能把解决问题的方法用数学公式表示，就能用计算机来处理代表物理量的数字信号。

2．声音的数字化过程

声音的数字化过程是指，在时间和幅度上都连续的模拟声音信号，经过采样、量化和编码后，得到的用离散的数字表示的数字信号。

（1）采样

采样是指在某些特定的时刻对模拟信号进行测量，对模拟信号在时间上进行量化。具体方法是：每隔相等或不相等的一小段时间采样一次。相隔时间相等的采样为均匀采样，相隔时间不相等的采样为不均匀采样。均匀采样又称为线性采样，不均匀采样又称为非线性采样。

（2）量化

量化就是对信号的强度加以划分，指对模拟信号在幅度上进行量化。具体方法是：将整个强度分成许多小段。如果分成小段的幅度相等称为线性量化，分成的小段不相等称为非线性量化。

声音信号的采样、量化和编码，如图9-3所示。

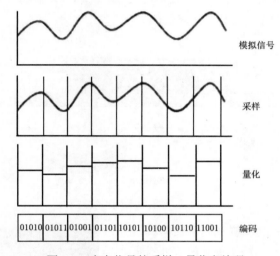

图 9-3　声音信号的采样、量化和编码

（3）编码

编码是指将量化后的声音的整数值用二进制数来表示。若分成 123 级，量化值为 0～127，每个样本用 7 个二进制位来编码。若分成 32 级，则每个样本只需用 5 个二进制位来编码。

采样频率越高，量化数越多，数字化的信号越能逼近原来的模拟信号，而编码用的二进制位数也就越多。

9.1.3　编解码器（CODEC）

编解码器（CODEC）指的是数字通信中具有编码、译码功能的器件。CODEC是支持视频和音频压缩（CO）与解压缩（DEC）的编解码器或软件。CODEC技术能有效减少数字存储占用的空间，在计算机系统中，使用硬件完成CODEC可以节省应用处理器的资源，提高系统的运行效率。

CODEC是分别取Coder和Decoder前两个字母组合而成的，音频压缩技术指对原始数字音频信号流（PCM编码）运用适当的数字信号处理技术，在不损失有用信息量或所引入损失可忽略的条件下，降低（压缩）其码率，称为压缩编码。

9.1.4 屏幕发声技术

自全面屏普及以来，越来越多的全面屏手机开始采用屏幕发声技术，这是一种新的技术，下面我们对不同的屏幕发声技术来进行分析。

1. 悬臂压电陶瓷声学技术

悬臂压电陶瓷声学技术的原理比较简单，在手机中使用了压电陶瓷片，当电话接通时，驱动单元将电信号直接转化为机械能，通过微震点击的方式带动整机的中框共振，将声音传递至耳朵。即使在嘈杂的环境中，仍然可以保持清晰的听音效果。

悬臂压电陶瓷声学技术原理如图9-4所示。

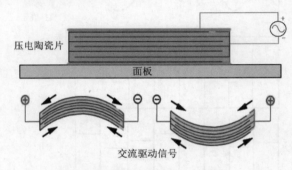

图 9-4 悬臂压电陶瓷声学技术

小米MIX手机采用了悬臂梁式压电陶瓷模块，用于把声音信号转换为电信号，然后再转换为机械能，机械能推动中框发出声音。举个最简单的例子：敲碗的时候，发出声音就类似悬臂压电陶瓷声学技术发出的声音。

悬臂梁式压电陶瓷模块如图9-5所示。

2. 屏幕激励器声学技术

屏幕激励器也可以叫作线性振动器，其原理跟线性马达接近，是利用电场跟磁场交互作用而产生力场。

图 9-5 悬臂梁式压电陶瓷模块

将震动机械能直接传输到屏幕，让屏幕代替传统扬声器振膜即可。

屏幕激励器声学技术原理如图9-6所示。

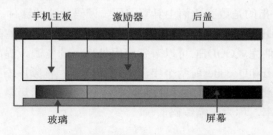

图 9-6 屏幕激励器声学技术原理

我们可以看到，音频激励器被紧紧地固定在屏幕上，音频激励器通过磁铁与线圈的电磁感应原理将电能转化为机械能，并带动屏幕震动（原理与传统动圈式扬声器类似，不过震动单元换成了屏幕）。

华为P30 Pro手机的屏幕发声技术就采用了屏幕激励器声学技术原理，我们可以清楚地看到华为P30 Pro的震动单元上的线圈，这与动圈式扬声器的驱动原理相同。当震动由屏幕向外界传播的时候，声音就有了一定的指向性，虽然私密性仍然很难达到传统扬声器的效果，但相比之前整个手机中框都在发声还是有了不少的提升。

屏幕激励器模块如图 9-7 所示。

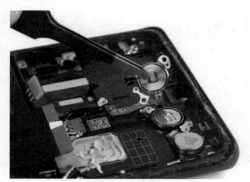

图 9-7　屏幕激励器模块

9.1.5　麦克风降噪技术

目前在手机中使用的麦克风降噪技术采用了双麦克风降噪，双麦克降噪的作用就是降低环境噪音，比如在一个非常吵杂的街道打电话，配备双降噪麦克风的手机，可以将环境噪音降低到最小，这样即便是旁边的人听不清楚你在说什么，但电话另一头的接听者却可以清晰地听到你说话，这是双麦克风降噪的效果。

配备双麦克风降噪的手机一般是在机身顶部和底部各配备一个麦克风，从机身顶部和底部都会看到有一个小孔，这个小孔就是麦克风孔。

双麦克风手机如图 9-8 所示。

图 9-8　双麦克风手机

双麦克风降噪的原理说起来其实很简单，就是两个话筒离你嘴巴一个远一个近，离嘴巴近的收集的人声多一些，离嘴巴远的收集的噪音多一些。这两个麦克风收集到的人声一般会有 6dB 左右的音量差，而手机处理器利用这两个麦克风收集到的不同声音进行处理，会自动产生与噪音相反的声波，用来主动抵消噪音。

说起来简单，但要做到极致降噪，技术难度还是比较大的。因为手机体积的缘故，降噪麦克和主麦克不可能离得太远，在滤除噪音的同时，也有可能把有用的声音过滤掉。所以，在硬件上和过滤软件算法上，还是很讲究的。比如，麦克的频率带宽响应就很重要。软件上也有很多的技巧，尽可能留下有用的音频信号，去掉环境噪音。

第 2 节　音频处理器电路工作原理

本节主要介绍音频处理电路的麦克风电路、听筒/扬声器二合一电路、耳机接口电路以及相关技术和原理。

9.2.1　麦克风（MIC）电路

麦克风的工作原理是将空气中的变动压力波转化成变动电信号，目前在智能手机中使用的麦克风有模拟麦克风（驻极体麦克风）和数字麦克风（MEMS麦克风）两种。

1. 模拟麦克风电路

在手机的模拟麦克风中一般使用驻极体麦克风。什么叫驻极体？大家知道，一些磁性材料像铁、镍、钴等合金在外磁场的作用下会被磁化，这时即使外磁场消失，材料仍带有磁性。同样人们发现，某些电介质当受了很高的外电场作用之后，即使除去了外电场，但电介质表面仍保持正和负的表面电荷，人们把这种特性称为电介质的驻极体现象，而把这种电介质称为驻极体。

驻极体麦克风的基本结构是由一片单面涂有金属的驻极体薄膜与一个上面有若干小孔的金属电极（又称为背电极）构成。驻极体面与背电极相对，中间有一个极小的空气隙，形成一个以空气隙和驻极体作绝缘介质，以背电极和驻极体上的金属层作为两个电极构成一个平板电容器，电容的两极之间有输出电极。由于驻极体薄膜上分布有自由电荷，当声波引起驻极体薄膜振动而产生位移时，改变了电容两极板之间的距离，从而引起电容的容量发生变化，由于驻极体上的电荷数始终保持恒定，根据公式：$Q=CU$，所以当C变化时必然引起电容器两端电压U的变化，从而输出电信号，实现声—电的变换。

驻极体麦克风内部结构如图 9-9 所示。

由于实际电容器的电容量很小，输出的电信号极为微弱，输出阻抗极高，可达数百兆欧以上。因此，它不能直接与放大电路相连接，必须连接阻抗变换器。通常用一个专用的场效应管和一个二极管复合组成阻抗变换器。

驻极体麦克风有两根信号引线，分别是输出和接地。麦克风通过输出引脚上的直流

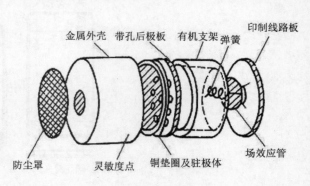

图 9-9　驻极体麦克风的内部结构

偏置实现偏置。这种偏置通常通过偏置电阻提供，而且

麦克风输出和前置放大器输入之间的信号会经过交流耦合。

驻极体麦克风电路如图 9-10 所示。

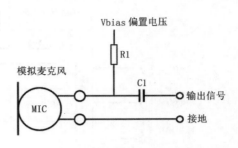

图 9-10　驻极体麦克风电路

2．数字麦克风电路

在中高端智能手机中采用了数字麦克风，传统的驻极体电容式麦克风输出的是模拟电信号，极易受到空间中电磁波的干扰，而数字麦克风是在传统驻极体电容式麦克风的基础上，将模数转换（ADC）放入麦克风内部，输出数字电信号，大大提高了抗电磁波干扰的能力。有些智能手机采用基于微机电系统（MEMS，Micro-Electro-Mechanical System）制造数字麦克风。

驻极体材料是可以永久性储存电荷的绝缘材料，附有驻极体材料的极板，与振膜、垫片一起构成一个平板电容器。当输入声信号时，声波推动膜片震动，导致平板电容器两极有效距离发生变化，电容器的容值变化，在驻极体材料储存电荷量不变的前提下，电容器的输出电压变化，形成模拟电信号，从而完成声信号到模拟电信号的转变。

平板电容器输出的模拟电信号进入数字放大器中，先将模拟信号放大，然后进行模数转换后，最终输出数字信号。也就是说，数字驻极体电容式麦克风的输出信号为数字电信号。

数字麦克风工作原理如图 9-11 所示。

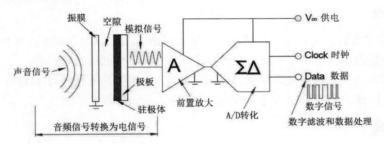

图 9-11　数字麦克风工作原理

数字麦克风外形如图 9-12 所示。

图 9-12　数字麦克风外形

9.2.2　音频信号路径

音频信号路径框图如图 9-13 所示。

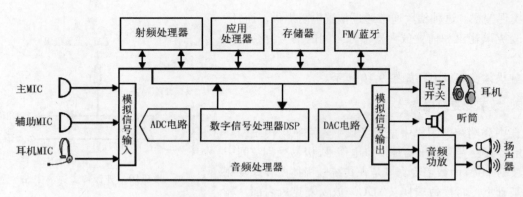

图 9-13　音频信号路径框图

1. 播放音乐路径

在应用处理器的控制下，程序从存储器中调取音乐信号，经数字信号处理器（DSP）处理后，经数模转换器电路（DAC），模拟信号输出送至耳机或经音频功放放大以后经扬声器输出。

2. 录音路径

音频信号从耳机麦克风或主麦克风输入后，经过模数转换器电路（ADC），送至数字信号处理器（DSP）处理，然后在应用处理器的控制下，将录音信号存储在存储器内。

3. 电话路径

声音信号从主麦克风输入后，经过模数转换器电路（ADC）送至数字信号处理器（DSP）处理，然后在应用处理器的控制下，将语音信号经射频处理器调制后发射出去。

接收的射频信号经过射频处理器解调出基带信号，在数字信号处理器（DSP）处理后，经过数模转换器电路（DAC）将语音信号送至听筒，免提声音经过音频功放放大后，从扬声器发出声音。

4. 蓝牙路径

蓝牙麦克风信号经过蓝牙与蓝牙模块进行通信，蓝牙模块将麦克风信号送至数字信号处理器（DSP）处理，然后在应用处理器的控制下，将语音信号经射频处理器调制后发射出去。

接收的射频信号经过射频处理器解调出基带信号，在数字信号处理器（DSP）处理后，将接收的语音信号经蓝牙模块送至蓝牙耳机听筒部分，发出声音。

9.2.3　听筒/扬声器二合一技术

随着智能手机的厚度越来越薄，手机内部的空间也越来越小，在保证音乐品质的前提下，听筒/扬声器二合一技术成了超薄手机的首选。在部分iPhone手机、华为手机中均采用了听筒/扬声器二合一技术。

通过技术手段，将D类音频功率放大器、AB听筒音频功放及高压模拟开关集成在芯片上。听筒的音频信号送入芯片内部，在控制信号的控制下，经过AB类放大器放大，驱动听筒/扬声器二合一器件发出声音；音乐信号送入芯片内部，在控制信号的控制下，经过D类放大器放大，驱动听筒

/扬声器二合一器件发出声音。

听筒/扬声器二合一电路如图 9-14 所示。

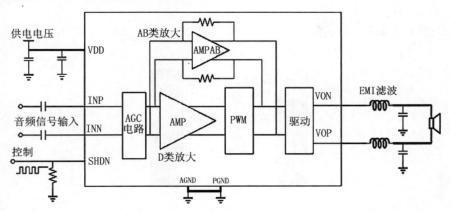

图 9-14　听筒/扬声器二合一电路

9.2.4　耳机接口电路

1．耳机分类和标准

（1）三段式和四段式耳机

现在许多设备的耳机接口都采用 3.5mm 的耳机接口，其中智能手机就是其中一个，手机可以兼容三段式和四段式耳机。三段式和四段式耳机单从外观上就比较好区分，三段式耳机的接头由绝缘环分为三段，从接头头部开始依次对应左声道—右声道—接地；四段式耳机接头由绝缘环分为四段。

耳机分类如图 9-15 所示。

三段式耳机　　　　四段式耳机

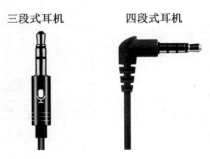

图 9-15　耳机分类

三段式耳机和四段式耳机的区别在于，四段式耳机相对于三段式耳机多了麦克风功能，三段式耳机仅能输出声音，而四段式耳机除了声音的输出外，同时还可以录入声音，用在手机中可以直接用耳机麦克风通电话、录音等。

（2）四段式耳机标准

四段式耳机从外观上看基本上都一样，其实不然，根据接头上麦克风的位置不同分为欧标和美标，欧标又称为欧洲标准（OMTP标准，开放移动终端平台标准，我国也采用该标准），美标又称为国际标准（CTIA标准：移动通信行业协会标准）。美标耳机与欧标耳机从插座头部开始每一段对应的通道不一样。

四段式耳机标准如图9-16所示。

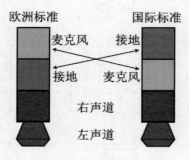

图9-16　四段式耳机标准

在实际中要确认一个四段式耳机是欧标还是美标，一般通过万用表测量左/右声道与第三段/第四段之间的阻抗来确认，除了测量阻抗来确定耳机标准外，还可以通过判断耳机接口上绝缘体的颜色来确认，欧标耳机与美标耳机通常情况下绝缘体颜色是不同的，美标为白色，欧标为黑色。绝缘体颜色非行业或国家标准，不能作为绝对的判断依据，不排除有特殊情况，所以最好的判断方式是用万用表测耳机阻抗。

如果把美标的耳机接到欧标的接口上，就会出现音乐输出只有背景声的情况，按住麦克风上的通话键才正常出现声音。如果欧标的耳机接到美标的接口上，就会出现地线接触不良，耳机输出音量很小，按住麦克风上的通话键才正常出现声音的现象。

2．耳机座的标准

耳机座标准分为NC（常开，NORMAL OPEN）和NO（常闭，NORMAL CLOSE）两种，下面以美标耳机为例进行讲述。

耳机座标准如图9-17所示。

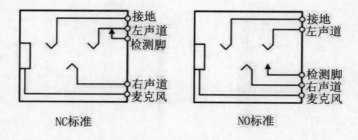

图9-17　耳机座标准

无论是NC还是NO标准，MIC、GND（接地）、R（右声道）、L（左声道）4个触点线路均一致，不一致的地方为HS-DET，全称为Headset-Detective，是用以检测耳机是否插入的触点。

以NC为例，在耳机未插入的情况下，HS-DET和L是连接在一起的，为接地低电压。当耳机插入时，HS-DET会和L分离开来，HS-DET不再接地，突变为高电压。当电路检测到该电压突变的时候，就会认为耳机已经插入，从而进入下一步操作。拔出耳机时，HS-DET高电压突变为低电压，则识别为耳机拔出。

NO和NC相反，HS-DET在耳机未插入时为高电压，在耳机插入后为低电压。

第 3 节　华为 nove 5 手机音频处理器电路原理分析

在智能手机中，音频处理器电路需要处理的信号有来自射频处理器解调的音频信号、通过USB接口接入的外部音频信号、TF卡内存储的音频信号、来自FM/蓝牙的音频信号等。本节我们以华为nova 5 手机为例，介绍音频处理器电路的工作原理。

9.3.1　音频处理器电路

1. 音频处理器电路框图

华为nova 5 手机没有使用单独的音频处理器，是将音频处理器集成在应用处理器内部，外部使用了音频功率放大器和音频电子开关。

音频处理器电路框图如图 9-18 所示。

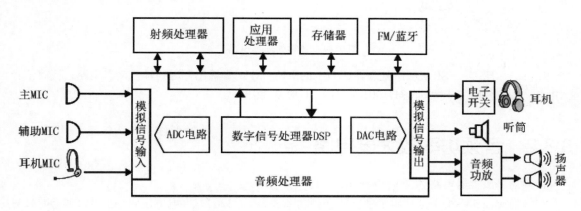

图 9-18　音频处理器电路框图

2. 音频处理器电路原理分析

音频处理器电路如图 9-19 所示。

应用处理器内部音频处理器部分的供电电压VOUT34_3V45 送到应用处理器U1001 的U14、T18脚；供电电压VOUT18_1V8 送到U100 的V13 脚；供电电压VBUCK3_1V95 送到U1001 的N18、P18脚。

主麦克风（MIC）信号MAIMIC_P、MAIMIC_N送到应用处理器U1001 的R13、R14 脚；辅助麦克风（MIC）信号AUXMIC_P、AUXMIC_N送到U1001 的P14、N14 脚；耳机麦克风（MIC）信号HSMIC_P、HSMIC_N送到U1001 的V15、V16 脚。

来自应用处理器射频部分的音频编解码信号SIF_CLK、SIF_SYNC、SIF_DI_0、SIF_DI_1、SIF_DO_0、SIF_DO_1 送到应用处理器音频部分的M10、N11、N8、M9、N10、N9 脚。

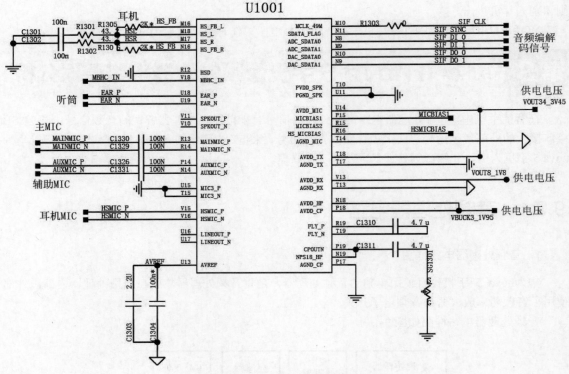

图 9-19　音频处理器电路

耳机信号HSL、HSR从应用处理器U1001 的M18、M17 脚输出，送到耳机接口电路；听筒信号 EAR_R、EAR_N从应用处理器U1001 的U18、U19 脚输出。

9.3.2　音频功率放大器电路

音频功率放大器电路如图 9-20 所示。

在华为nova 5 手机中，使用了独立的音频功率放大器U3203，供电电压VBAT_SYS送到U3203 的E1、E2、E3 脚；供电电压VOUT18_1V8 送到U3203 的B6 脚。

复位信号GPIO_036_SMTPA_RST_N送到U3203 的A1 脚，时钟信号SMTPA_I2S1_CLK送到 U3203 的A2 脚，音频同步信号SMTPA_I2S1_SYNC送到U3203 的A3 脚，I^2C总线I2C3_SCL、 I2C3_SDA分别送到U3203 的A4、A5 脚，中断信号GPIO_237_SMTPA_INT_N送到U3203 的B5 脚。

音乐信号、免提音频信号通过I2S总线SMTPA_I2S1_MISO、SMTPA_I2S1_MOSI送到U3203 的B1、B2 脚，经过音频功率放大后的信号从U3203 的E5、E6 脚输出，推动扬声器发出声音。

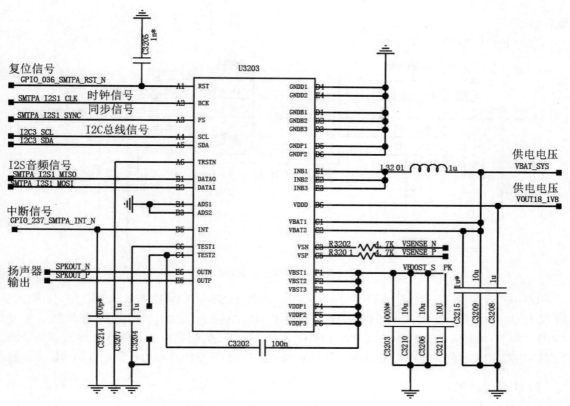

图 9-20　音频功率放大器电路

9.3.3　耳机电路

1. 音频电子开关电路

音频电子开关电路框图如图 9-21 所示。

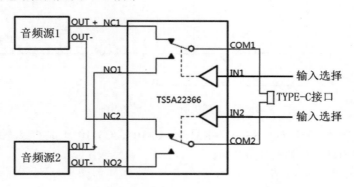

图 9-21　音频电子开关电路框图

在耳机电路中，使用了一个单刀双掷的模拟开关，用来切换输入的耳机音源信号，可以输入两组音源信号，经模拟开关切换后输出，经Type-C接口与外部设备连接。输入信号的选择受应用处理器控制。

音频电子开关电路如图 9-22 所示。

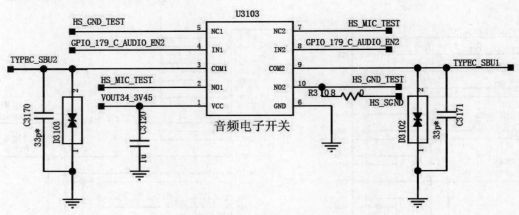

图 9-22 音频电子开关电路

U3103 是一个单刀双掷的模拟开关，5 脚HS_GND_TEST和 7 脚HS_MIC_TEST是一组输入音频信号源；2 脚HS_MIC_TEST 和 10 脚HS_GND_TEST 是一组输入音频信号源，4 脚GPIO_179_C_AUDIO_EN2 和 8 脚GPIO_179_C_AUDIO_EN2 为控制信号，控制输入的音频信号源，3 脚TYPEC_SBU2 和 9 脚TYPEC_SBU1 连接Type-C接口，与外部的音频信号源进行音频数据传输。

2. 耳机滤波电路

耳机听筒信号滤波电路如图 9-23 所示。

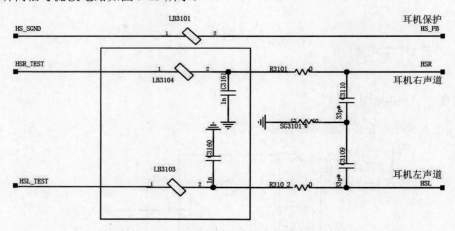

图 9-23 耳机听筒信号滤波电路

耳机左右声道听筒信号经过由R3101、R3102、C3109、C3110 组成的滤波网络经过LB3103、LB3104、Type-C接口送至外部的耳机听筒。

耳机麦克风电路如图 9-24 所示。

耳机麦克风信号由外部的耳机经Type-C接口输入后，经过R3104、C3101、C3105、C3124、C3125组成的滤波网络送入到应用处理器内部的音频处理器电路。

麦克风偏压信号经过R3103 送到MIC正极，为MIC提供偏置电压，偏置电压一般为1~1.8V左右。

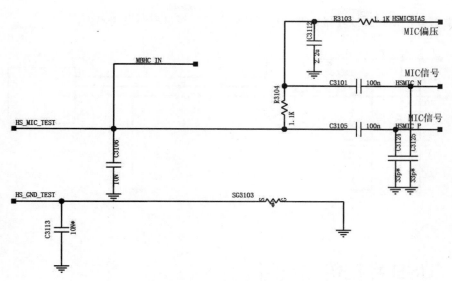

图 9-24　麦克风（MIC）电路

9.3.4　听筒电路

听筒电路如图 9-25 所示。

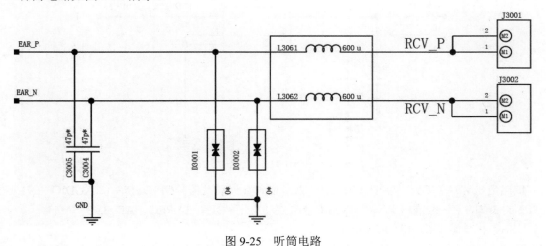

图 9-25　听筒电路

听筒信号从应用处理器内部音频处理器部分输出后经过由L3061、L3062 组成的EMI滤波器电路再经过J3001，送到听筒，就可以听到声音了。

9.3.5　麦克风（MIC）电路

麦克风电路如图 9-26 所示。

麦克风信号经过接口MIC3001、LB3001、LB3002 将麦克风（MIC）信号送到应用处理器内部音频处理器部分，在音频处理器内部经过调制处理后，经过天线发送出去。

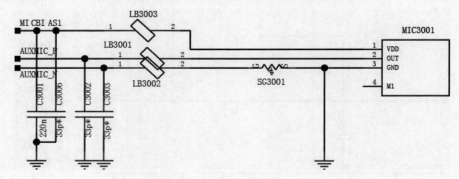

图 9-26　麦克风（MIC）电路

9.3.6　USB 数据传输电路

在 USB Type-C的标准中规定了音频配件模式。当CC1 和CC2 都为低电平时，就会进入音频配件模式，可以看出D-和D+被用作输出耳机左右声道的模拟信号，SBU1 和SBU2 被用于麦克风和耳机的地。

USB数据传输驱动信号如图 9-27 所示。

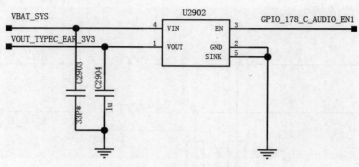

图 9-27　USB 数据传输驱动信号

供电电压VBAT_SYS送到U2902 的 4 脚，音频数据启动信号GPIO_178_C_AUDIO_EN1 送到U2902 的 3 脚，U2902 的 1 脚输出Type-C音频启动电压VOUT_TYPEC_EAR_3V3。

USB数据传输电路如图 9-28 所示。

音频启动电压VOUT_TYPEC_EAR_3V3 分别送到Q2903 的 G极、Q2902 的 G极。Q2902、Q2903导通，两路耳机信号HSR_TEST经D-和D+连接到外部的耳机设备。

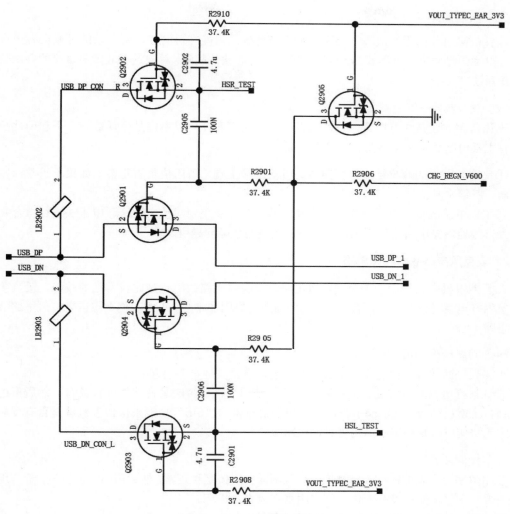

图 9-28　USB 数据传输电路

　音频电路故障维修思路与案例

在智能手机中，音频电路故障主要表现为听筒无声、无送话、免提无声、耳机无声等故障，有些音频电路的元器件还会因为短路、漏电等问题造成大电流、不开机等故障。

9.4.1　音频电路故障维修思路

1. 扬声器及听筒无声故障维修思路

扬声器及听筒无声故障是智能手机维修中一种比较常见的故障，引起这种故障的原因很多，大体可分为以下几种。

（1）软件故障

软件故障引起的无声故障主要表现为系统问题，可能在玩游戏、听音乐的时候会有声音，但是拨打电话的时候声音就不正常，这种情况可以考虑软件故障，解决这种故障最直接的办法就是升级操作系统。

（2）硬件故障

无论玩游戏还是拨打电话，扬声器及听筒均无声音，可以考虑是硬件故障，引起硬件故障的原因有主板电路故障及扬声器、听筒本身损坏。

①使用万用表的蜂鸣档测量扬声器、听筒的输出端，看阻值是否正常；如果不正常，则考虑扬声器、听筒本身损坏。

②主板电路故障，对于此类问题引起的故障，主要采用对地电阻法、电压法进行综合判断，一般为音频处理器电路工作不正常、音频放大电路故障问题引起。

2．麦克风电路故障维修思路

在智能手机中，使用了多个麦克风电路，麦克风电路故障也是比较常见的故障，最直接的故障现象为打电话对方听不到声音，造成这种问题的原因非常多，下面我们重点讲麦克风电路故障的维修思路。

（1）判断故障范围

首先要判断故障是由麦克风本身问题引起，还是其他电路引起。

尝试拨打电话看对方是否能够听到声音；使用手机自带的录音软件进行录音，然后再进行回放看是否正常；如果是iPhone手机，可使用手机自带的"Siri"功能来操作手机看是否有反应，如果确定无法使用，则确定故障为麦克风电路故障。

（2）检测麦克风

使用数字万用表的R×1K档测量麦克风两端的阻值是否正常，然后用力吹麦克风，看万用表的阻值是否有变化，如果没有变化，则说明麦克风本身损坏。

在实际维修中，直接更换麦克风组件是最简单的办法。

（3）检查主板故障

更换麦克风以后还是出现无受话不正常问题，则考虑主板问题，主要测量麦克风信号通路元器件是否有开路及短路问题出现；音频输入信号电路工作是否正常，检查或更换音频处理器芯片。

3．耳机电路故障维修思路

（1）确认故障范围

在维修耳机电路故障的时候，首先要确认故障范围，使用一个能够正常工作的耳机，插入故障手机的耳机接口，看是否会有声音，如果声音正常，则说明耳机本身问题造成的故障。如果不是则需要检查耳机接口及主板电路。

（2）检查耳机接口电路

由于耳机接口暴露在外，再加上防护不当，可能出现进水、进入灰尘等问题；使用不当会造成耳机接口松动、脱焊等问题。

检查耳机接口是否松动、进灰尘等问题，或者直接更换耳机组件进行测试，如果故障排除，则说明问题是耳机接口部分引起。

（3）检查主板故障

排除以上问题以后，可以断定为主板故障，就要对主板进行维修，维修主板故障主要检查如下项目：耳机电路是否有进水腐蚀痕迹，耳机供电电路是否正常，耳机检测信号是否正常等。

有些手机没有单独的耳机接口，如果有线耳机无法使用，则要检查耳机转换线、尾插接口等部件。

相信通过以上维修思路，可以基本排除音频处理器电路故障了。

4. 音频故障维修流程图

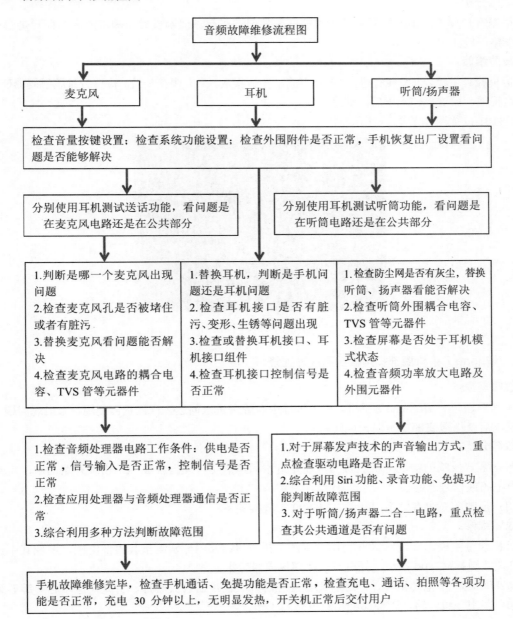

9.4.2　音频电路故障维修案例

1. iPhone 7 手机播放音乐声音卡顿故障维修

故障现象：

一客户送修一部iPhone 7 手机，正常使用，无进水、摔过问题，突然出现播放音乐卡顿问题。

故障分析：

根据客户反映的情况分析，认为可能是软件问题引起，但刷机后问题未解决，怀疑是音频编解码电路问题。

故障维修：

拆机检查主板，未发现有进水、摔过迹象，主板很靓，未有焊接痕迹，检查音频编解码器U3101供电均正常，后更换U3101后，故障排除。

U3101 位置图如图 9-29 所示。

图 9-29　U3101 位置图

2. iPhone 7 手机底部扬声器无声故障维修

故障现象：

一客户送修一部iPhone 7 手机，使用过程中有轻微进水问题，一直正常使用，未出现问题，有一次充电后就出现底部扬声器无声问题。

故障分析：

根据客户反映的情况分析，认为可能是进水后造成主板元器件腐蚀，出现开路问题，重点检查供电电路或信号通路。

用户反映和充电有关系，怀疑与M2800 有直接关系。

故障维修：

拆机检查主板，发现M2800 周围有水渍，拆下M2800，分别测量其内部电感，发现其中一组电感开路，更换M2800 以后，开机测试底部扬声器工作正常。

M2800 是一个电感组件，内部有充电管理芯片、扬声器放大芯片、背光及显示芯片等五组电感，如果其中一组开路，则会影响相应电路的工作。

M2800 原理图如图 9-30 所示。

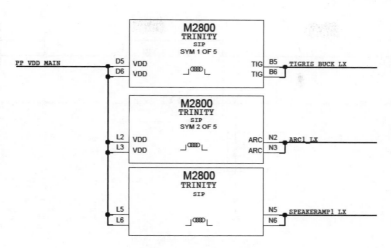

图 9-30　M2800 原理图

M2800 位置图如图 9-31 所示。

图 9-31　M2800 位置图

3．华为 nova 5 手机听筒无声故障维修

故障现象：

客户送修一部华为nova 5 手机，出现听筒无声现象，客户反映，使用耳机正常。

故障分析：

根据客户反映的情况分析，认为可能是听筒电路故障引起，重点对听筒、听筒电路进行检测。

故障维修：

拆机检查听筒，用一个好的听筒替换以后，故障没有排除。查找手机电路图纸分析，重点检查L3061、L3062、D3001、D3002 等元件，拆除D3002 后，故障排除。

听筒电路原理图如图 9-32 所示。

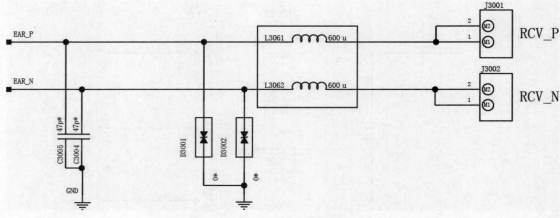

图 9-32　听筒电路原理图

4．华为荣耀 9X 手机不送话故障维修

故障现象：

客户送修一部华为荣耀 9X 手机，手机摔过一次后，出现不送话故障，使用耳机打电话时送话正常。

故障分析：

根据客户反映的情况分析，认为可能是麦克风电路故障引起，重点对主麦克风、麦克风电路进行检查。

故障维修：

为方便起见，首先使用功能良好的前壳组件来代换测试，测试后发现功能正常，说明问题不在前壳组件，也不是麦克风本身的问题，问题在主板上。

检查主板 PFC 接口 J3601，发现接口引脚有轻微错位问题，使用镊子拨正后仍然无法正常工作，更换接口 J3601 后，测试主麦克风功能正常。

接口 J3601 主板位置图如图 9-33 所示。

图 9-33　接口 J3601 主板位置

5．华为 Mate30 手机数字耳机听筒无声故障维修

故障现象：

客户送修一部华为 Mate30 手机，使用数字耳机无声，已经更换过耳机了，排除耳机故障。

故障分析：

根据客户反映的情况分析，认为可能是数字耳机电路故障引起，重点对数字耳机听筒电路进行检查。

故障维修：

分别测量TP4014/TP4015 二极体值均为 580，数值正常，测量J3601 的 24 脚、26 脚二极体值时，发现正反向二极体值均为无穷大，重新补焊J3601 后故障排除。

J3601 位置图如图 9-34 所示。

TP4014/TP4015二极体值均为580

J3601的24、26脚二极体值均为470

图 9-34　J3601 位置图

6．华为 Mate30 手机不送话故障维修

故障现象：

客户送修一部华为Mate30 手机，手机不送话，一直正常使用，没有进水、磕碰、摔过痕迹。

故障分析：

根据客户反映的情况分析，进行测试检查，发现是主麦克风不能送话，应该重点检查主麦克风电路。

故障维修：

代换主麦克风故障未排除，分别测量MICBIAS1、MIC1P、MIC1N等测试点二极体值，发现二极体均正常。

更换音频处理器U1701 后，故障排除。

音频处理器U1701 位置如图 9-35 所示。

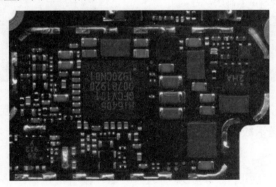

图 9-35　音频处理器 U1701 位置

7．华为 P30 手机扬声器无声故障维修

故障现象：

客户送修一部华为P30 手机，称手机扬声器无声，无法播放音乐，免提功能无法正常使用。

故障分析：

根据客户反映情况分析，应该重点检查扬声器及扬声器电路，看是否有元器件损坏、进水等问题。

故障维修：

首先替换扬声器，故障未能够排除，测试扬声器输出端对地二极体值均正常；测量J2901的1脚、4脚二极体值均正常。

J2901接口位置如图9-36所示。

图9-36　J2901接口位置

测量J2901接口48脚二极体值正常，测量C2529上有3.8V电压，后更换U2501后，扬声器声音正常。

U2501位置如图9-37所示。

图9-37　U2501位置

8. 华为P30手机不送话故障维修

故障现象：

客户送修一部华为P30手机，手机出现不送话故障，没有进水、磕碰痕迹。

故障分析：

根据客户反映的情况分析，应该重点检查麦克风及麦克风电路，看是否有元器件损坏、进水等问题。

故障维修：

测量接口J2901的22脚、24脚、26脚对地二极体值，发现阻值异常，检查外围未发现有进水迹象。更换接口 J2901 后故障排除。

　　接口 J2901 位置如图 9-38 所示。

图 9-38　接口 J2901 位置

第 10 章

智能手机显示、触摸电路故障维修

智能手机的显示、触摸电路主要由屏幕组件、显示屏电路、触摸屏电路、供电电路、控制电路、接口电路等组成，这部分电路的故障比较常见。

本章主要介绍智能手机的显示和触摸电路的基础知识、工作原理、维修方法与案例等内容。

第 1 节　显示、触摸电路基础知识　▶

本节主要介绍显示及触摸电路涉及的基础知识、电路原理及相关技术。

10.1.1　显示屏基础知识

按屏幕的材质来分，目前智能手机主流的屏幕可分为两大类，一种是LCD（Liquid Crystal Display的简称），即液晶显示器，例如TFT及SLCD屏幕；另一种是OLED（Organic Light-Emitting Diode的简称），即有机发光二极管，例如AMOLED系列屏幕。

1. LCD 显示屏

LCD是目前手机和计算机常用的一种显示器，它是一种采用了液晶控制透光度技术来实现色彩的显示器。

从LCD显示器的结构来看，其显示屏由两块平行玻璃板构成，厚约 1mm，其间由包含 5μm 液晶材料均匀间隔隔开。因为液晶材料本身并不发光，所以在显示屏两边都设有作为光源的灯管，而在LCD显示屏背面有一块背光板和反光膜，背光板是由荧光物质组成的，可以发射光线，其作用主要是提供均匀的背景光源。

背光板发出的光线在穿过第一层偏振过滤层之后进入包含成千上万液晶液滴的液晶层。液晶层中的液滴都被包含在细小的单元格结构中，一个或多个单元格构成屏幕上的一个像素。在玻璃板与液晶材料之间是透明的电极，电极分为行和列，在行与列的交叉点上，通过改变电压而改变液晶的旋光状态，液晶材料的作用类似于一个个小的光阀。在液晶材料周边是控制电路部分和驱动电路部分。当LCD中的电极产生电场时，液晶分子就会产生扭曲，从而将穿越其中的光线进行有规则的折射，然后经过第二层过滤层的过滤在屏幕上显示出来。

LCD显示屏的工作原理如图 10-1 所示。

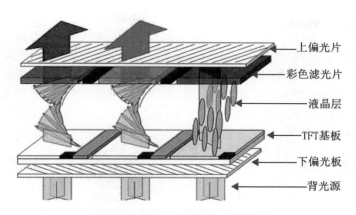

图 10-1　LCD 显示屏的工作原理

2．OLED 显示屏

OLED又称为有机电激光显示、有机发光半导体，是目前在高端智能手机中应用较多的一种显示屏。

OLED的基本结构是由一薄而透明具半导体特性的铟锡氧化物（ITO）与电源正极相连，再加上另一个金属阴极，包成如三明治的结构。整个结构层中包括了空穴传输层（HTL）、发光层（EL）与电子传输层（ETL）。当电源供应至适当电压时，正极空穴与阴极电荷就会在发光层中结合，产生光亮，依其配方不同产生红（R）、绿（G）和蓝（B）三原色，构成基本色彩。

OLED的特性是自己发光，不像TFT LCD需要背光，因此可视度和亮度均高，其次是电压需求低且省电效率高，加上反应快、重量轻、厚度薄，构造简单，成本低等，被视为 21 世纪最具前途的产品之一。

OLED显示屏的工作原理如图 10-2 所示。

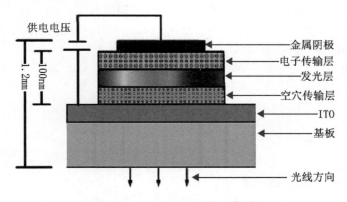

图 10-2　OLED 显示屏的工作原理

10.1.2　OLED 显示屏的分类

在智能手机及消费电子产品中使用最多的OLED分别是被动矩阵OLED和主动矩阵OLED，下面我们对这两种OLED的工作原理进行分析。

1. 被动矩阵 OLED（PMOLED）

被动矩阵OLED，也称PMOLED（Passive matrix OLED，被动矩阵有机发光二极管）具有阴极带、有机层及阳极带。阳极带与阴极带相互垂直，阴极与阳极的交叉点形成像素，也就是发光的部位。外部电路向选取的阴极带与阳极带施加电流，从而决定哪些像素发光，哪些不发光。此外，每个像素的亮度与施加电流的大小成正比。

被动矩阵OLED的结构如图 10-3 所示。

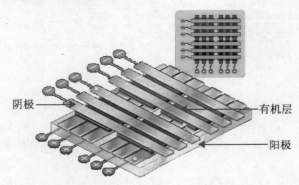

图 10-3 被动矩阵的 OLED 结构

PMOLED易于制造，但其耗电量大于其他类型的OLED，这主要是因为它需要外部电路的缘故。PMOLED用来显示文本和图标时效率最高，适于制作小屏幕（对角线 2~3in），在掌上电脑和MP3播放器上经常见到其应用。但即便存在外部电路，被动矩阵OLED的耗电量还是要小于LCD。

2. 主动矩阵 OLED（AMOLED）

主动矩阵OLED，也称AMOLED（Active-matrix OLED，主动矩阵有机发光二极体）具有完整的阴极层、有机分子层以及阳极层，但阳极层覆盖着一个薄膜晶体管（TFT）阵列，形成一个矩阵。TFT阵列本身就是一个电路，能决定哪些像素发光，进而决定图像的构成。

主动矩阵OLED的结构如图 10-4 所示。

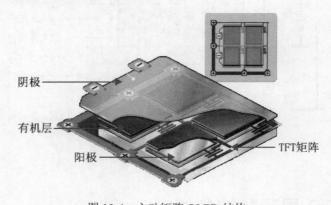

图 10-4 主动矩阵 OLED 结构

AMOLED的耗电量低于PMOLED，这是因为TFT阵列所需电量要少于外部电路，因而AMOLED适合用于大型显示屏。AMOLED还具有更高的刷新率，适于显示视频。AMOLED的最佳用途是大屏幕智能手机、电脑显示器、大屏幕电视以及电子告示牌或看板。

10.1.3　触摸屏基础知识

在智能手机中，使用的触摸屏基本上都是电容式触摸屏，且支持多点触摸，在部分高端手机中还使用了Force Touch压力触控屏幕。

1. 电容式触摸屏的工作原理

电容式触摸屏在触摸屏 4 边均镀上狭长的电极，在导电体内形成一个低电压交流电场。在触摸屏幕时，由于人体电场，手指与导体层间会形成一个耦合电容，4 边电极发出的电流会流向触点，而电流强弱与手指到电极的距离成正比，位于触摸屏幕后的控制器便会计算电流的比例及强弱，准确算出触摸点的位置。电容触摸屏的双玻璃不但能保护导体及感应器，更能有效地防止外在环境因素对触摸屏造成的影响，就算屏幕沾有污秽、尘埃或油渍，电容式触摸屏依然能准确算出触摸位置。

电容式触摸屏的原理如图 10-5 所示。

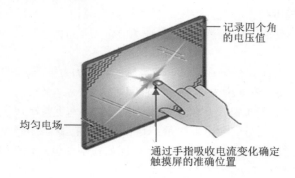

记录四个角的电压值

均匀电场

通过手指吸收电流变化确定
触摸屏的准确位置

图 10-5　电容式触摸屏的原理

电容屏要实现多点触控，靠的是增加互电容的电极，简单地说，就是将屏幕分块，在每一个区域里设置一组互电容模块，它们都是独立工作，所以电容屏可以独立检测到各区域的触控情况，进行处理后，简单地实现多点触控。

2. 电容式触摸屏的结构

电容式触摸屏的构造主要是在玻璃屏幕上镀一层透明的薄膜体层，再在导体层外加上一块保护玻璃，双玻璃设计能彻底保护导体层及感应器。

电容式触控屏可以简单地看成是由四层复合屏构成的屏体：最外层是玻璃保护层，接着是导电层，第三层是不导电的玻璃屏，最内的第四层也是导电层。最内导电层是屏蔽层，起到屏蔽内部电气信号的作用，中间的导电层是整个触控屏的关键部分，4 个角或 4 条边上有直接的引线，负责触控点位置的检测。

10.1.4　3D Touch 技术

实现 3D Touch 的关键技术是电容屏幕和Strain Gauges 应变传感器的相互配合，应变传感器即变形测量器，顾名思义，就是一种能够测量物体形变程度的传感器。为了能够使 3D Touch 更加准确。在屏幕下方集成了两层应变传感器，一层用以测量屏幕的形变，另一层用以检测屏幕因温度变化而产生的形变，并计算补偿误差。

3D Touch 技术原理如图 10-6 所示。

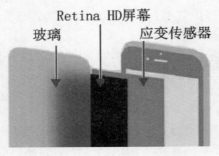

图 10-6　3D Touch 技术原理

使用了 3D Touch 技术的手机，可以感应按压屏幕的力度。目前 3D Touch 技术可以识别三种力度——普通的点击、轻度按压和大力按压，除了轻点、轻扫、双指开合这些熟悉的Multi Touch手势之外，3D Touch技术还带来Peek（轻度按压）和Pop（大力按压），为智能手机的使用体验开拓出了全新的维度。

在Peek界面可以进行预览，如果你想进一步查看，直接加力按压就可以打开Pop界面，显示更详细的内容。目前，关于这个体验最好的就是邮件和短信了。

如果你收到的信息里有网页链接，可以直接按住链接，马上就可以进入Peek界面预览网页内容。同时，在Peek界面，向上滑就会出现提示：是否打开链接或添加到阅读列表。同样，在其他App的Peek界面里，向左滑或向右滑也会出现提示。比如在邮件里，就会提示"是否标记未读"和"存档"，而且这些提醒都是可以定制的。

10.1.5　屏下指纹识别技术

屏下指纹识别技术，按照技术原理与实现方法可以为三种，光学式、超声波式和电容式。三种屏下指纹识别各有不同，现阶段发展状况也各有差异。

1. 光学式屏下指纹识别技术

光学式指纹识别在生活中很常见，比如日常上班中的打卡机利用的就是光学指纹识别技术，主要是依靠光线反射来探测指纹回路。

智能手机中的光学式屏下指纹受限于手机的体积，只能抛弃原有的光学系统而借助手机屏幕的光作为光源。同时由于LCD屏幕无法自发光，因此目前支持光学屏下指纹识别的产品采用的都是OLED屏幕。

光学式屏下指纹识别技术原理如图 10-7 所示。

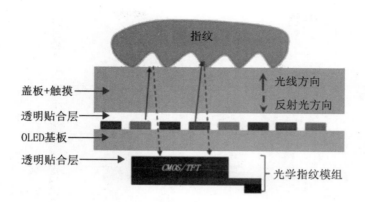

图 10-7　光学式屏下指纹识别技术

　　光学式屏下指纹识别技术的原理是，由于OLED屏幕像素间具有一定的间隔，能够保证光线透过。当用户手指按压屏幕时，OLED屏幕发出光线将手指区域照亮，照亮指纹的反射光线透过屏幕像素的间隙返回到紧贴于屏下的传感器上，最终形成的图像通过与数据库中已存的图像进行对比分析，进行识别判断。

　　光学式屏下指纹传感器如图 10-8 所示。

图 10-8　光学式屏下指纹传感器

　　光学式屏下指纹传感器的优势在于，可以最大程度上避免环境光的干扰，在极端环境下的稳定性更好，但其同样面临干手指识别率的问题。此外，由于是点亮屏幕特定区域，不可避免地会出现屏幕易老化的问题（比如烧屏），而且光学式屏下指纹的功耗相对传统光学式指纹要高很多，这些都是有待解决的问题。

2. 超声波式屏下指纹识别技术

　　超声波式屏下指纹识别技术基于超声波，通过传感器先向手指表面发射超声波，并接受回波。利用指纹表面皮肤和空气之间密度的不同构建出一个 3D图像，进而与已经存在于终端上的信息进行对比，以此达到识别指纹的目的。

　　超声波式屏下指纹识别技术原理如图 10-9 所示。

　　超声波式屏下指纹识别的优势在于具有较强的穿透性，抗污渍的能力较强，即使是湿手指与污手指的状况依旧能完美识别。此外，依靠超声波极好的穿透性，其还支持活体检测。由于能够得到 3D指纹识别图像，安全性相较于其他屏下指纹识别方案更高，但是超声波式屏下指纹识别技术同样有诸多急需解决的难题，比如成像质量低、技术不够成熟、产量较低等原因，导致超声波式屏下指纹识别技术还没有大范围推广商用。

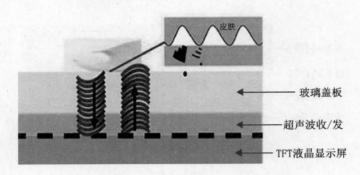

图 10-9　超声波式屏下指纹识别技术

3．电容式屏下指纹识别技术

　　电容式指纹识别技术我们并不陌生，目前几乎所用商用的指纹识别技术（除去屏下指纹）都是利用电容式指纹识别技术，其相对而言更加成熟，但想要将电容式指纹识别转移到屏下却有着不小的困难，其较弱的穿透能力正限制着其发展。

　　目前的一种解决方案是，通过将传统的硅基指纹识别传感器换为透明的玻璃基传感器，并将其直接嵌入到LCD面板中，以此减少需要穿透的面板厚度，避开其穿透能力差的难题。当手指接触到屏幕时，指纹识别传感器便能感知到信号，从而完成识别。

　　电容式指纹识别技术原理如图 10-10 所示。

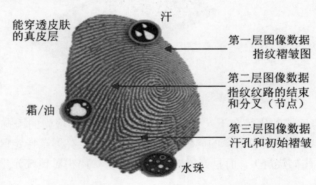

图 10-10　电容式指纹识别技术原理

　　相对来说，由于电容式屏下指纹识别在识别过程中不需要屏幕发光，因此其支持LCD屏幕，相对而言成本更低。但由于智能机显示屏上都有一层用于识别、触控的触摸层，由此可能会产生触控信号和指纹识别信号相互干扰的情况。

　　就目前来看，未来很长一段时间内，光学式指纹识别技术都会是屏下指纹识别市场的绝对霸主。超声波式屏下指纹识别技术与电容式屏下指纹识别技术想要实现弯道超车，一方面需要尽快解决自身存在的技术问题，另一方面也可以期待下一代显示屏技术（如Micro LED）的登场。

10.1.6 手机屏幕贴合基础

手机屏幕贴合是这几年的新兴技术，经过发展和改进已经非常成熟，下面分别介绍智能手机面板贴合基础理论。

1. 水胶和干胶

屏幕贴合主要工艺为OCA干胶和LOCA水胶两种。

LOCA水胶工艺就是使用液态光学透明胶（Liquid Optical Clear Adhesive），用于透明光学元件的特种胶黏剂，利用波长 250mm~400mm 的紫外线照射水胶使其固化。

OCA（Optically Clear Adhesive）干胶用于胶结透明光学元件（如镜头等）的特种粘胶剂，要求具有无色透明、光透过率在 90%以上、胶结强度良好，可在室温或中温下固化，且有固化收缩小等特点。简而言之，OCA就是具有光学透明的一层特种双面胶。

2. 真空贴合原理

真空贴合原理是将手机液晶屏幕和玻璃盖板置于真空环境的真空箱中，利用机器的气缸压力将真空缸的里模下压，将放在真空缸下模的玻璃盖板和液晶屏幕完全压合，从而完成手机屏幕贴合过程中的关键工艺，即OCA贴合工艺。

在操作中，采用PLC作为整个系统的控制中心，来实现贴附全过程操作，PLC由特定的脉冲输出口输出脉冲控制气动元件，使LCD交替旋转平台按预定的位置做圆周方向精确运动至指定位置。

贴合机主要针对小型显示器及小型触控组件的生产特点而设计，贴合机是手机玻璃面板修复的必要设备之一，贴合机用于手机液晶屏幕的后工序生产中，在成型的触摸玻璃基板的正反面上根据偏振角度贴附偏光片。

3. 贴合过程中出现气泡原因

在实际贴合过程中出现气泡的原因包括：

（1）OCA胶没有和屏幕边缘完全闭合

OCA胶没有和屏幕边缘完全闭合，在一定的压力下只会使屏幕中进入更多的空气（通常出现在屏幕的四边）。

（2）温度太高

温度太高会使OCA胶产生化学反应，形成小气泡（通常出现在屏幕中间形成密密麻麻的小气泡）。

（3）玻璃油墨太厚

这种情况会造成边角出现小气泡，是因为玻璃油墨太厚，OCA段吸收性差，可更换OCA厚度，选择黏性更好的OCA。

（4）贴合机的性能

贴合机的真空度，贴合时受力的均匀性是产生气泡的关键因素，市面上的消泡机原理都一样，若是严格按照工艺操作后还有气泡，很可能是贴合机的原因，市面上存在的这种情况比较多。

4．贴合过程中出现屏幕发黄的原因

在贴合过程中出现屏幕发黄的原因包括以下几点：

（1）OCA胶的质量

OCA胶材质量问题，温度过高，光反应基产生老化，混合比例异常，其他物质污染，溶剂异常导致（这种情况一般出现概率较小）。

（2）除泡机

除泡压力太大，高的压力挤压液晶产生，出现概率较小，因为一般的空压机最大出气压力是7.84MPa。

（3）贴合机

贴合机压力不均匀，压力挤压液晶产生这种情况比较多。

第2节　华为nove 5手机显示、触摸电路原理

在高端智能手机中，大部分使用的是OLED显示屏，为了适应市场需求，在本节中我们以华为nove 5 OLED显示屏组件为例，介绍显示、触摸电路的工作原理。

10.2.1　OLED显示屏电路

1．OLED升压供电电路

OLED升压供电电路如图10-11所示。

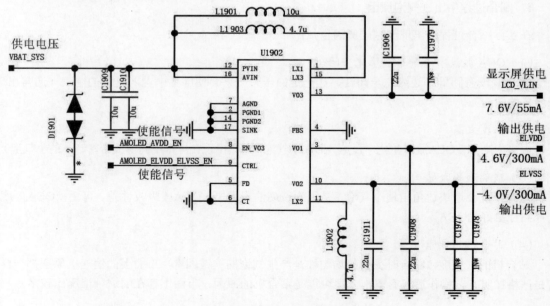

图 10-11　OLED 升压供电电路

在智能手机中，OLED显示屏使用了单独的OLED升压供电芯片U1902，在LCD显示屏电路中也有一个类似的升压供电芯片，输出电压也有高压供电、低压供电、负压供电等，它们工作原理差不多，但是用途却截然不同。

主供电电压VBAT_SYS送到OLED升压供电芯片U1902 的 12、16 脚，使能信号AMOLED_AVDD_EN送到U1902 的 8 脚，控制显示屏供电电压LCD_VLIN的输出；使能信号AMOLED_ELVDD_ELVSS_EN送到U1902 的 9 脚，分别控制输出电压ELVDD、ELVSS。ELVDD、ELVSS是OLED显示屏的驱动电压，是保证OLED显示屏能够正常工作的必要条件。

使能信号AMOLED_AVDD_EN、AMOLED_ELVDD_ELVSS_EN来自OLED显示屏接口J1901，由OLED显示屏电路输出。

在OLED显示屏供电电路还使用了两个LDO供电，分别为U1905、U1906，如图 10-12 所示。

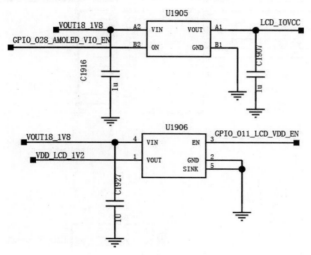

图 10-12　LDO 供电电路

供电电压VOUT18_1V8 送到U1905 的A2 脚，应用处理器输出使能信号GPIO_028_AMOLED_VIO_EN送到U1905 的B2脚，U1905 的A1脚输出LCD_IOVCC电压送到OLED显示屏电路。

供 电 电 压 VOUT18_1V8 送 到 U1906 的 4 脚，应 用 处 理 器 输 出 使 能 信 号GPIO_011_LCD_VDD_EN送到U1906 的 3 脚，U1906 的 1 脚输出VDD_LCD_1V2 电压送到OLED显示屏电路。

2. OLED 显示屏信号电路

在OLED显示屏信号电路中，应用处理器通过MIPI总线与OLED显示屏进行通信，将数据信息转化为文字或图形在显示屏上显示出来。

OLED显示屏信号电路如图 10-13 所示。

应用处理器送出的复位信号GPIO_029_AMOLED_RST_N送到显示、触摸接口J1901 的 17 脚；应用处理器送出数据同步信号AMOLED_TE0 送到显示、触摸接口J1901 的 15 脚；除了前述的供电之外，OLED显示屏还有一路供电是VOUT12_USIM1，由电源管理芯片输出。

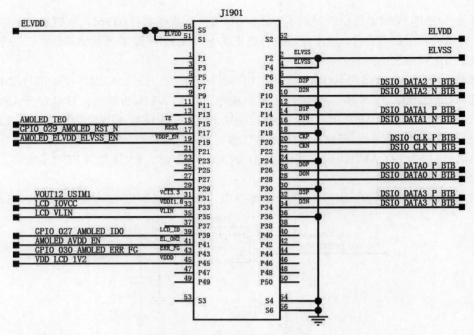

图 10-13　OLED 显示屏信号电路

3．触摸屏信号电路

触摸屏信号电路如图 10-14 所示。

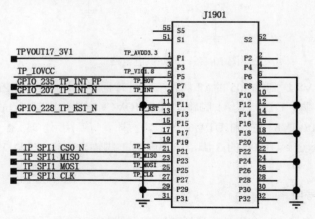

图 10-14　触摸屏信号电路

触摸屏信号电路供电电压TPVOUT17_3V1 送到显示、触摸接口J1901 的 1 脚，供电电压TP_IOVCC送到显示、触摸接口J1901 的 5 脚。触摸屏复位信号GPIO_228_TP_RST_N送到显示、触摸接口 J1901 的 13 脚；触摸屏中断信号GPIO_207_TP_INT_N送到显示、触摸接口J1901 的 9 脚；触摸屏至屏下指纹中断信号GPIO_235_TP_INT_FP送到显示、触摸接口J1901 的 7 脚。

在触摸屏信号电路中，还使用了LDO供电，LDO供电电路如图 10-15 所示。

供电电压VOUT18_1V8 送到U1901 的A2 脚，应用处理器输出使能信号GPIO_259_TP_VIO_EN送到U1901 的B2 脚，U1901 的A1 脚输出供电电压TP_IOVCC送到显示、触摸接口的J1901 脚。

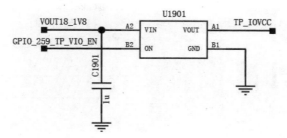

图 10-15　LDO 供电电路

10.2.2　屏下指纹电路

华为nove 5 手机采用的是电容式屏下指纹技术，这也是目前主流的屏下指纹技术，其屏下指纹电路如图 10-16 所示。

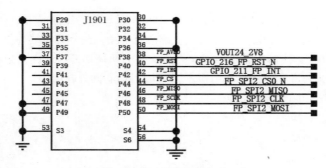

图 10-16　屏下指纹电路

供电电压VOUT24_2V8 送到显示、触摸接口J901 的 38 脚，复位信号GPIO_216_FP_RST_N送到J1901 的 40 脚；中断信号GPIO_211_FP_INT送到J1901 的 42 脚。屏下指纹摄像头和应用处理器之间的通信通过SPI总线进行。

由于OLED屏幕像素间天生具有一定的间隔，能够保证光线透过，当用户手指按压屏幕时，OLED屏幕发出光线将手指区域照亮，照亮指纹的反射光线透过屏幕像素的间隙返回到紧贴于屏下的传感器上，最终形成的图像通过与数据库中已存的图像进行对比分析，进行识别判断。

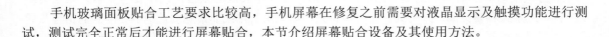

第3节　手机屏幕贴合设备的使用方法

手机玻璃面板贴合工艺要求比较高，手机屏幕在修复之前需要对液晶显示及触摸功能进行测试，测试完全正常后才能进行屏幕贴合，本节介绍屏幕贴合设备及其使用方法。

10.3.1　分离机的使用方法

1. 分离机功能介绍

下面以加热分离机为例介绍分离机的功能，面板功能如图 10-17 所示。

温度显示
调节按钮
电源开关　真空开关

图 10-17　加热分离机面板功能

2．分离机的操作方法

首先将分离机设备设置好相关参数，本例的分离机最大分离尺寸为 11 寸，正常的平板也是可以分离，先将分离机和真空泵连接，然后把分离机的温度设置到 70℃左右，等待温度上升到设置的温度。

当分离机温度上升到设置的温度后就能够开始操作了。首先将液晶屏放在分离机上进行预热，这个时候不用启动真空泵，由于大部分液晶屏上都会有支架，在分离前要先把支架拆掉（加热之后就可以手动把支架拆掉）。拆卸支架的时候，先将支架的两端切开，这样支架在加热过程中就能够很好地取下来，也可以先将一边拉开，用钳子钳着边上沿着向外拉。

拆卸支架操作如图 10-18 所示。

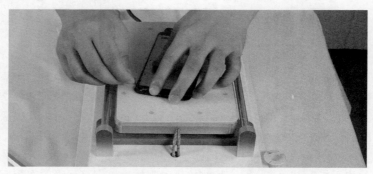

图 10-18　拆卸支架操作

支架拆掉之后就要用钼丝将液晶面板和玻璃面板分离，将拆掉支架的液晶屏幕盖板贴着分离机，排线朝着操作者，开启真空泵的开关，等候 5s~10s，然后将钼丝从液晶屏幕的角落进线，将钼丝贴着盖板玻璃进行分离。

在分离的时候左右手控制钼丝贴着盖板分离，钼丝不要放的太松，也不要拉太紧，太松会难于分离，太紧又容易拉断。分离到排线时要特别当心，由于排线非常脆弱，不小心碰到的话容易导致液晶屏排线受损。分离到排线的时候要先从其中一个角落将钼丝拉出来，然后再进线从另外一个角落拉出来。

把液晶屏幕与玻璃盖板分离下来之后再把液晶屏幕拿下来，拿之前要先确定玻璃盖板与液晶屏已经完全分离掉，不能直接将液晶屏向上提起，要将液晶屏旋转拿出来，这样的话才不会将液晶屏弄坏，否则直接拿起来的话很容易导致液晶屏与背光分层。

拿起液晶屏幕之后就可以把分离机关掉了，至此液晶屏幕和玻璃面板分离完毕。

液晶屏幕和玻璃面板分离操作如图 10-19 所示。

图 10-19　液晶屏幕和玻璃面板的分离操作

3．除胶操作

除胶过程相对比较简单，将除胶水滴到屏上，看到胶水渗到屏幕的胶里面以后，再等 1~2 分钟，然后再除胶，最后用白电油和清洁剂慢慢清理干净即可。

除胶操作如图 10-20 所示。

图 10-20　除胶操作

10.3.2　贴合机的使用方法

完成液晶屏幕和玻璃面板分离及除胶以后，下一步是贴OCA胶和贴合操作。下面介绍贴合机的使用操作方法。

1．贴合机功能介绍

真空贴合机的面板功能如图 10-21 所示。

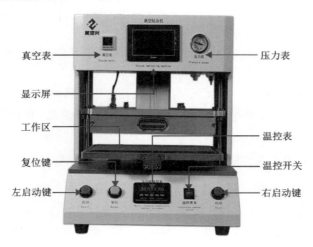

图 10-21　真空贴合机面板功能

2．贴 OCA 胶

贴OCA胶尽量在无尘环境中进行，液晶屏幕清洗干净后，使用滚轮将OCA胶贴在液晶屏幕上，贴OCA胶操作的方法如图 10-22 所示。

图 10-22　贴 OCA 胶操作方法

使用对位模具将玻璃面板和液晶屏幕进行定位，定位过程非常简单，但是要细心，尽量不要引起返工，然后使用真空贴合机贴合。

3．贴合机的操作方法

（1）贴合机调试

当打开贴合机的电源后，显示屏幕上会出现中文、英文两种语言选择，选择中文。选择好语言后，屏幕左上角会出现一个手动的模式，点击手动模式将变为自动模式。

这时候机器进入准备启动模式，机器内的参数出厂前已经预设，一般不建议自行设置参数，避免出现意外问题。

（2）贴合机操作

贴合机设置完毕后，就可以进行贴合操作了，在启动机器之前一定要检查机器托盘上是否有异物，屏幕摆放是否正确。

打开电源开关，将贴合机屏幕上手动点为自动操作，将对位好的屏幕放置在托盘上面，同时按下贴合机上的左启动按键+右启动按键，等待 20s贴合完成。

待贴合完成后，托盘自动将屏幕送出，检查液晶屏幕各项功能是否正常，如果没有其他问题，则贴合任务完成。

目前贴合机的垫子分为两种，一种是专用的红色硅胶垫，另一种是进口的海绵垫。使用红色硅胶垫需注意排线等零件不可压在屏幕下方，避免在贴合时压伤屏幕；使用进口海绵垫只需按正确的方式摆好即可。

3．iPhone X 手机屏幕贴合方法

智能手机屏幕贴合看似简单实际上很有讲究，能够掌握其中的维修技巧和手法就可以达到事半功倍的效果。下面以iPhone X手机为例讲解屏幕的贴合方法。

屏幕贴合要掌握 5 个要点，分别是拆（拆支架）、分（屏幕分离）、除（除胶）、贴（贴合）、压（压支架）。

（1）拆支架

需要将屏幕放置到加热分离机上加热拆卸，分离机温度为 90℃~100℃，建议使用iPhone手机

拆支架专用药水，然后利用OCA薄片或 0.6 左右的金属铁片作为辅助工具进行拆卸操作。需要注意的是，在排线位置不能打太多药水且不得顶或碰及排线。

拆支架的方法如图 10-23 所示。

图 10-23　拆支架的方法

（2）屏幕分离

成功拆下支架后接着开始分离屏幕，屏幕分离需要注意以下两点：

- 支架分离后，四周残胶一定要清理干净，否则容易造成钢丝分离时割到触摸屏，也容易造成漏液问题。
- 把听筒网拆除，从刘海位置下钢丝，分离时尽量压低钢丝。

（3）除胶

除胶时，需要将屏幕放置到加热分离机上加热（温度为 90℃），然后使用卷胶棒慢慢清除即可。由于 530 药水会造成断触问题，所以除胶水建议使用酒精或专用除胶水，尽量少用 530 药水。

（4）贴合

完成以上工作后即可以进行贴合，很多维修工程师往往在贴合环节上出现问题，其实掌握好贴合方法并不难，注意两点：（1）为了防止胶粘在一起而导致贴合效果差，屏幕贴合时需要快速对位和贴合；（2）搭配专用贴合垫或者使用黑色垫子。

屏幕贴合方法如图 10-24 所示。

图 10-24　屏幕贴合方法

（5）压支架

压支架时要选用三菱或四杰的专用OCA胶，最好使用支架原厂胶并利用保压模具进行支架贴合，贴合完成后需照射UV紫外灯以有效防止返泡。

由于对位发生偏差会导致支架压到线路而造成出线，所以一定要精准对位，可采用压支架模具和支架专用胶。

10.3.3　除泡机的使用方法

使用真空贴合机完成贴合以后的液晶屏幕组件，如果个别部位有少许气泡，这时候就要用到除泡机了。下面我们讲解除泡机的使用操作方法。

1．除泡机功能介绍

除泡机的面板功能如图 10-25 所示。

图 10-25　除泡机的面板功能

2．除泡机的操作方法

使用除泡机的时候，除泡机内的温度设定为 35℃~45℃之间，除泡机工作的压力在 6~8MPa之间为最好的选择。

有人喜欢将使用除泡机温度设置在 50℃以上，一般建议不要将除泡机的温度设置太高，具体可根据使用的OCA胶的质量而定。如果除泡机内的温度过高，那么反泡的概率也会大，所以最理想的温度是 30℃~50℃之间。

将需要除泡的液晶屏幕组件放置在除泡机内部，最多可以放置 50 片液晶屏幕组件，将气缸门关闭以后，打开电源按键，然后再按下启动键，除泡机将启动除泡程序，除泡完成以后，除泡机会自动减压。

减压完成以后，就可以打开除泡机的气缸门，取出除泡以后的液晶屏幕组件，除泡工作完成。

10.3.4　压排机的使用方法

有些外观完好的液晶屏幕组件发现问题，一般是排线故障造成的，针对这种问题可用压排机来解决，下面我们介绍压排机的使用方法。

1．压排机功能介绍

压排机的功能如图 10-26 所示。

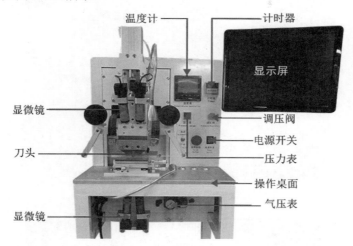

图 10-26　压排机的功能

2．压排机的操作方法

需要准备的材料主要包括：手机液晶屏幕、显示排线、触摸排线、ACF 导电胶（Anisotropic Conductive Film，ACF，异方性导电胶膜）、丙酮、棉签、刀片、焊台等。

首先将液晶屏幕上坏的排线用焊台加热拆下来，在拆液晶屏幕排线的时候注意焊台温度，液晶屏幕上的集成电路部分不要长时间加热，以避免集成电路在高温下虚焊造成液晶屏幕彻底报废。

拆卸液晶屏幕排线的方法如图 10-27 所示。

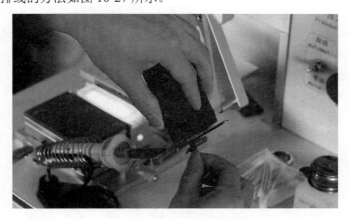

图 10-27　拆卸液晶屏幕排线

将液晶屏幕排线拆下后，使用丙酮清洗排线上残留的胶。使用丙酮清洗的时候也是需要注意尽量不要接触到集成电路，以避免丙酮长时间接触集成电路出现损坏。

清洗排线的操作如图 10-28 所示。

然后开始压显示排线，先将液晶屏幕放置在压排机托盘位置，将刀头调试到合适的位置（尽量不要接触到液晶屏幕集成电路），把液晶屏幕排线找出来，然后把 ACF 导电胶粘在排线上面，用电烙铁加热压住几秒，这样可以让ACF胶更好地黏合在液晶线路上面。

涂ACF胶的方法如图 10-29 所示。

图 10-28　清洗排线操作

图 10-29　涂 ACF 胶的方法

调节压屏机上的显微镜头，找出显示排线对位标，将液晶屏幕上面的线路和排线上面线路对好（一般苹果的显示排线有个缺口，三星屏幕是加号）。

显示排线对位如图 10-30 所示。

图 10-30　显示排线对位

压力调到 0.17~0.18MPa，下压时间设置为 15s，等待机器工作完成。接下来测试一下液晶屏幕的显示排线功能是否正常，如果正常，就开始压触摸排线。

触摸排线先要进行对位，一般触摸排线都有一条对位线，将这条对位线对齐就行了，对位的时候一定要对齐，不要错位。

触摸排线对位如图 10-31 所示。

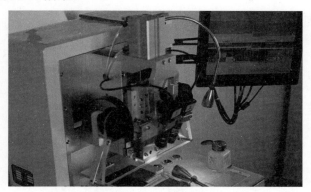

图 10-31　触摸排线对位

在压触摸的时候压力需要调低，一般压力 0.12~0.13MPa左右就可以，压力过大会影响到液晶屏幕的内部结构，出现漏液问题。最后测试触摸排线的功能是否正常。

10.3.5　激光拆屏机的操作方法

1．激光拆屏机功能介绍

我们以展望兴ZW-2 便携式全自动激光拆屏机为例进行功能介绍，ZW-2 激光拆屏机是根据屏幕拆框需要的各种参数和特点而升级研发的一款便携式全自动激光拆屏机，产品采用全铝机身制作，具有体积小、重量轻、超静音等特点。

激光拆屏机面板功能如图 10-32 所示。

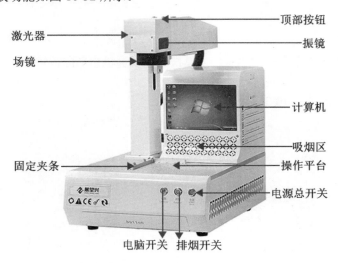

图 10-32　激光拆屏机面板功能

2. 激光拆屏机的操作方法

把需要拆屏的手机放在操作平台上，用固定夹条固定好，固定好位置以后，就不要再挪动位置了。

固定手机屏幕如图 10-33 所示。

图 10-33　固定手机屏幕

在激光拆屏机内置的电脑中选择对应的型号，这里要注意，型号一定要选对，避免出现意外。选择手机型号如图 10-34 所示。

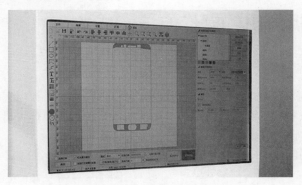

图 10-34　选择手机型号

激光拆屏机采用了光学自动对焦系统，单击激光拆屏机顶部的按钮进行自动对焦，使用非常方便。

自动对焦调节功能如图 10-35 所示。

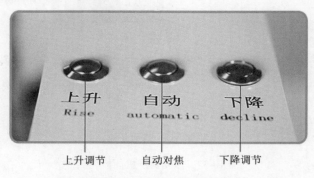

图 10-35　自动对焦调节功能

设置好以后就可以进行处理了，激光可以将屏幕玻璃和液晶之间的胶融化后分离，使其失去黏性。激光处理过程如图 10-36 所示。

图 10-36　激光处理过程

注意： 使用激光拆屏机操作时，尽量带护目镜和口罩，并选择通风良好的场所，避免产生的异味引起不适。

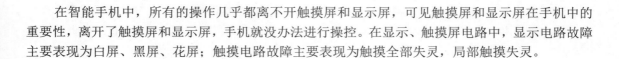

第 4 节　显示、触摸电路故障维修思路与案例

在智能手机中，所有的操作几乎都离不开触摸屏和显示屏，可见触摸屏和显示屏在手机中的重要性，离开了触摸屏和显示屏，手机就没办法进行操控。在显示、触摸屏电路中，显示电路故障主要表现为白屏、黑屏、花屏；触摸电路故障主要表现为触摸全部失灵，局部触摸失灵。

10.4.1　显示、触摸电路故障维修思路

1. 显示电路

（1）白屏故障

在智能手机中，白屏故障是一种很常见的显示故障，引起白屏的原因很多，下面我们进行具体分析。

①分析手机引起白屏的原因，比如是正常使用出现的，还是手机摔过、进水以后出现的，对于不同的问题要针对性地进行分析。

②如果是正常使用出现的白屏，则可能是显示屏本身或者显示数据传输问题造成的，如果是摔过的手机出现白屏，则可能是显示屏损坏或者显示屏接口虚焊造成的。

③对手机的显示接口进行检查，检查显示屏接口周围是否有异常情况，如元件破损、少件、元器件脱焊等问题，可检查或者代换显示屏进行测试。

④根据确定的故障检查相应的电路，引起白屏故障的主要有两个原因：显示屏本身的问题或显示数据传输部分。

另外，显示供电不正常也可能会导致白屏故障出现。

（2）黑屏故障

黑屏故障是指手机开机以后显示屏无法点亮，这种情况被客户误以为是不开机问题。这种情况只要将手机连接到计算机上，如果用相应的软件能看到手机信息，就说明手机是可以开机的。

智能手机黑屏故障维修重点是检查背光电路，由于背光电路长时间工作在高电压、大电流的状态下，所以经常会出现故障，背光电路工作不正常是常见故障。

背光电路的重点检查元件包括升压电感、升压二极管、升压芯片等，一般使用万用表测量，或者使用代换法进行判断。

（3）花屏故障

花屏也是显示电路的一种常见故障，主要表现为显示屏显示异常，有横条、竖条等，这种故障比较容易识别。

产生这种故障的原因主要是摔过、进水、显示屏老化等问题，可根据用户的使用及描述情况进行具体的判断。

数据传输通路的电感开路在智能手机上是常见故障，在维修时要重点关注。

2. 触摸电路故障

（1）触摸全部失灵

对于触摸全部失灵的问题，首先要检查显示屏组件，看是否有破裂、磕碰的问题出现，如果有，则要先检查或更换显示屏组件。

如果更换显示屏组件以后故障仍然没有排除，则要重点检查供电部位，在iPhone手机中，有一部分的电压是由触摸控制芯片产生的，对于这种问题，排除电源供电问题之外，要重点检查触摸控制芯片的工作条件。

时钟、复位信号也是触摸全部失灵重点检查的部位。

（2）触摸局部失灵

触摸局部失灵故障，说明触摸电路基本工作条件已经具备，但是没有完全工作。对于这种触摸局部失灵的问题，在排除显示屏组件问题之后，要重点检查触摸接口，看触摸接口是否有虚焊问题，还可以使用数字式万用表测量触摸接口的对地阻值，并与正常手机的阻值进行对比，查找异常点。

触摸局部失灵的故障，一般与主板断线有关，尤其是摔过的手机，可能存在多个断线点，这时候更要重点进行检查。

3. 显示、触摸电路故障维修流程图

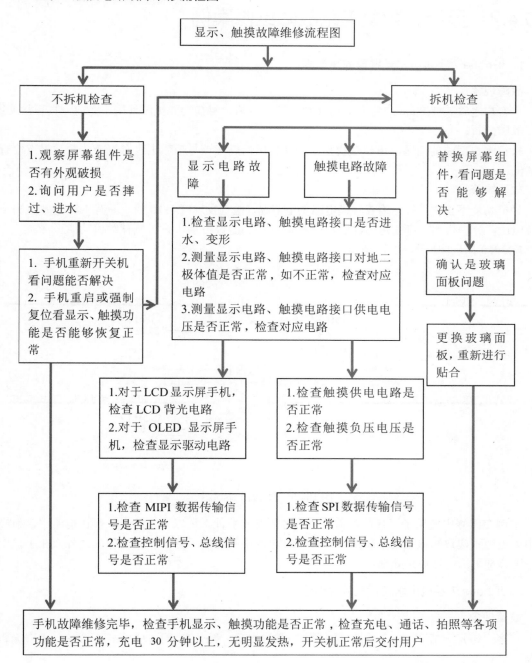

10.4.2 显示、触摸电路故障维修案例

1. iPhone 7 手机进水无触摸故障维修

故障现象：

一客户送修一部iPhone 7 手机，称手机轻微进水后，触摸功能无法使用，之前一直正常使用。

故障分析：

根据客户反映的问题，出现触摸功能无法使用问题应该与轻微进水有直接关系，重点检查进水部位。

故障维修：

触摸功能不正常，首先检查触摸电路供电情况，检查发现FL3910 的一端有 1.8V电压，另一端没有电压，分析认为，可能是腐蚀后开路造成，短接FL3910 后，开机测试触摸功能正常。

FL3910 原理图如图 10-37 所示。

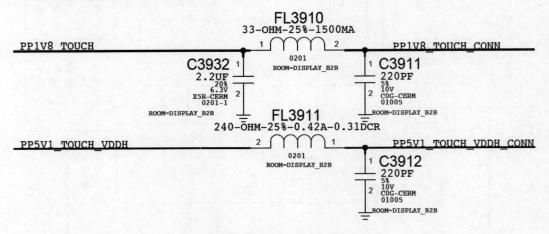

图 10-37　FL3910 原理图

本例在维修中使用了短接法，请注意不是所有元器件都可以短接的。一般在电路中，射频电路中的电感不建议短接处理，BUCK、BOOST电路中的电感不建议短接，除此之外，在手机中大部分电感都可以进行短接处理。

2. iPhone 7 手机进水无背光故障维修

故障现象：

一客户送修一部iPhone 7 手机，称手机轻微进水后，晒干使用了大约两个月左右，出现无背光问题。

故障分析：

根据客户反映的问题，出现无背光问题应该与轻微进水有直接关系，重点检查进水部位，看是否有元器件出现腐蚀问题。

故障维修：

根据客户反映的问题，重点检查显示、触摸接口J4502，使用万用表分别测量J4502 各引脚对

地二极体值，测量发现，J4502 的 37 脚对地二极体值为无穷大，正常数值为 345。

进一步测量发现，C3705 到 C3725 之间断线，飞线后，开机测试，背光及显示功能均正常。

C3705、C3725 原理图如图 10-38 所示。

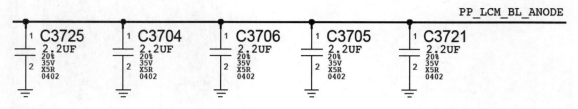

图 10-38　C3705、C3725 原理图

3．iPhone 7 手机装屏大电流、花屏故障维修

故障现象：

一同行送来一部 iPhone 7 手机，称出现装屏大电流、花屏现象，手机无进水、摔过等问题出现。

故障分析：

根据客户反映的问题，出现装屏大电流、花屏问题应该与显示屏电路的供电有关系，重点检查元器件是否有短路问题。

故障维修：

检查显示、触摸接口 J4502 的各引脚对地二极体值，发现 3 脚对地短路，挨个检查该路所有对地电容，发现 C3713 短路。

更换 C3713 后，装屏开机功能正常。在实际维修中，C3712 短路也会出现这种故障。

C3713 位置图如图 10-39 所示。

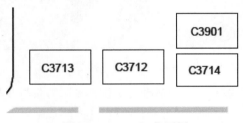

图 10-39　C3713 位置图

4．iPhone X 手机屏幕排线故障维修

故障现象：

手机屏幕排线常见的故障有断排、进水、不显示、不触摸等，可以通过压排解决的问题有进水、触摸失灵、显示异常等。

故障分析：

在手机维修的时候经常碰到手机屏幕排线的各种问题，下面根据实际维修情况分析手机屏幕排线故障的维修方法。

手机屏幕排线如图 10-40 所示。

显微镜下的屏幕排线接口如图 10-41 所示。

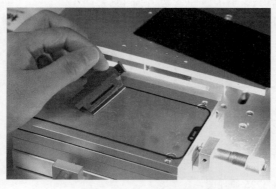
图 10-40 手机屏幕排线

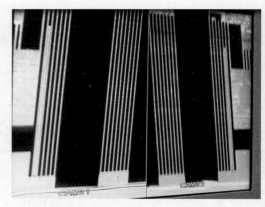
图 10-41 显微镜下的屏幕排线接口

在维修屏幕排线故障时，要注意以下几点：拆屏幕排线时温度为 120℃；使用丙酮药水清洗液晶玻璃；洗屏幕排线需顺线路方向清洗；压绿排时所使用的ACF胶建议用绿排专用胶；压排压力为 180 度。

故障维修：

首先要拆除手机屏幕总成及背光，通过加热或取下屏幕排线（加热台 120℃，烙铁功率 30W），接着使用丙酮清理屏幕排线上的残胶。注意需要小心清理，避免造成损坏。

清理屏幕排线残胶如图 10-42 所示。

图 10-42 清理屏幕排线残胶

接着给屏幕排线贴上ACF胶后，液晶对准刀头位置测试刀头与液晶的吻合度，并利用镜头对位液晶与排线。

压屏幕排线操作方法如图 10-43 所示。

图 10-43 压屏幕排线操作方法

在压 iPhone 手机黑排时需要注意，除胶时使用丙酮药水，刀头下压压力为 200，使用高倍镜头或者显微镜进行线路对位。

5. 华为 P30 手机屏幕不显示故障维修

故障现象：

一同行送来一部华为 P30 手机，称出现屏幕不显示故障，已经更换过屏幕测试，排除屏幕本身的问题。

故障分析：

根据客户反映的问题，屏幕不显示故障应该在主板上，重点检查显示屏接口 J1701 及相关电路。

故障维修：

对于屏幕故障，除了要排除屏幕问题之外，要重点检查显示屏接口 J1701 对地二极体值及显示屏供电电压，由于华为 P30 手机采用的是 OLED 显示屏，维修方法和思路与 LCD 显示屏电路要注意区分。

使用数字式万用表二极管档分别测量显示屏接口 J1701 对地二极体值，发现一个引脚数值异常，检查 J1701 外围元器件，发现一个电阻脱落，更换后开机屏幕显示正常。

显示屏接口 J1701 位置如图 10-44 所示。

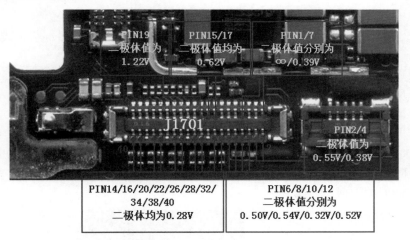

图 10-44　显示屏接口 J1701 位置

6. 华为荣耀 V20 手机触摸失灵故障维修

故障现象：

一同行送来一部华为荣耀 V20 手机，称出现屏幕不显示故障，已经更换过屏幕测试，排除屏幕本身的问题。

故障分析：

根据客户反映的问题，触摸失灵故障应该在主板上，重点检查触摸屏接口 J1701 及相关电路。

故障维修：

使用数字式万用表分别测量触摸屏接口 J1701 的对地二极体值，看是否正常。经检查发现，J1701 的 27 脚对地数值为无穷大，用表笔轻轻拨一下接口引脚，发现焊盘虚焊，重新补焊后开机测试触摸功能正常。

触摸屏接口J1701 如图 10-45 所示。

图 10-45 触摸屏接口 J1701

7. iPhone XS Max 手机触摸失灵故障维修

故障现象：

同行送来一部iPhone XS Max手机，称出现触摸失灵故障，已经更换过屏幕测试，排除屏幕本身的问题。

故障分析：

根据客户反映的问题，触摸失灵故障部位应该在主板上，重点检查触摸屏供电及相关电路。

故障维修：

测量触摸屏接口对地二极体值基本正常，没有发现异常问题。开机测量触摸屏供电电压，发现供电管U2900 输出电压为 0V，用镊子轻轻拨了一下，U2900 裂开了，更换U2900 以后，开机测试触摸屏工作正常。

供电管U2900 位置如图 10-46 所示。

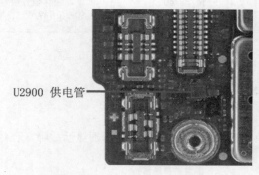

图 10-46 供电管 U2900 位置

8. iPhone X 手机触摸失灵故障维修

故障现象：

客户送修一部iPhone X手机，称出现触摸失灵故障，已经更换过屏幕测试，排除屏幕本身的问题。

故障分析：

根据客户反映的问题，触摸失灵故障部位应该在主板上，重点检查触摸屏供电及相关电路。

故障维修：

使用数字式万用表分别测量触摸屏接口 J5800 对地二极体值，发现 28 脚对地二极体值为 0，检查发现电容 C5645 对地短路，更换电容后开机测试触摸功能，一切正常。

电容 C5645 位置如图 10-47 所示。

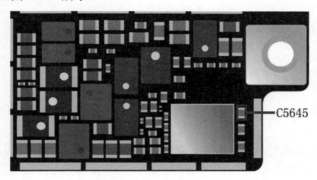

图 10-47　电容 C5645 位置

第11章

传感器电路故障维修

随着智能手机技术的发展，手机已经不再是一个简单的通信工具，而是具有综合功能的便携式电子设备。

手机中的传感器更让我们的生活发生了翻天覆地的变化，你可以用手机听音乐、看电影、拍照等，也可以使用手机导航、玩游戏、记录运动轨迹、健康状况，这些功能都必须有传感器支持才能实现。

传感器的应用为智能手机增加了感知能力，使手机能够知道自己做什么，甚至做什么的动作，你可以将手机接一个传感器到你的鞋上，这样，在你跑步的时候，手机就会自动记录你的运动信息。

本章我们先介绍手机中的传感器，然后介绍传感电路故障维修方法。

第1节 传感器基础知识 ▶

手机传感器是手机上通过芯片来感应的元器件，如温度值、亮度值和压力值等。手机中有很多传感器默默地后台工作以支持我们前台的操作。本节我们主要介绍手机中常用的几种传感器。

11.1.1 霍尔传感器（HALL）

1. 霍尔传感器介绍

霍尔传感器是一个使用非常广泛的电子器件，在录像机、电动车、汽车、计算机散热风扇中都有应用。在智能手机中主要应用在皮套、翻盖或滑盖的控制电路中，通过皮套、翻盖或滑盖的动作来控制挂掉电话或接听电话、锁定键盘及解除键盘锁等。

霍尔传感器是一个磁控传感器，在磁场作用下直接产生通与断的动作。霍尔传感器的外型封装很像三极管，但看起来比三极管更胖一些。在智能手机中，霍尔传感器一般有三个引脚，也有4个引脚的。

智能手机中霍尔传感器的外形如图11-1所示。

图 11-1　霍尔传感器的外形

2．霍尔传感器的工作原理

（1）霍尔效应

所谓霍尔效应，是指磁场作用于载流金属导体、半导体中的载流子时，产生横向电位差的物理现象。

金属的霍尔效应是 1879 年美国物理学家霍尔发现的。当电流通过金属箔片时，若在垂直于电流的方向施加磁场，则金属箔片两侧面会出现横向电位差。半导体中的霍尔效应比金属箔片中更为明显，而铁磁金属在居里温度以下将呈现极强的霍尔效应。

（2）霍尔传感器的原理

利用霍尔效应做成的半导体元件称为霍尔元件，即霍尔传感器。霍尔传感器可用多种半导体材料如 Ge（锗）、Si（硅）、InSb（锑化铟）、GaAs（砷化镓）、InAs（砷化铟）等制作。

霍尔传感器具有许多优点，它们的结构牢固，体积小，重量轻，寿命长，安装方便，功耗小，频率高（可达 1MHz），耐震动，不怕灰尘、油污、水汽及盐雾等的污染或腐蚀。

11.1.2　电子指南针（Compass）

1．电子指南针介绍

电子指南针采用了磁场传感器，磁场传感器是利用磁阻来测量平面磁场，从而检测出磁场强度以及方向位置。一般在指南针或地图导航中常见，帮助手机用户实现准确定位。

通过磁场传感器可以获得手机在 X、Y、Z 三个方向上的磁场强度，当你旋转手机直到只有一个方向上的值不为零时，手机就指向了正南方，很多手机上的指南针应用都是使用了磁场传感器。同时，可以根据三个方向上磁场强度的不同，计算出手机在三维空间中的具体朝向。

智能手机的电子指南针如图 11-2 所示。

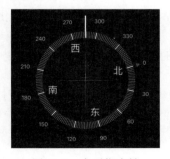

图 11-2　电子指南针

2．电子指南针的工作原理

电子指南针是一种重要的导航技术，目前在手持设备中应用非常广泛，电子指南针主要采用磁场传感器的磁阻（MR）技术，下面以LSM303DLH模块为例介绍电子指南针电路。

LSM303DLH将加速传感器、磁力计、A/D转化器及信号处理电路集成在一起，通过I^2C总线和应用处理器通信，如图 11-3 所示。

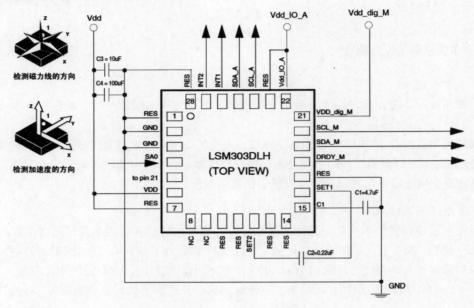

图 11-3　电子指南针电路

磁力计和加速传感器各自有一条I^2C总线和应用处理器通信。如果I/O接口电平为 1.8V，Vdd_dig_M和Vdd_IO_A为 1.8V供电，Vdd为 2.5V供电。C1 和C2 为复位电路的外部匹配电容。

11.1.3　重力传感器（G-Sensor）

重力传感器是根据压电效应的原理来工作的。所谓压电效应就是对于不存在对称中心的异极晶体加在晶体上的外力除了使晶体发生形变以外，还将改变晶体的极化状态，在晶体内部建立电场，这种由于机械力作用使介质发生极化的现象称为正压电效应。

重力传感器正是利用了加速度造成晶体变形这个特性。由于这个变形会产生电压，只要计算出产生电压和所施加的加速度之间的关系，就可以将加速度转化成电压输出。

简单来说就是通过测量内部一片重物（重物和压电片做成一体）重力正交两个方向的分力大小来判定水平方向，通过对力敏感的传感器感受手机在变换姿势时重心的变化，使手机光标变化位置从而实现选择等功能。

在一些游戏中也可以通过重力传感器来实现更丰富的交互控制，例如手机横/竖屏幕切换、翻转静音、平衡球，各种射击、赛车游戏等。

11.1.4　加速传感器（Acceleration Sensor）

1．加速传感器介绍

加速传感器是一种能够测量加速力的电子设备，加速力是指物体加速过程中作用在物体上的力。

加速传感器的工作原理是敏感元件将测点的加速度信号转换为相应的电信号，进入前置放大电路，经过信号调理电路改善信号的信噪比，再进行模数转换得到数字信号，最后送入计算机，计算机再进行数据存储和显示。加速传感器可应用于手机应用控制、游戏手柄振动、报警系统、地质勘探等。

2．加速传感器的工作原理

这里以飞思卡尔（Freescale）的加速传感器MMA7455L为例说明加速传感器的工作原理。

加速传感器MMA7455L是XYZ轴（±2g，±4g，±8g）三轴加速传感器，可以实现基于运动的功能，如倾斜滚动、游戏控制、按键静音和手持终端的自由落体硬盘驱动保护，以及门限检测和单击检测功能等。提供I^2C和SPI接口，方便与应用处理器通信，因此非常适用于智能手机或个人设备中的运动应用，包括图像稳定、文本滚动和移动拨号。

加速传感器的电路图如图 11-4 所示。

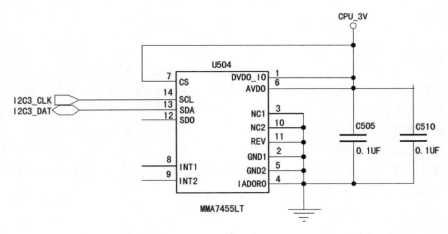

图 11-4　加速传感器电路图

其原理是供电电压加到加速传感器MMA7455L U504 的 1 脚、6 脚、7 脚，电压为 3V，U504 的中断信号加到应用处理器的GPIO接口，U504 将感应到的信息通过I^2C总线送到应用处理器电路，由应用处理器来实现各种功能操作。

11.1.5　陀螺仪传感器（Gyroscope Sensor）

根据角动量守恒定律，一个正在高速旋转的物体（陀螺），它的旋转轴没有受到外力影响时，旋转轴的指向是不会有任何改变的，陀螺仪就是以这个原理作为依据来工作的。三轴陀螺仪可以替代三个单轴陀螺仪，可同时测定 6 个方向的位置、移动轨迹及加速度。

陀螺仪能够测量沿一个轴或几个轴动作的角速度，如果结合加速度计和陀螺仪这两种传感器，可以跟踪并捕捉 3D 空间的完整动作，为用户提供更真实的用户体验、精确的导航系统及其他功能。手机中的"摇一摇"功能、体感技术，还有VR视角的调整与侦测以及在GPS没有信号时（如隧道中）根据物体运动状态实现惯性导航，都是陀螺仪的功劳。

陀螺仪传感器对于一些感应游戏来说是必需的元件，正是有了这款传感器，手机游戏的交互才有了革命性的转变——用户结合身体多方位的操作对游戏进行反馈，而不仅仅只是简单的按键。

三轴陀螺仪的原理图如图 11-5 所示。

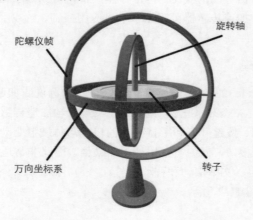

图 11-5　三轴陀螺仪的原理图

中间的转子是"陀螺"，它因为惯性作用不会受到影响，而周边三个"钢圈"则会因为设备改变姿态而跟着改变，通过这样来检测设备当前的状态。这三个"钢圈"所在的轴，就是三轴陀螺仪里面的"三轴"即X轴、Y轴、Z轴。三个轴围成的立体空间可联合检测手机的各种动作，陀螺仪最主要的作用在于它可以测量角速度。

现在智能手机中大多都内置了三轴陀螺仪，它可以与加速器和指南针一起工作，可以实现 6 轴方向感应，三轴陀螺仪更多的用途会体现在GPS和游戏效果上。使用三轴陀螺仪后，导航软件就可以加入精准的速度显示，对于现有的GPS导航来说是个强大的冲击，同时游戏方面的重力感应特性更加强悍和直观，游戏效果将大大提升。

11.1.6　距离传感器（Proximity Sensor）

距离传感器又叫位移传感器，距离传感器的工作原理是利用红外LED灯发出的不可见红外光由附近的物体反射后，被红外辐射光线探测器探测到而实现的。距离传感器一般配合光线传感器来使用。

手机使用的距离传感器是利用测时间来实现距离测量的一种传感器，红外脉冲传感器通过发射特别短的光脉冲，并测量此光脉冲从发射到被物体反射回来的时间，通过测时间来计算与物体之间的距离。

距离传感器一般都在手机听筒的两侧或者是在手机听筒凹槽中，这样便于它的工作。当用户在接听或拨打电话时，将手机靠近头部，距离传感器可以测出之间的距离到了一定程度后便通知屏幕背景灯熄灭，拿开时再次点亮背景灯，这样更方便用户操作也更节省电量。

11.1.7　环境光传感器（ALS）

环境光传感器可以感知周围的光线情况，并告知应用处理器自动调节显示器背光亮度，降低产品的功耗。例如，在手机、笔记本、平板电脑等移动应用中，显示器消耗的电量高达电池总电量的 30%，采用环境光传感器可以最大限度地延长电池的工作时间。另一方面，环境光传感器有助于显示器提供柔和的画面。当环境亮度较高时，使用环境光传感器的液晶显示器会自动调成高亮度。当外界环境较暗时，显示器就会调成低亮度。

环境光传感器需要在芯片上贴一个红外截止膜，或者直接在硅片上镀制图形化的红外截止膜。

11.1.8　指纹传感器

指纹传感器（又称指纹Sensor）是实现指纹自动采集的关键器件。智能手机中使用的指纹传感器一般是半导体电容传感器，指纹传感器的制造技术是一项综合性强、技术复杂度高、制造工艺难的高新技术。

为了实现这一功能，Home键集成了更多的元器件。从上到下，依次有蓝宝石玻璃、不锈钢监测环、电容式单点触摸传感器、轻触式开关四个部分。

手指放在Home键处，如苹果手机那一圈金色的钢圈则监测到人体细微的电流，以激活下层的传感器，此时电容式单点触摸传感器会解析蓝宝石玻璃上的指纹脉络，并且扫描分辨率可达 500ppi，从而可以更加精准地识别指纹。

指纹传感器的结构如图 11-6 所示。

图 11-6　指纹传感器的结构

11.1.9　摄像头

1. 摄像头简介

智能手机的摄像功能指的是手机可以通过内置或外接的摄像头进行拍摄静态图片或短片，作为智能手机的一项新的附加功能，手机的摄像功能得到了迅速的发展。

随着5G手机的上市，摄像头数量上从单摄到双摄到三摄到四摄，功能上从单一的像素提升发展成大光圈、超广角、潜望式长焦、TOF等特色镜头的引入，摄像头已经成为智能手机的核心功能。

2. 摄像头的结构

摄像头是由镜头、镜座、红外滤光片（IR Filter）、传感器（Sensor）、图像处理芯片（DSP）以及FPC主板等元件组合而成的。

摄像头使用的传感器（Sensor）有两种，一种是电荷耦合传感器（CCD）；另一种是金属氧化物导体传感器（CMOS）。线路板一般使用印制电路板（PCB）或者柔性电路板（FPC）。

摄像头的结构如图 11-7 所示。

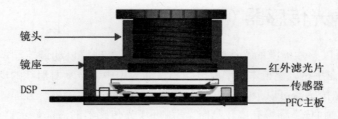

镜头

镜座

DSP

红外滤光片

传感器

PFC主板

图 11-7　摄像头结构

（1）镜头

摄像头镜头可以看作是人眼中的晶状体，它利用透镜的折射原理将景物光线透过镜头在聚焦平面上形成清晰的像。

（2）红外滤光片（IR Filter）

红外滤光片主要是用于过滤掉进入镜头的光线中的红外光，这是因为虽然人眼看不到红外光，但是传感器却能感受到红外光，所以需要将光线中的红外光滤掉，以便图像更接近人眼看到的效果。

（3）传感器（Sensor）

传感器也是摄像头的核心元件，其负责将通过镜头的光信号转换为电信号，再经过内部模数转换器转换为数字信号。

互补金属氧化物半导体（CMOS）传感器，主要是利用硅和锗做成的半导体，其特征在于在CMOS上共存着带阴极（N）和阳极（P）级的半导体，这两个互补效应所产生的电流可以被处理芯片记录并解读成影像。

电荷耦合器件（CCD）传感器由一种高感光度的半导体材料制成，能把光线转变成电荷，通过模数转换器芯片转换成电信号。电荷耦合器件传感器由许多独立的感光单位组成，通常以百万像素为单位。当电荷耦合器件传感器表面受到光照时，每个感光单位都会将电荷反映在组件上，所有的感光单位产生的信号加在一起，就构成了一幅完整的图像。

（4）柔性电路板（FPC）

FPC柔性电路板简称排线，是用来连接芯片和手机的组件，负责传输数据信号。

（5）图像处理芯片（DSP）

DSP是摄像头非常重要的组成部分，它的作用是将感光芯片获得的数据及时快速地传递到应用处理器进行处理，因此DSP的好坏直接影响到画面的品质，如色彩饱和度、清晰度、流畅度等。

3．摄像头的工作原理

景物光线通过镜头进入摄像头内部，然后经过红外滤光片过滤掉进入镜头的光线中的红外光后，再到达传感器（Sensor），传感器（Sensor）将光学信号转换为电信号，再通过内部的模/数转换器（ADC）将电信号转换为数字信号，然后传输给图像处理芯片（DSP）加工处理，转换成数字信号输出。

11.1.10　气压传感器（Barometer Sensor）

气压传感器分为变容式传感器或变阻式气压传感器，其原理是将薄膜与变阻器或电容连接起来，通过气压变化导致电阻或电容的数值发生变化，从而获得气压数据。

GPS也可用来量测海拔高度但会有10m左右的误差，若是搭载气压传感器，则可以将误差校正到1m左右，有助于提高GPS（全球定位系统）的精度。

此外，在一些户外运用需要测量气压值时，此时搭配气压传感器的手机也能派上用场，在iOS的健康应用中，可以计算出你爬了几层楼。

第2节　传感器电路原理分析

在智能手机中，大部分传感器信号直接送到应用处理器电路进行处理，部分传感器电路还使用了传感器协处理器，下面我们对传感器电路原理进行分析。

11.2.1　华为Mate 20X 霍尔传感器电路的工作原理

在霍尔传感器电路中，当磁场作用于霍尔元件时产生一微小的电压，经放大器放大及施密特电路后使输出驱动电路导通输出低电平，当无磁场作用时，输出驱动电路截止，且输出为高电平。下面以华为Mate 20X手机为例分析霍尔传感器电路的工作原理。

在华为Mate 20X手机中，霍尔传感器件在皮套上对应的方向有一个磁铁，用磁铁来控制霍尔传感器传感信号的输出，当合上皮套的时候，霍尔传感器输出低电平作为中断信号到应用处理器，强制手机退出正在运行的程序（例如正在通话的电话），并且锁定键盘、关闭LCD背景灯，当打开皮套的时候，霍尔传感器输出1.8V高电平，手机解锁、背景灯发光、接通正在打入的电话。

在智能手机中霍尔传感器也比较容易找，它的位置一般在磁铁对应的主板的正面或反面，只要找到磁铁就一定能找到霍尔传感器。

霍尔传感器电路如图11-8所示。

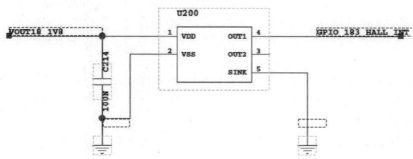

图11-8　霍尔传感器电路

11.2.2 华为 nove 5 电子指南针的工作原理

在华为nove 5 手机中，使用了U3404、U3401 两个指南针模块，如图 11-9 所示。

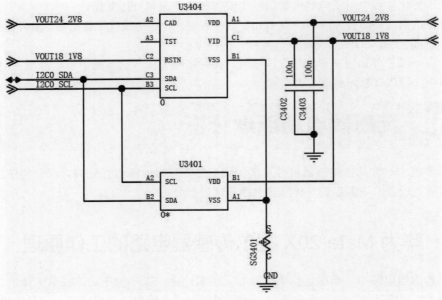

图 11-9 电子指南针电路

供电电压VOUT24_2V8 送到指南针芯片U3404 的A1、A2 脚，供电电压VOUT18_1V8 送到指南针芯片U3404 的C1、C2 脚。

指南针芯片通过I²C总线将数据信号送到应用处理器内的传感器进行信号处理，同时将信息在手机屏幕上显示出来。

11.2.3 华为 nove 5 加速度、陀螺仪传感器的工作原理

在华为nove 5 手机中，使用了博世公司的BMI160 惯性测量芯片，该芯片集成了 16 位 3 轴超低重力加速度计和超低功耗 3 轴陀螺仪功能，主要应用在智能手机、平板电脑、可穿戴设备、遥控器、游戏控制器、头戴式设备及玩具等设备上。BMI160 还拥有一个片内中断引擎，支持低功耗状态下实现运动动作识别和情景感知。支持的中断检测包括：任意运动或无运动检测、敲击或双击检测、方位检测、自由落体或震动事件检测。

华为nove 5 手机加速度、陀螺仪传感器电路如图 11-10 所示。

图中，U3403 内部集成了超低重力加速度计和超低功耗 3 轴陀螺仪功能，供电电压T18_1V8 分别送到U3403 的 5、12 脚。

U3403 通过I²C总线与应用处理器进行通信，将数据信号送到应用处理器内部的传感器进行处理。

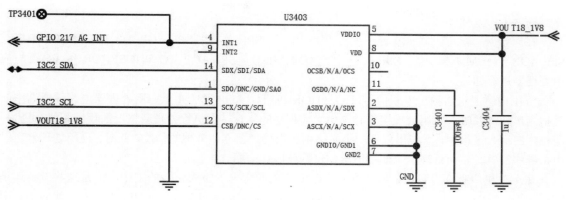

图 11-10　加速度、陀螺仪传感器电路

11.2.4　iPhone 手机气压传感器的工作原理

　　气压传感器通过感应气压来确定你的相对海拔高度，所以随着你的移动，你可以追踪自己已攀升的海拔高度。它甚至还可以测量你爬的楼梯或征服的山峰。

　　大多智能手机都内置了健康应用，健康应用不仅能够记录步数、走路/跑步距离，还可以测试已爬楼层数，这就需要气压传感器的工作。

　　比如，使iPhone手机进入"健康应用"，点击健康应用选项卡，进入健身数据，在健身数据里点击已爬楼层，进入后下拉刷新一下就能看到已爬的楼层数据了。如图 11-11 所示。

　　iPhone手机气压传感器电路原理图如图 11-12 所示。

图 11-11　气压传感器应用

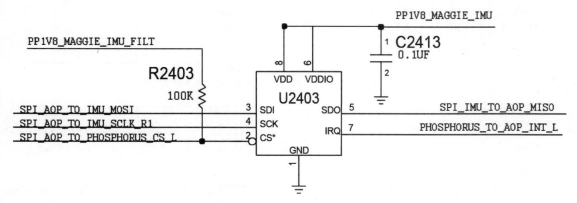

图 11-12　气压传感器电路原理图

　　供电电压PP1V8_MAGGIE_IMU_FILT由电源管理芯片提供，送到U2403 的 6、8 脚，为气压传

感器提供工作条件。

在气压传感器电路中，使用了SPI总线SPI_AOP_TO_IMU_SCLK_R1、SPI_AOP_TO_IMU_MOSI、SPI_IMU_TO_AOP_MISO、SPI_AOP_TO_PHOSPHORUS_CS_L与应用处理器进行通信。

气压传感器电路输出中断信号PHOSPHORUS_TO_AOP_INT_L至应用处理器电路。所谓中断是指当出现需要时，应用处理器暂时停止当前程序的执行转而执行处理新情况的程序和执行过程。即在程序运行过程中，系统出现了一个必须由应用处理器立即处理的情况，此时，应用处理器暂时中止程序的执行转而处理这个新的情况的过程就叫作中断。

在单片机中有许多设备，都能在没有CPU介入的情况下完成一定的工作，但是这些设备还是需要定期中断CPU，让CPU为其做一些特定的工作。如果这些设备要中断CPU的运行，就必须在中断请求线上把CPU中断的信号发给CPU，所以每个设备只能使用自己独立的中断请求线。

11.2.5　iPhone手机环境光传感器和距离传感器的工作原理

下面以iPhone手机的环境光传感器和距离传感器电路为例进行分析。

在智能手机中，环境光传感器的作用主要是检测当前环境光线的强度，自动调节显示屏背光亮度，降低整机功耗；距离传感器的作用是在接听电话时，当手机靠近耳朵时，自动关闭背光，目的是降低整机功耗和防止误触发屏幕。

iPhone手机环境光传感器和距离传感器电路原理图如图11-13所示。

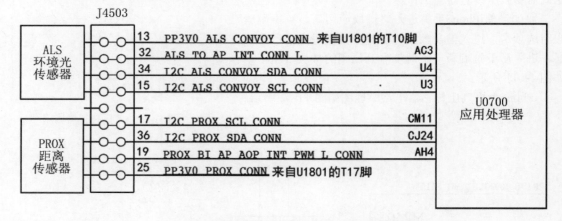

图11-13　环境光传感器、距离传感器电路原理图

环境光传感器供电电压PP3V0_ALS_CONVOY_CONN来自电源管理芯片U1801的T10脚，送到J4503的13脚，环境光传感器模块输出中断信号ALS_TO_AP_INT_CONN_L至应用处理器U0700的AC3脚，环境光传感器模块通过I^2C总线I2C_ALS_CONVOY_SDA_CONN、I2C_ALS_CONVOY_SCL_CONN与应用处理器进行数据通信，完成信号的传输过程。

距离光传感器供电电压PP3V0_PROX_CONN来自电源管理芯片U1801的T17脚，送到J4503的25脚，环境光传感器模块输出中断信号PROX_BI_AP_AOP_INT_PWM_L_CONN至应用处理器U0700的AH4脚，环境光传感器模块通过I^2C总线I2C_PROX_SCL_CONN、I2C_PROX_SDA_CONN与应用处理器进行数据通信，完成信号的传输过程。

11.2.6 华为 nove 5 摄像头电路的工作原理

下面以华为nove 5 手机为例，分析智能手机摄像头电路的工作原理。nova 5 手机配备了 4800 万像素AI四摄组合，这四颗摄像头覆盖广角、长焦、微距、景深，能够满足全天候的拍照需求，还配备了 3200 万前置摄像头。

1. 前置摄像头

前置摄像头也可以称作副摄像头，位于手机屏幕的上方，可以用于自拍、视频通话等，其电路如图 11-14 所示。在nove 5 手机中，使用了 3200 万像素的摄像头。

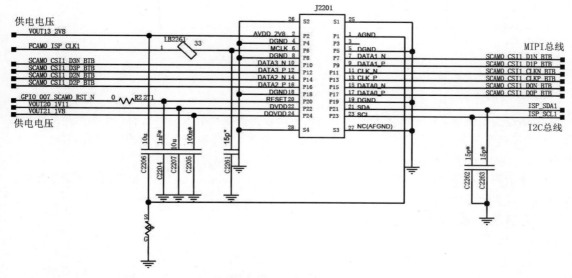

图 11-14　前置摄像头电路

供电电压VOUT13_2V8 送到前置摄像头的J2201 的 2 脚，供电电压VOUT20_1V11 送到J2201 的 22 脚，供电电压VOUT21_1V8 送到J2201 的 24 脚。

时钟信号FCAM0_ISP_CLK1送到J2201 的 6 脚,复位信号GPIO_007_SCAM0_RST_N送到J2201 的 20 脚，I²C总线送到J2201 的 21、23 脚。

前置摄像头通过MIPI总线与应用处理器进行通信。

2. 后置主摄像头

后置主摄像头一般指在手机背面的摄像头，主摄像头像素都比其他摄像头像素高，功能更多，用于辅助手机完成主要的拍摄任务。后置主摄像头电路如图 11-15 所示。

后置主摄像头供电电压有多路，分别是：VOUT25_2V85、VOUT4_1V8、VOUT20_1V11、VOUT21_1V8、VOUT19_2V8，用于摄像头的供电工作。

复位信号GPIO_008_MCAM0_RST_N送到J2301 的 28 脚，复位信号RCAM0_ISP_CLK0 送到J2301 的 6 脚。

后置主摄像头通过MIPI总线与应用处理器进行通信。

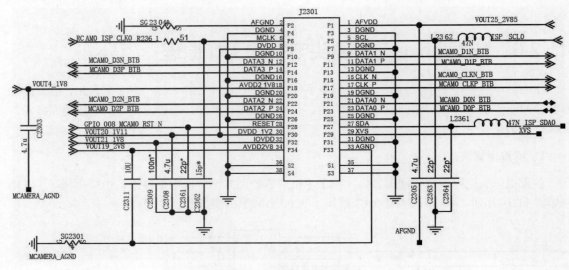

图 11-15　后置主摄像头电路

3. 广角摄像头

广角镜头指摄像头照射范围的最下端到最上端以摄像头镜头为圆心点的一个扇形角的角度度数，也就是镜头的角度大小，其实就是指照射的范围有多大。一般镜头角度越广，可视范围就越大，有效可视范围就越小。广角摄像头一般指可视角度在 120 度以上的摄像头。

广角数码相机的镜头焦距很短，视角较宽，而景深却很深，比较适合拍摄较大场景的照片，如建筑、风景等题材。

广角摄像头电路如图 11-16 所示。

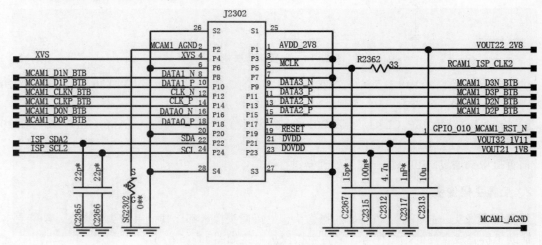

图 11-16　广角摄像头电路

供电电压VOUT22_2V8 送到J2302 的 1 脚，供电电压VOUT32_1V11 送到J2302 的 21 脚，供电电压VOUT21_1V8 送到J2302 的 23 脚。

复位信号GPIO_010_MCAM1_RST_N送到J2302 的 19 脚，时钟信号RCAM1_ISP_CLK2 送到J2302 的 5 脚。I2C总线信号送到J2302 的 22、24 脚。

广角摄像头通过MIPI总线与应用处理器进行通信。

4. 微距摄像头

微距摄像头是一种用作微距摄影的特殊镜头，主要用于拍摄十分细微的物体，如花卉及昆虫等。为了对距离极近的被摄物也能正确对焦，微距摄像头通常被设计为能够拉伸得更长，以使光学中心尽可能远离感光元件，同时在镜片组的设计上，也必须注重于近距离下的变形与色差等的控制。

微距摄像头电路如图 11-17 所示。

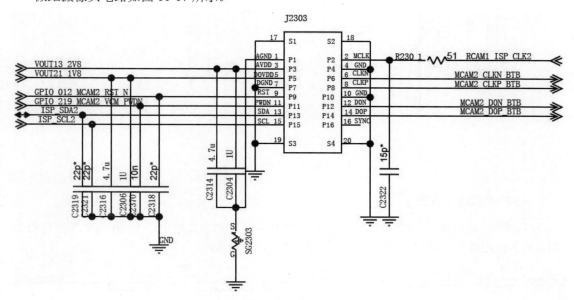

图 11-17　微距摄像头电路

供电电压VOUT13_2V8 送到J2303 的 3 脚，供电电压VOUT21_1V8 送到J2303 的 5 脚；复位信号GPIO_012_MCAM2_RST_N送到J2303 的 9 脚，时钟信号RCAM1_ISP_CLK2 送到J2303 的 2 脚，使能信号GPIO_219_MCAM2_VCM_PWDN送到J2303 的 11 脚。

微距摄像头通过MIPI总线与应用处理器进行通信。

5. 景深摄像头

景深摄像头是用来对主体（主要是人）进行深度计算的，实际上并不直接参与成像。景深摄像头可以检测镜头与物体的距离，有利于镜头虚化，突出主体拍摄物体。在同样的光圈和距离下，焦距越短，景深越大。

景深摄像头电路如图 11-18 所示。

供电电压VOUT13_2V8 送到J2303 的 3 脚，供电电压VOUT21_1V8 送到J2303 的 5 脚，复位信号GPIO_012_MCAM2_RST_N送到J2303 的 9 脚，时钟信号RCAM1_ISP_CLK2 送到J2303 的 2 脚。

景深摄像头通过MIPI总线与应用处理器进行通信。

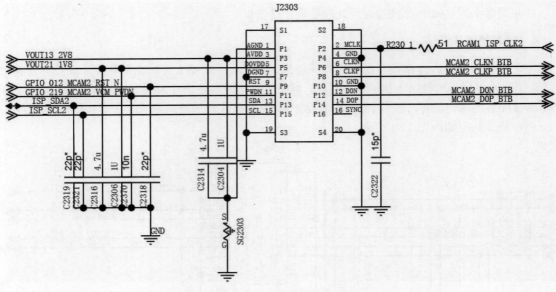

图 11-18　景深摄像头电路

6．MIPI 总线电子开关

为了更好地利用资源，在手机摄像头电路中还使用了MIPI总线电子开关，用于切换广角镜头、景深镜头和微距镜头。MIPI总线电子开关电路如图 11-19 所示。

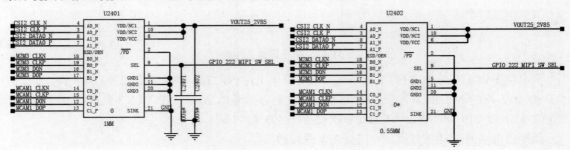

图 11-19　MIPI 总线电子开关电路

7．闪光灯电路

单色温闪光灯发出的光只是一颗白光LED闪光灯，光线亮度有限且范围小，双色温闪光灯由两颗橙色+白色LED闪光灯组成，亮度更强，范围更广。

双色温闪光灯相比单色温LED灯的成像效果要更加柔和，白平衡也更加准确，这在暗光拍摄中也将为照片质量带来明显的提升。

目前市面上大部分手机采用的是一枚高亮WLED（白色发光二极管）闪光灯配合一枚亮度稍暗的琥珀色LED暖色灯来达到色温补偿的效果。

闪光灯电路如图 11-20 所示。

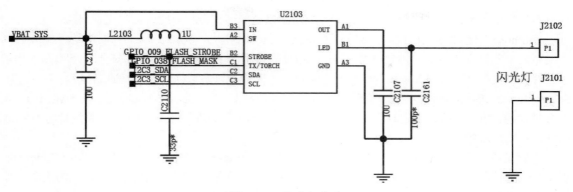

图 11-20　闪光灯电路

供电电压VBAT_SYS送到闪光灯芯片U2103 的B3 脚，I^2C总线信号送到U2103 的C2、C3 脚，闪光灯控制信号 BEPIO_009_FLASH_STROBE 送到 U2103 的 B2 脚，模式控制信号 GPIO_038_FLASH_MASK送到U2103 的C1 脚，控制U2103 的工作。

闪光灯信号从U2103 的B1 脚输出，驱动LED闪光灯。

11.2.7　iPhone 7 手机指纹识别触控板电路的工作原理

下面以iPhone 7 手机为例，分析指纹识别触控板电路的工作原理。在iPhone 7 手机中，Home 键没有单独采用机械按键结构，而是采用了带有指纹功能的触控板，在本节我们将指纹传感器和 Home触控板单独分析。

1. 指纹传感器电路

（1）指纹传感器原理

iPhone 手机的Touch ID指纹传感器被放置在Home键中，Home键传感器表面由激光切割的蓝宝石水晶制成，能够实现精确聚焦手指和保护传感器的作用，并且传感器会进行指纹信息的记录与识别，而传感器按钮周围则是不锈钢环，用于监测手指、激活传感器和改善信噪比。

软件读取指纹信息，查找匹配指纹来解锁手机。其中指纹传感器部分包括了基于电容和无线射频的半导体传感器，这为指纹读取提供了两层验证。第一层是借助指纹电容传感识别器来识别整个接触面的指纹图像。第二层则是利用无线射频技术并通过蓝宝石片下面的感应组件读取从真皮层反射回来的信号，形成一幅指纹图像。

电容传感识别的原理是，手指构成电容的一极，另一边一个硅的传感器阵列构成电容另一极，通过人体带有的微电场与电容传感器间形成微电流，指纹的波峰波谷与感应器之间的距离形成电容高低差，从而描绘出指纹图像的电信号。

无线射频识别的原理是，将一个低频的射频信号发射到真皮层，由于人体细胞液是导电的，读取真皮层的电场分布将获得整个真皮层的最真皮层，并且通过读取真皮层的电场分布而获得整个真皮层最精确的图像，而Touch ID外面有一个驱动环，由它将射频信号发射出来。

经过对指纹图像的纪录，将其数据录入到数据库中，然后Touch ID在指纹验证过程中获得指纹扫描图像，其能够对指纹进行 360° 全方位的扫描并且与数据库指纹数据进行比对判断。当新的指纹图像与数据库样本的指纹匹配成功，该指纹图像就能够用于加强和完善数据库的样本信息，这样使更多的样本信息被记录，提高指纹识别的成功率以及能够在各种角度成功的识别指纹。

在iPhone上使用的是由苹果单独设计的Secure Enclave模块，Secure Enclave模块是一个建在苹果最新的单芯片系统内部的协处理器。其与应用处理器不同，该协处理器处理安全时会启动序列码和软件更新机制，专门负责对数据保护加密操作的关键操作以及数据保护完整的流程。注意，只有Secure Enclave能够访问用户指纹信息，且不会传到iCould上面。Secure Enclave是基于ARM Trust Zone技术的，相当于是苹果定制了一个高度优化的Trust Zone版本，Trust Zone安全系统是由硬件和软件分区来成就的。

不管是硬件还是软件中，都有两个区，一个是安全子系统，一个是正常的区。Trust Zone可确保正常区组件不访问安全区的数据，而那些敏感的数据就放在安全区，来防止许多可能的攻击。当有安全验证的需求时，Moniter模式就会自主进行两个虚拟处理器的切换，有针对性地工作。

（2）指纹传感器电路分析

iPhone 7 手机的指纹传感器电路主要由指纹模块、指纹传感器排线、指纹传感器接口、应用处理器等组成，指纹传感器在电路图中用英文简写MESA表示。

当用户使用指纹解锁时，把指纹放在指纹识别面板（Home键）上，指纹模块开始工作，指纹模块输出中断信号 MESA_TO_AP_INT_CONN 至应用处理器，指纹模块发出MESA_TO_BOOST_EN_CONN升压开启信号到U3702 启动升压电路。指纹升压电路原理图如图11-21 所示。

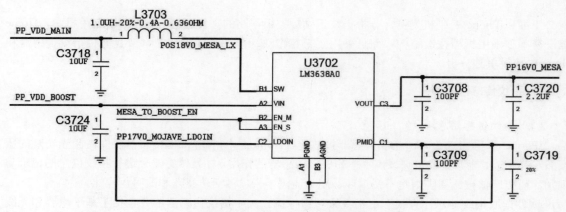

图 11-21　指纹升压电路原理图

U3702 得到PP_VDD_MAIN、PP_VDD_BOOST供电；指纹模块发来MESA_TO_BOOST_EN_CONN开启信号；输出LDO电压PP17V0_MOJAVE_LDOIN给自身的C2 脚。上面所有条件满足，则输出PP16V0_MESA给指纹模块。

指纹传感器电路原理图如图 11-22 所示。

指纹模块把Home识别到的指纹转换成数字信号，通过SPI总线：SPI_AP_TO_MESA_SCLK_CONN、SPI_AP_TO_MESA_MOSI_CONN、SPI_MESA_TO_AP_MISO_CONN、MESA_TO_AOP_FDINT_CONN以及MESA_TO_AP_INT_CONN把已经转换成数字信号的指纹数据发给应用处理器。

指纹数据送到应用处理器U0700 后，应用处理器U0700 会读取存储的指纹数据进行对比，如果数据匹配，解锁进入界面。开机首次使用或第一次设置指纹会要求输入密码，解锁密码的优先级高于指纹，没有密码应用处理器是无法读取存储的指纹数据。

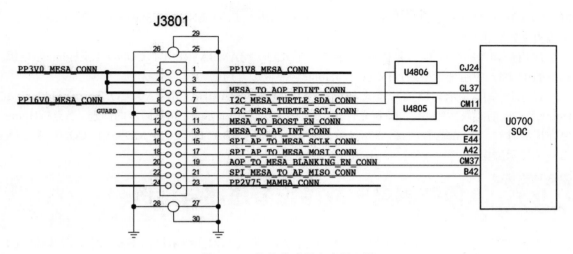

图 11-22　指纹传感器电路原理图

应用处理器U0700 通过I²C总线I2C_MESA_TURTLE_SDA_CONN和I2C_MESA_TURTLE_
SCL_CONN控制指纹模块的工作。

2．Home 触控板电路

触控板技术是一种广泛应用在笔记本上的输入设备，其利用用户手指的移动来控制指针的动
作。触摸板可以视作是一种鼠标的替代物，在其他一些便携式设备上，如个人数码助理与一些便携
影音设备上也能找到触摸板。

在iPhone 7 手机中，创新地使用了触控板技术，其Home触控板电路如图 11-23 所示。

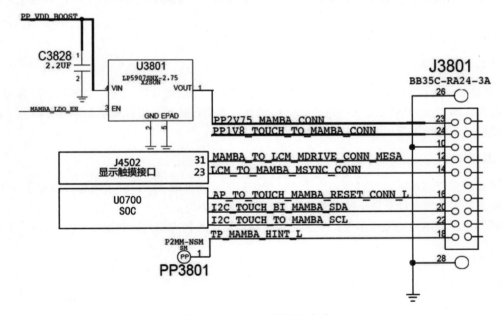

图 11-23　Home 触控板电路

Home触控板电路供电有两路，分别是PP2V75_MAMBA_CONN、PP1V8_TOUCH_TO_
MAMBA_CONN，其中PP2V75_MAMBA_CONN由LDO芯片U3801 完成供电，供电电压

PP_VDD_BOOST送到U3801 的 4 脚，控制信号MAMBA_LDO_EN送到U3801 的 3 脚，U3801 的 1 脚输出 2.75V电压。

应用处理器U0700 输出复位信号AP_TO_TOUCH_MAMBA_RESET_CONN_L至Home触控板接口的 16 脚，应用处理器通过I²C总线与Home触控板进行通信。

显示屏输出显示多路同步动态控制信号LCM_TO_MAMBA_MSYNC_CONN，保证在点按Home触控板的时候控制显示屏、背光灯同步发光，避免出现显示、灯光不同步的问题。当点按Home触控板的时候，Home触控板接口J3801 的 12 脚输出MAMBA_TO_LCM_MDRIVE_CONN_MESA信号至显示屏电路。

第3节　传感器电路故障维修思路与案例　▶

本节我们首先介绍传感器的故障维修思路，然后通过案例介绍手机传感器电路出现故障时的具体维修方法。

11.3.1　传感器电路故障维修思路

传感器电路引起的故障比较多，主要表现为功能操作不正常，有些游戏无法玩，甚至会引起不开机、开机红屏等故障，针对传感器电路故障可以参考以下维修思路。

1. 供电电压

根据对应的故障，检查相应传感器电路的供电电压，一般摔过、进水的手机，供电不正常的较多。

如果电压不正常，则需要检查对应的供电输入电路。

2. I²C 总线信号

在I²C总线中出现的问题较多，一条总线上一般挂多个功能芯片，任何一个芯片问题都可能造成手机故障。所以在判断I²C总线问题的时候要慎重，如果有必要，可以使用示波器分别测量两条总线的波形，或者使用万用表分别测量两条线的对地阻值。

3. 器件问题

对于传感器电路故障，可以使用排除法，把怀疑的元器件取下来，看手机是否能够正常工作，如果能够正常工作，可能是取下的元器件本身问题，更换即可。

传感器电路故障问题复杂多变，要多思考、综合运用各种方法进行判断。

4．传感器故障维修流程

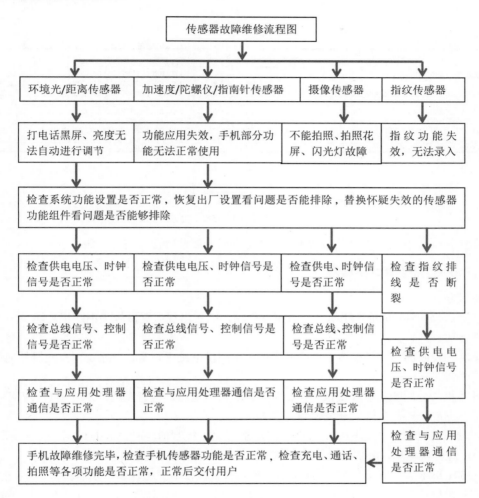

11.3.2　传感器电路故障维修案例

1．iPhone 7 无指纹、Home 功能失效故障维修

故障现象：

一顾客送修一部 iPhone 7 手机，故障现象为无指纹功能、Home 功能失效，手机摔过后出现这个问题。

故障分析：

无指纹功能、Home 功能失效，可能是它们的公共部分电路出现问题，建议先检查指纹接口 J3801。

故障维修：

检查指纹接口 J3801，发现其松动，补焊后，使用万用表的二极管档分别测量各个触点对地阻值，发现均正常。开机测试，手机功能正常。

指纹接口 J3801 原理图如图 11-24 所示。

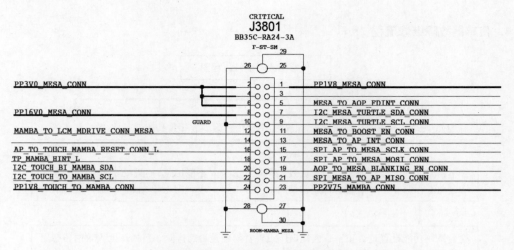

图 11-24   指纹接口 J3801 原理图

提示：在维修中，合理使用二极体值法，是有效判断故障部位的好方法。

2. iPhone 7 不照相故障维修

故障现象：

一客户送修一部 iPhone 7 手机，一直正常使用，突然出现后置摄像头不照相功能。

故障分析：

根据客户反映的情况，应该重点检查摄像头电路供电是否正常，电路是否有元器件损坏现象。

故障维修：

拆开手机，分别测量后置摄像头接口 J4501 的供电电压，检查发现 PP2V9_UT_AVDD_CONN 供电电压不正常，只有 0.1V，正常应该为 2.95V。

检查发现 U2501 的输入电压 PP_VDD_BOOST 正常，控制信号 PP2V8_UT_AF_VAR 正常，分析认为 U2501 虚焊或损坏，补焊后，仍然无输出电压。

将 U2501 拆下后，短接其 A2、B1 脚后，手机开机测试后置摄像头，功能正常。

在应急维修的时候，可以将 U2501 的 A2、B1 脚短接，电路原理非常简单，B1 脚的控制信号为 2.8V，A2 脚输出的电压为 2.95V，电压非常接近。

U2501 电路原理图如图 11-25 所示。

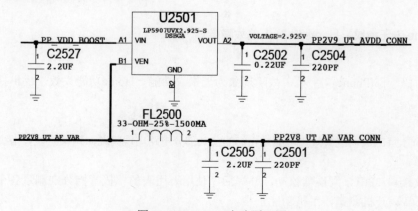

图 11-25   U2501 电路原理图

3．华为 P30 手机指南针故障维修

故障现象：

客户送修一部华为P30 手机，指南针失灵，无法使用，送来进行维修。

故障分析：

根据客户反映的情况，应该重点检查指南针电路供电是否正常，电路是否有元器件损坏现象。

故障维修：

测量测试点J2905 上的指南针供电电压 1.8V是否正常，经测量发现供电电压正常，分别测量I^2C总线电压，均为 1.8V，也正常。更换指南针芯片后，故障排除。

指南针故障测试点如图 11-26 所示。

图 11-26   指南针故障测试点

4．华为 P30 手机环境光传感器故障维修

故障现象：

客户送修一部华为P30 手机，环境光功能失灵，无法自动调整屏幕亮度，送来进行维修，手机没有磕碰摔过痕迹。

故障分析：

根据客户反映的情况，应该重点检查环境光传感器电路是否有元器件损坏现象，I^2C总线是否正常，供电是否正常。

故障维修：

为了方便起见，先代换前壳组件，代换后故障排除，再装好原壳后，环境光传感器竟然也能够使用了，怀疑是主板弹片问题引起。

在维修环境光传感器故障时，如果更换前壳组件仍然无法排除，需要检查供电电压、I^2C总线是否正常。

环境光传感器测试点如图 11-27 所示。

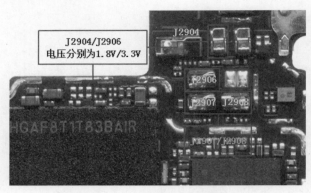

图 11-27　环境光传感器测试点

5. 华为 P30 手机前摄像头失效故障维修

故障现象:

客户送修一部华为P30手机,前摄像头功能无法使用,无法进行自拍,手机摔过一次后出现这种问题。

故障分析:

根据客户反映的情况,应重点检查前摄像头是否正常,供电是否正常,信号是否正常,I^{2}C总线是否正常。

故障维修:

根据维修从简的原则,先从最简单的入手。首先代换前摄像头,代换前摄像头后,故障没有排除;然后分别测量前摄像头接口J2002的对地二极体值,未发现异常;最后开机测量J2002的27脚、36脚电压,发现不正常,更换摄像头供电芯片后,开机摄像头功能正常。

前摄像头接口J2002位置图如图11-28所示。

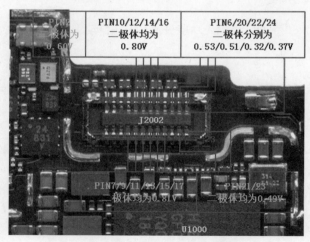

图 11-28　前摄像头接口 J2002 位置图

6. 华为 Mate 20X 手机加速传感器功能失灵故障维修

故障现象:

客户送修一部华为Mate 20X手机,加速传感器功能失灵,导致手机很多功能无法正常使用。

故障分析：

根据客户反映的情况分析，应重点检查加速传感器否正常，供电是否正常，信号是否正常，I^2C总线是否正常等几个重点因素。

故障维修：

拆机检查供电电压，I^2C总线电压均正常，挂在I^2C总线上的其他器件功能也正常，分析认为可能是加速传感器芯片U2602问题，更换U2602芯片后，加速传感器功能一切正常。

加速传感器芯片U2602如图11-29所示。

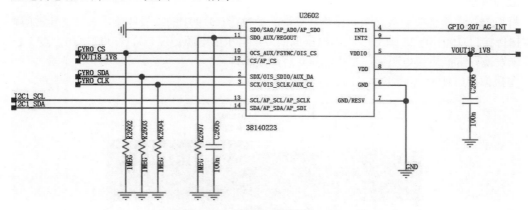

图 11-29　加速传感器芯片 U2602

7. 华为 Mate 20X 手机霍尔传感器失效故障维修

故障现象：

客户送修一部华为Mate 20X手机，霍尔传感器功能失灵，导致手机皮套功能无法使用，非常不方便。

故障分析：

根据客户反映的情况分析，应重点检查霍尔传感器或皮套是否正常、皮套磁铁是否脱落等。

故障维修：

首先更换皮套，故障没有排除，使用带有磁性的螺丝刀靠近霍尔元件U200，发现没有高电平信号输出，更换霍尔元件U200后，手机皮套功能正常。

霍尔传感器电路如图11-30所示。

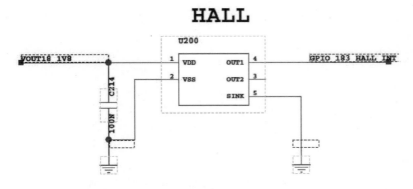

图 11-30　霍尔传感器电路

8．华为荣耀 V20 手机后置主摄像头无法打开故障维修

故障现象：

客户送修一部华为荣耀V20 手机，后置主摄像头打不开，手机一直正常使用，没有磕碰摔过问题。

故障分析：

根据客户反映的情况分析，应重点检查后置主摄像头电路，主要检查供电、信号等是否正常。

故障维修：

拆机替换主摄像头后故障未能排除，测量主摄像接口J1901 的二极体值，未发现异常问题，测量主摄像接口J1901 的 24 脚 1.1V供电电压偏低，该电压由电源管理芯片U1000 输出，查 1.1V外围元件未发现异常，更换电源管理芯片U1000 后，故障排除。

主摄像接口J1901 位置图如图 11-31 所示。

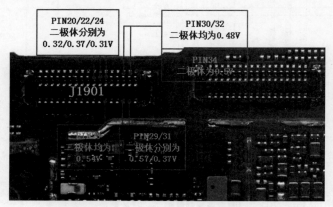

图 11-31　主摄像接口 J1901 位置图

第12章

功能电路故障维修

智能手机的功能电路是为实现部分功能应用而设计的电路，不同的手机，其功能电路和设计也各不相同。例如：WiFi/蓝牙电路、NFC电路、GPS电路、红外线电路等。本章主要介绍这些功能电路的原理和故障维修方法。

第1节　NFC 电路原理分析　▶

NFC（Near Field Communication，近场通信），又称近距离无线通信，是一种短距离的高频无线通信技术，允许电子设备之间进行非接触式点对点数据传输，在 10cm（3.9in）内交换数据。

这个技术由非接触式射频识别（RFID）演变而来，由飞利浦半导体（现恩智浦半导体）、诺基亚和索尼共同研制开发，其基础是RFID及互连技术。近场通信是一种短距高频的无线电技术，在 13.56MHz频率运行于 20cm距离内。

12.1.1　NFC 的工作模式

NFC支持如下 3 种工作模式：读卡器模式（Reader/Writer Mode）、仿真卡模式（Card Emulation Mode）、点对点模式（P2P Mode）。

1. 读卡器模式

数据在NFC芯片中，可以简单地理解成"刷标签"。本质上就是通过支持NFC的手机或其他电子设备从带有NFC芯片的标签、贴纸、名片等媒介中读写信息。

通常NFC标签是不需要外部供电的。当支持NFC的外设向NFC读写数据时，它会发送某种磁场，而这个磁场会自动地向NFC标签供电。

2. 仿真卡模式

数据在支持NFC的手机或其他电子设备中，可以简单地理解成"刷手机"。本质上就是将支持NFC的手机或其他电子设备当成借记卡、公交卡、门禁卡等IC卡使用。基本原理是将相应IC卡中的信息凭证封装成数据包存储在支持NFC的外设中。

在使用时还需要一个NFC射频器（相当于刷卡器）。将手机靠近NFC射频器，手机就会接收到NFC射频器发过来的信号，在通过一系列复杂的验证后，将IC卡的相应信息传入NFC射频器，最后这些IC卡数据会传入NFC射频器连接的电脑，并进行相应的处理（如电子转账、开门等操作）。

3. 点对点模式

该模式与蓝牙、红外差不多，用于不同NFC设备之间进行数据交换，不过这个模式已经没有"刷"的感觉了。其有效距离一般不能超过 4cm，但传输建立速度要比红外和蓝牙技术快很多，传输速度比红外快得多，如果双方都使用Android操作系统，NFC会直接利用蓝牙传输，这种技术被称为Android Beam，所以使用Android Beam传输数据的两部设备不再限于4cm之内。

点对点模式的典型应用是两部支持NFC的手机或平板电脑实现数据的点对点传输，例如，交换图片或同步设备联系人。因此，通过NFC多个设备如数字相机、计算机、手机之间都可以快速连接并交换资料或者服务。

12.1.2　NFC 的工作原理

NFC模块可以在主动或被动模式下交换数据。在被动模式下，启动NFC通信的设备（也称为NFC发起设备，主模块），在整个通信过程中提供射频场（RF-field），其中传输速度是可选的，将数据发送到另一台模块。另一台模块称为NFC目标模块（从模块），不必产生射频场，而使用负载调制（Load Modulation）技术，即可以相同的速度将数据传回发起设备。此通信机制与非接触式智能卡兼容，因此，NFC发起模块在主动模式下，可以用相同的连接和初始化过程检测非接触式智能卡或NFC目标模块，并与之建立联系。

当NFC模块工作在主动模式下，和RFID读取器操作中一样，此芯片完全由MCU控制。MCU激活此芯片并将模式选择写入ISO控制寄存器，MCU使用RF冲突避免命令，所以它不用承担任何实时任务。每台NFC模块要向另一台NFC模块发送数据时，都必须产生自己的射频场。

如图 12-1 所示，发起模块和目标模块都要产生自己的射频场，以便进行通信，这是对等网络通信的标准模式，可以获得非常快速的连接设置。

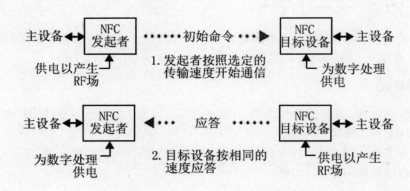

图 12-1　NFC 主动通信模式

当NFC模块工作在被动模式下时，此模块通常处于断电或者待机模式，可以大幅降低功耗，并延长电池寿命。在一个应用会话过程中，NFC模块可以在发起模块和目标模块之间切换自己的角色，利用这项功能，电池电量较低的设备可以要求以被动模式充当目标设备，而不是发起设备，如图 12-2 所示。

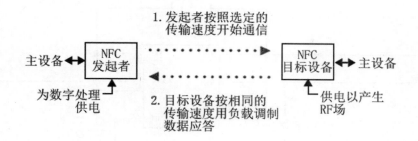

图 12-2　NFC 被动通信模式

12.1.3　SWP 协议

SWP（Single Wire Protocol，单线协议）连接方案基于ETSI（欧洲电信标准协会）的SWP标准，该标准规定了SIM卡和NFC芯片之间的通信接口。

SWP是在一根单线上实现全双工通信，即S1 和S2 这两个方向的信号，如图 12-3 所示。

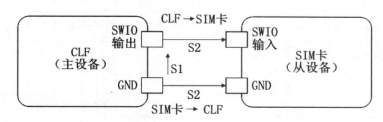

图 12-3　SWP 单线通信方式

通信的双方是UICC（Universal Integrated Circuit Card，通用集成芯片卡）和CLF（Contactless Front end，非接前端）。S1 是电压信号，SIM卡通过电压表检测S1 信号的高低电平，采用电平宽度调制；S2 信号是电流信号，采用负载调制方式。S2 信号必须在S1 信号为高电平时才有效，S1 信号为高电平时导通其内部的一个三极管，S2 信号才可以传输。S1 信号和S2 信号叠加在一起，在一条单线上实现全双工通信。

12.1.4　华为 nove 5 Pro 手机 NFC 电路原理分析

下面以华为nove 5 Pro手机为例，分析NFC电路的工作原理。

在NFC电路中，有三路供电为NFC芯片提供供电电压，分别是VOUT18_1V8、VBAT_SYS、VBST_5V。其中供电电压VBST_5V使用了一个单独的升压模块U3902，其如图 12-4 所示。

NFC电路原理图如图 12-5 所示。

电源启动信号PMU_NFC_ON送到NFC芯片U3901 的H1 脚，时钟信号NFC_CLK_REQ送到U3901 的B1 脚，应用处理器通过I²C总线控制U3901 开始工作。

NFC芯片U3901 通过SPI总线与应用处理器进行数据传输，通过SWP协议进行数据传输。

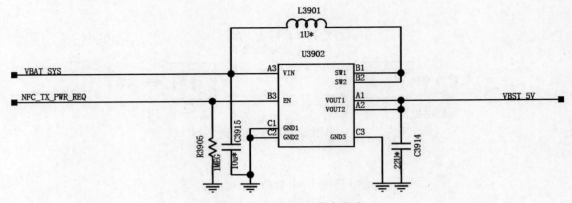

图 12-4　VBST_5V 供电电路

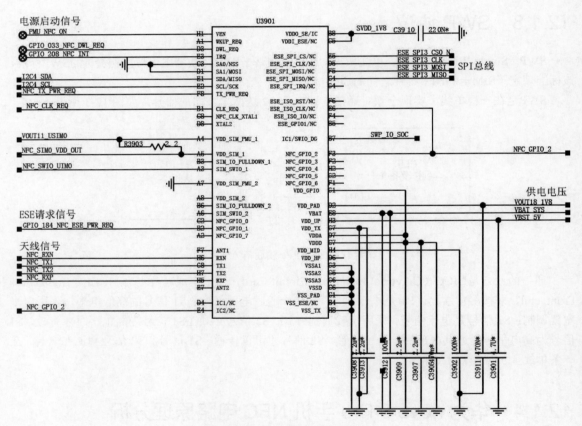

图 12-5　NFC 电路原理图

NFC射频天线电路如图 12-6 所示。

NFC天线信号经接口J8001、J8002 接收以后，经过U8001 组成的巴伦电路滤除杂波，巴伦电路有高增益、抗电磁干扰、抗电源噪声、抗地噪声能力很高、抑制偶次谐波等优点，在射频电路中应用较多。

NFC射频天线信号经NFC_RXN、NFC_TX2、NFC_TX1、NFC_RXP送到NFC芯片U3901 的内部进行处理。

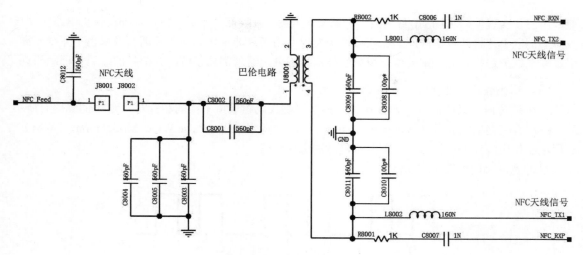

图 12-6　NFC 射频天线电路

第2节　红外线遥控电路原理分析

本节首先介绍红外线遥控的基础知识，然后通过具体手机为例介绍其红外遥控电路的工作原理。

12.2.1　红外线遥控电路基础

1．红外遥控技术

红外遥控技术是通过红外技术、红外通信技术和遥控技术的结合实现的一种无线控制技术。由于红外线的波长较短，对障碍物的衍射能力较差，无法穿透墙壁，所以红外遥控技术更适合应用在短距离直线控制的场合。也正是这样，放置在不同房间的家用电器可使用通用的遥控器而不会产生相互干扰。

红外遥控所需传输的数据量较小，一般仅为几个至几十个字节的控制码，传输距离一般小于10m，因其功耗小、成本低、易实现等诸多优点被广泛应用于电视机、机顶盒、DVD播放器、功放、空调等家用电器的遥控。

2．手机红外遥控功能

部分智能手机也配置了红外遥控功能（即安装红了外发射器），安装了红外发射器的智能手机，可以拿来当遥控器使用，而且还能用一部手机遥控许多家电。

具有红外功能的智能手机的顶部，有的镶嵌一个或多个小灯泡，有的是一小片黑色盖子，这个黑盖子对红外线来说是透明的，只是人的肉眼看不穿它。红外遥控带着灯泡就像一支手电筒，红外光照到哪里，哪里的电器才会接收响应，这决定了红外遥控的三个特性：遥控器须对准电器才有反应；遥控器不能距离电器太远，最好是 5m 之内；遥控器与电器之间不能有障碍物。

3．红外发射原理简介

通用红外遥控系统主要由发射和接收两大部分组成。发射部分包括单片机芯片或红外遥控发射专用芯片实现编码和调制,红外发射电路实现发射;接收部分包括一体化红外接收头电路实现接收和解调,单片机芯片实现解码。红外遥控发射专用芯片非常多,编码及调制频率也不完全一样。手机实现红外遥控功能,主要就是发射红外信号部分,这就需要了解红外信号的编码和调制原理。

(1)红外遥控二进制信号的编码

红外遥控器发射的信号由一串 0 和 1 的二进制代码组成,不同的芯片对 0 和 1 的编码有所不同,通常有曼彻斯特编码(Manchester Code)和脉冲宽度编码(Pulse Width Modulation,PWM)。家用电器使用的红外遥控器绝大部分都是脉冲宽度编码。

脉冲宽度编码如图 12-7 所示。

图 12-7 脉冲宽度编码

(2)红外遥控二进制信号的调制

二进制信号的调制由发送单片机芯片或红外遥控发射专用芯片来完成,把编码后的二进制信号调制成频率为 38kHz 的间断脉冲串,相当于用二进制信号的编码乘以频率为 38kHz 的脉冲信号得到的间断脉冲串,即是调制后用于红外发射二极管发送的信号。

通用红外遥控器里面常用的红外遥控发射专用芯片载波频率为 38kHz,这是由发射端所使用的 455kHz 陶瓷晶振来决定的。在发射端对晶振进行整数分频,分频系数一般取 12,所以 455kHz ÷12≈37.9kHz≈38kHz。

4.NEC 编码协议

在日常家用电器中,NEC编码是比较常见的一种编码协议,通用红外遥控器发出的一串二进制代码按功能可以分为引导码、用户码(16 位)、数据码(8 位)、数据反码(8 位)和结束位,编码共占 32 位,如图 12-8 所示。

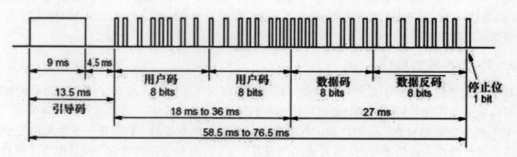

图 12-8 二进制代码功能

其中,引导码由一个 9ms 的 38kHz 载波起始码和一个 4.5ms的无载波低电平结果码组成。用户码由低 8 位和高 8 位组成(用户码高 8 位和低 8 位可采用原码与反码的方式,可用于纠错,但也可直接是 16 位的原码方式),不同的遥控器有不同的用户码,避免不同设备间产生干扰,用户码又称为地址码或系统码。数据码采用原码和反码方式重复发送,编码时用于对数据的纠错,遥控

器发射编码时，低位在前，高位在后。结束位是 0.56ms 的 38kHz 载波。而其中的 0 码由 0.56ms 的
38kHz 载波和 0.56ms 的无载波低电平组合而成，脉冲宽度为 1.125ms，1 码由 0.56ms 的 38kHz 载波
和 1.69ms 的无载波低电平组合而成，脉冲宽度为 2.25ms。

0 码和 1 码电平组合如图 12-9 所示。

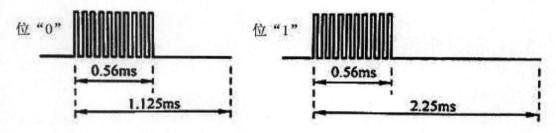

图 12-9　0 码和 1 码电平组合

12.2.2　红米 note 5 红外线遥控电路原理分析

下面以红米 note 5 手机为例介绍红外线遥控电路的原理，其红外线遥控电路如图 12-10 所示。

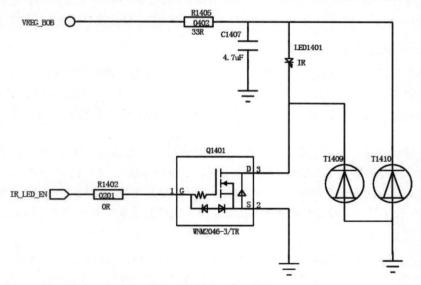

图 12-10　红外线遥控电路

LED1401 是红外发射二极管，红外发射二极管由红外辐射效率高的材料（常用砷化镓 GaAs）
制成 PN 结，外加正向偏压向 PN 结注入电流激发红外光。光谱功率分布为中心波长 830nm～950nm，
半峰带宽约 40nm。在电路中使用了一个 33Ω 的限流电阻，以避免红外发射二极管因过流而烧毁。

应用处理器送过来的 38kHz 的脉冲调制信号送到场效应管 Q1401 的 G 极，推动 LED1401 发出红
外线信号，T1409、T1410 为保护二极管。

第3节 蓝牙、WiFi、GPS 电路基础

本节首先介绍蓝牙、WiFi、GPS电路的基础知识，然后以实际手机为例介绍其电路的工作原理。

12.3.1 蓝牙电路基础

1．什么是蓝牙

蓝牙（Bluetooth®）是一种无线技术标准，可实现固定设备、移动设备和楼宇个人域网之间的短距离数据交换。例如我们常用的蓝牙耳机、蓝牙音响等就是通过蓝牙技术播放音乐的。

目前蓝牙最新的标准是蓝牙 5.0，蓝牙 5.0 是由蓝牙技术联盟在 2016 年提出的蓝牙技术标准，其针对低功耗设备速度有相应的提升和优化，并结合WiFi对室内位置进行辅助定位，提高了传输速度，增加了有效工作距离。

2．蓝牙工作频段

蓝牙技术使用了从 2.4GHz~2.48GHz共 80MHz的频段，频段被等分成 40 个信道，每个信道2MHz带宽。40 个信道分别编号为 0~39。其中，37~39 信道为广播信道，其余信道为数据传输信道。

3．自适应跳频技术

蓝牙工作于 2.4GHz~2.48GHz ISM频段，由于该频段频谱异常拥挤（如 802、11b、微波炉、无绳电话等电子设备也使用该频段），因此为了避免频率的相互冲突，蓝牙采用了AFH（Adaptive Frequency Hopping，自适应跳频）、LBT（Listen Before Talk，先听后说）、功率控制等抗干扰措施。

在数据传输的时候，为了减少干扰会将传输的数据分割成数据包，通过 79 个指定的蓝牙频道分别传输，每个频道的频宽为 1 MHz。蓝牙 4.0 使用 2 MHz 间距，可容纳 40 个频道。第一个频道始于 2402MHz，每 1MHz一个频道，至 2480MHz。有了AFH功能，通常每秒可跳 1600 次。

AFH 的实现过程可分为设备识别→信道分类→分类信息交换→执行自适应跳频 4 个步骤。

（1）设备识别

蓝牙设备之间进行互联之前，首先根据链路管理协议（Link Manager Protocol，LMP）交换双方之间的信息，确定双方是否均支持AFH模式，LMP信息中包含了双方应使用的最小信道数。此步骤由主机进行询问，从机回答。

（2）信道分类

首先按照PLRs（Packet Loss Ratios）的门限制、有效载荷的CRC、HEC、FEC误差参数对每一个信道进行评估。从设备测量CRC时，也会自动检测此包的CRC，以决定此包的正误。然后主从设备分别按照LMP的格式形成一份分类表，之后主从设备的跳频会根据此分类表进行。

（3）信道信息交换

主从设备会通过LMP命令通知网络中的所有成员交换AFH的信息，信道被分为好信道、坏信

道、未用信道。主从设备之间联系以确定哪些信道可用，哪些不可用。

（4）执行 AFH

即先进行调频编辑以选择合适的调频频率。由于环境中会存在突发干扰，所以调频的分类表需要进行周期性更新，并且及时进行相互交流。

4．蓝牙时钟

每一个蓝牙设备有一个内部系统时钟，称为蓝牙时钟（Bluetooth Clock）用来决定收发器的时序和跳频。该时钟不会被调整或者关掉。该时钟可以作为一个 28 位计数器使用，其LSB（Least Significant Bit，最低有效位）位的计数周期是 312.5μs，即时钟频率为 3.2kHz。

蓝牙是基于数据包有主从架构的协议，一个主设备至多可和同一网中的 7 个从设备通信，所有设备共享主设备的时钟。分组交换基于主设备定义的以 312.5μs 为间隔运行的基础时钟，两个时钟周期构成一个 625μs 的槽，两个时间隙就构成了一个 1250μs 的缝隙对。在单槽封包的简单情况下，主设备在双数槽发送信息、单数槽接受信息，而从设备则正好相反。封包容量可长达 1、3 或 5 个时间隙，但无论是哪种情况，主设备都会从双数槽开始传输，从设备从单数槽开始传输。

5．iBeacon 微定位

iBeacon微定位是苹果公司开发的一种通过低功耗蓝牙技术（Bluetooth Low Energy，BLE）进行精确的微定位技术。iBeacon的工作方式是，配备有低功耗蓝牙通信功能的设备使用BLE技术向周围发送自己特有的ID，接收到该ID的应用软件会根据该ID采取一些行动。比如，在店铺里设置iBeacon通信模块，便可让iPhone和iPad发送信息告知服务器，或者由服务器向顾客发送折扣券及进店积分。此外，还可以在家电发生故障或停止工作时使用iBeacon向应用软件发送资讯。

iBeacon使用的是BLE技术，具体而言，利用的是BLE中名为"通告帧"的广播帧。通告帧是定期发送的帧，只要是支持BLE的设备就可以接收到。iBeacon通过在这种通告帧的有效负载部分嵌入苹果自主格式的数据来实现。

iBeacon的工作原理类似之前的蓝牙技术，由iBeacon发射信号，iOS设备定位接受，反馈信号。根据这项简单的定位技术可以做出许多的相应技术的应用。

一套iBeacon的部署由一个或多个在一定范围内发射传输它们唯一的识别码iBeacon信标设备组成。接收设备上的软件可以查找iBeacon并实现多种功能，比如通知用户，接收设备也可以通过链接iBeacons从iBeacon的通用属性配置服务来恢复价值。iBeacons不推送通知给接收设备（除了它们自己的ID），然后，手机软件可以使用从iBeacons接收到的信号来推送通知。

12.3.2　WiFi 电路基础

1．什么是 WiFi

WiFi（Wireless Fidelity）是一种可以将个人电脑、手持设备（如智能终端、手机）等终端以无线方式互相连接的技术，通常使用 2.4GHz UHF或 5GHz SHF ISM 射频频段。

2．WiFi 的工作原理

WiFi就是一种无线联网技术，之前需要通过网络来连接电脑，而WiFi则可以通过无线电波来联网，常用的无线路由器电波覆盖的有效范围都可以采用WiFi连接方式进行联网。如果无线路由器连接了一条ADSL线路或者别的上网线路，则该路由器又被称为"热点"。

一般架设无线网络的基本配备就是无线网卡及一台AP，如此便能以无线的模式配合既有的有线架构来分享网络资源，架设费用和复杂程度远远低于传统的有线网络。如果只是几台计算机的对等网，也可不要AP，只需要每台电脑配备无线网卡即可。

AP为Access Point的简称，一般翻译为"无线访问接入点"或"桥接器"，它主要的作用是在媒体存取控制层MAC中扮演无线工作站及有线局域网络的桥梁。有了AP，就像一般有线网络的Hub一般，无线工作站可以快速且轻易地与网络相连。特别是宽带的使用，无线联网更显优势，有线宽带网络（ADSL、小区LAN等）到户后，连接到一个AP，然后在电脑中安装一块无线网卡即可。普通的家庭有一个AP已经足够，甚至用户的邻里得到授权后，无须增加端口，也能以共享的方式上网。

WiFi所遵循的802.11标准是以前军方所使用的无线电通信技术，且至今还是美军军方通信器材对抗电子干扰的重要通信技术。因为，WiFi中所采用的SS（Spread Spectrum，展频）技术具有非常优良的抗干扰能力，并且当需要反跟踪、反窃听时具有很出色的效果，所以不需要担心WiFi技术不能提供稳定的网络服务。

一句话简单概况WiFi的通信原理，采用2.4GHz频段实现基站与终端的点对点无线通信，链路层采用以太网协议为核心，以实现信息传输的寻址和校验，可以实现通信距离从几十米到两、三百米的多设备无线组网。

12.3.3 GPS电路基础

1. 什么是GPS

GPS（Global Positioning System，全球定位系统）又称全球卫星定位系统，是一个中距离圆型轨道卫星导航系统。它可以为地球表面绝大部分地区（98%）提供准确的定位、测速和高精度的时间标准，系统由美国国防部研制和维护，可满足位于全球任何地方或近地空间的军事用户连续精确的确定三维位置、三维运动和时间的需要。

该系统包括太空中的24颗GPS卫星，地面上1个主控站、3个数据注入站和5个监测站及作为用户端的GPS接收机。最少只需其中3颗卫星，就能迅速确定用户端在地球上所处的位置及海拔高度，所能收联接到的卫星数越多，解码出来的位置就越精确。

2. GPS的工作原理

GPS导航系统的基本原理是测量出已知位置的卫星到用户接收机之间的距离，然后综合多颗卫星的数据就可知道接收机的具体位置。要达到这一目的，卫星的位置可以根据星载时钟所记录的时间在卫星星历中查出，而用户到卫星的距离则通过记录卫星信号传播到用户所经历的时间，再将其乘以光速得到（由于大气层电离层的干扰，这一距离并不是用户与卫星之间的真实距离，而是伪距（PR），当GPS卫星正常工作时，会不断地用1和0二进制码元组成的伪随机码（简称伪码）发射导航电文。

GPS系统使用的伪码一共有两种，分别是民用的C/A码和军用的P（Y）码。C/A码频率为1.023MHz，重复周期1ms（毫秒），码间距1μs，相当于300m；P码频率为10.23MHz，重复周期

266.4 天，码间距 0.1μs，相当于 30m，而Y码是在P码的基础上形成的，保密性能更佳。

导航电文包括卫星星历、工作状况、时钟改正、电离层时延修正、大气折射修正等信息。它是从卫星信号中解调制出来，以 50bps调制在载频上发射的。导航电文每个主帧中包含 5 个子帧，每帧长 6s。前三帧各 10 个字码，每 30s重复一次，每小时更新一次，后两帧共 15000b。导航电文中的内容主要有遥测码、转换码和第 1、2、3 数据块，其中最重要的则为星历数据。

当用户接收到导航电文时，提取出卫星时间并将其与自己的时钟做对比便可得知卫星与用户的距离，再利用导航电文中的卫星星历数据推算出卫星发射电文时所处位置，用户在WGS-84 大地坐标系中的位置速度等信息便可得知。

第 4 节　华为nove 5 手机蓝牙、WiFi、GPS 电路原理分析

在智能手机中，一般是将WiFi电路和蓝牙电路集成在一个芯片里面，这样做的好处是，因为WiFi电路和蓝牙电路的工作频率都是 2.4GHz，而且有部分电路是共用的，无论从设计角度还是使用角度来讲都符合常理。当然，随着技术的发展，WiFi电路也采用了 5G技术，但是仍然是将WiFi电路和蓝牙电路集成在一起。

在华为nove 5 手机中，使用了单独的芯片将蓝牙、WiFi、GPS电路全部集成在一起。下面我们以华为nove 5 手机为例，分析蓝牙、WiFi、GPS电路的工作原理。

12.4.1　天线电路

天线电路如图 12-11 所示。

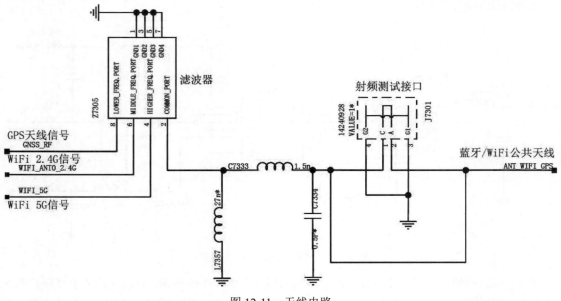

图 12-11　天线电路

蓝牙、WiFi、GPS使用一个天线完成信号的收发工作，蓝牙、WiFi、GPS公共天线接收信号以后，经过射频测试接口J7301、π 型滤波器送到滤波器Z7305 内部。

在滤波器Z7305内部，将WiFi 2.4G信号、WiFi 5G信号、GPS天线信号分别滤波后输出，其中蓝牙信号与WiFi 2.4G信号共用。

12.4.2　WiFi 电路原理分析

1．WiFi 2.4G 天线收发电路

WiFi 2.4GHz信号WiFi_ANT0_2.4G经过 π 型滤波器、2.4G滤波器后，输出WB_RF_RFIO_2G信号，送到蓝牙、WiFi、GPS电路U7100 的D1 脚。

WiFi 2.4G滤波电路如图 12-12 所示。

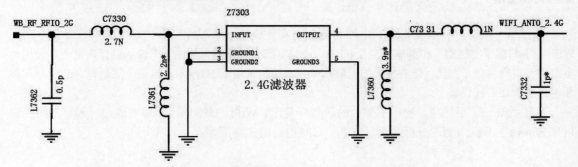

图 12-12　WiFi 2.4G 滤波电路

2．WiFi 5G 天线收发电路

WiFi 5G天线收发电路如图 12-13 所示。

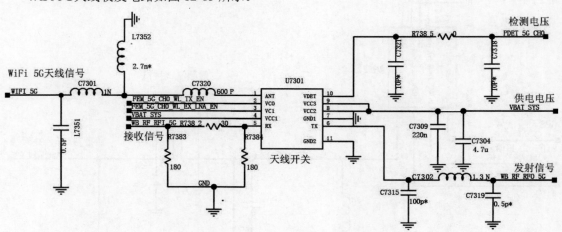

图 12-13　WiFi 5G 天线收发电路

WiFi 5G天线信号经过 π 型滤波器后，送到天线开关U7301 的内部，U7301 内部有低噪声放大器电路完成WiFi 5G接收信号的低噪声放大，FEM_5G_CH0_WL_EX_LNA_EN是低噪声放大器电路的使能信号，WiFi 5G接收信号从U7301 的 5 脚输出WB_RF_RFI_5G信号；WiFi 5G发射信号WB_RF_RFO_5G送到U7301 的 6 脚，FEM_5G_CH0_WL_TX_EN为发射使能信号。

供电电压VBAT_SYS送到U7301 的 8、9 脚，U7301 的 10 脚为检测电压脚。

3. WiFi 信号处理电路

WiFi信号处理电路如图 12-14 所示。

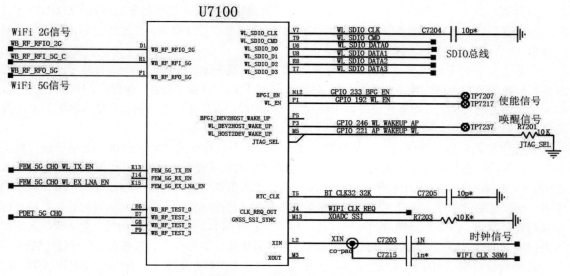

图 12-14　WiFi 信号处理电路

WiFi 2G接收信号送到U7100 的D1 脚，WiFi 5G接收信号送到U7100 的H1 脚，WiFi 5G发射信号从U7100 的F1 脚输出。

WiFi时钟信号送到U7100 的L2 脚，为U7100 提供基准时钟信号。

当在手机菜单中打开WiFi菜单功能时，应用处理器通过GPIO_221_AP_WAKEUP_WL唤醒U7100 内部的WiFi电路，WiFi电路开始工作，应用处理器通过SDIO总线（WL_SDIO_CMD、WL_SDIO_DATA0、WL_SDIO_DATA1、WL_SDIO_DATA2、WL_SDIO_DATA3）控制U7100 的工作。

12.4.3　蓝牙电路原理分析

蓝牙信号处理电路如图 12-15 所示。

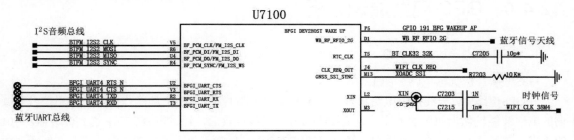

图 12-15　蓝牙信号处理电路

蓝牙技术规定每一对设备之间进行蓝牙通信时，必须一个为主角色，另一个为从角色，通信时必须由主端进行查找，发起配对。应用处理器向蓝牙发出唤醒信号GPIO_191_BFG_WAKEUP_AP，然后从U7100 的D1 脚送出蓝牙无线连接的请求信号，通过带通滤波网络天线向四周传出去，蓝牙模块以无线电波查询方式扫描，扫描周围是否有蓝牙设备。附近的蓝牙设备收到手机发出的无线电波信号后，就会送出一个分组信息来响应手机的请求，这个信息包括手机和对方之间建立连接所需的一切信息，但此时还不是处于数据通信状态，只有通过手机操作进行蓝牙连接，从U7100 的D1脚送出寻呼信息，在对方设备做出回应后，它们之间的通信连接才建立。建链成功后，双方即可收发数据。

理论上，一个蓝牙主端设备可同时与 7 个蓝牙从端设备进行通信，一个具备蓝牙通信功能的设备可以在两个角色间切换，平时工作在从模式，等待其他主设备来连接，需要时，转换为主模式，向其他设备发起呼叫。一个蓝牙设备以主模式发起呼叫时，需要知道对方的蓝牙地址和配对密码等信息，配对完成后，可直接发起呼叫。

蓝牙主端设备发起呼叫，首先是查找，找出周围处于可被查找的蓝牙设备。主端设备找到从端蓝牙设备后，与从端蓝牙设备进行配对，此时需要输入从端设备的PIN码（也有设备不需要输入PIN码）。配对完成后，从端蓝牙设备会记录主端设备的信任信息，此时主端即可向从端设备发起呼叫，已配对的设备在下次呼叫时，不再需要重新配对（已配对的设备，作为从端的蓝牙耳机也可以发起建链请求，但做数据通信的蓝牙模块一般不发起呼叫）。链路建立成功后，主从两端之间即可进行双向的数据或语音通信。在通信状态下，主端和从端设备都可以发起断链（断开蓝牙链路）。

蓝牙数据传输应用中，通过UART串行总线（BFGI_UART4_RTS_N、BFGI_UART4_CTS_N、BFGI_UART4_TXD、BFGI_UART4_RXD）控制WLAN_RF做出相应的反应。

蓝牙接收信号在U7100 内进行处理，解调的信号通过I²S总线（BTFM_I2S2_CLK、BTFM_I2S2_MOSI、BTFM_I2S2_MISO、BTFM_I2S2_SYNC）送入应用处理器内部进行处理。

蓝牙的数据传输率为1Mbps，采用数据包的形式按时隙传送，每时隙0.625μs。蓝牙系统支持实时同步定向联接和非实时的异步不定向联接，蓝牙技术支持一个异步数据通道，3 个并发的同步语音通道或一个同时传送异步数据和同步语音通道。每一个语音通道支持 64kbps的同步语音，异步通道支持最大速率为 721kbps，反向应答速度为 57.6kbps的非对称连接，或者是速率为 432.6kbps的对称连接。

跳频是蓝牙使用的关键技术之一。对应单时隙包，蓝牙的跳频速率为 1600 跳/s；对于多时隙包，跳频速率有所降低；但在建链时则提高为 3200 跳/s。使用这样高的调频速率，蓝牙系统具有足够高的抗干扰能力。

12.4.4　GPS 电路原理分析

1. GPS 低噪声放大器电路

GPS低噪声放大器电路如图 12-16 所示。

在GPS电路中，天线接收电路与蓝牙和WiFi接收电路共用，GPS天线的作用是将卫星信号极微弱的电磁波能转化为相应的电流，天线接收信号从天线接收后，经过电容C7719 送到滤波器Z7701的 1 脚，然后从Z7701 的 4 脚输出，经过电感L7755 送到低噪声放大器U7701 的 5 脚，在低噪声放大器内部进行放大后，从U7701 的 3 脚输出。

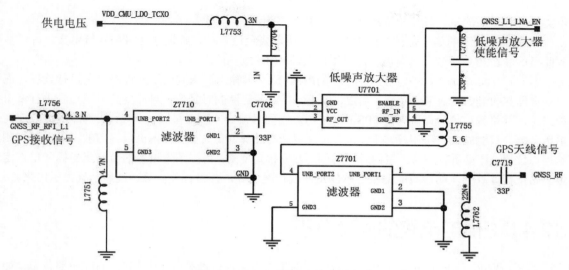

图 12-16　GPS 低噪声放大器电路

在放大微弱信号的场合，放大器自身的噪声对信号的干扰可能很严重，因此希望减小这种噪声，一般采用低噪声放大器来解决这个问题。低噪声放大器是噪声系数很低的放大器，一般用作各类无线电接收机的高频或中频前置放大器（比如GPS、手机、电脑或者iPad里面的WiFi），以及高灵敏度电子探测设备的放大电路。

经低噪声放大器放大后的信号经过电容C7706送到滤波器Z7710的1脚，滤波后的信号从Z7710的 4 脚输出，滤波器的作用是用来抑制频带以外的干扰信号。

2. GPS 信号处理电路

GPS信号处理电路如图 12-17 所示。

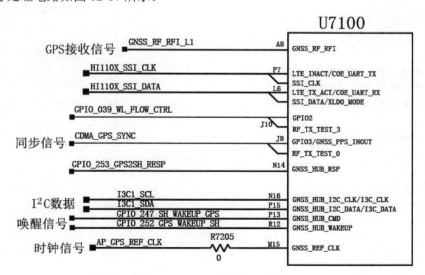

图 12-17　GPS 信号处理电路

经低噪声放大器放大及滤波后的GPS接收信号GNSS_RF_RFI_L1 送到U7100 内部进行处理，GPS信号通道的作用有三个：搜索卫星、索引和跟踪卫星；对广播电文数据信号解扩，解调出广播电文；进行伪距测量、载波相位测量及多普勒频移测量。

从卫星接收到的信号是扩频的调制信号，所以要经过解扩、解调才能得到导航电文。为了达到此目的，在相关通道电路中设有伪码相位跟踪环和载波相位跟踪环。

经过U7100解调的GPS信号从U7100的P15、N16脚输出，送到应用处理器电路进行处理，应用处理器接收到GPS基带信号后，测定、校正、存贮各通道的时延值；对捕捉到卫星信号进行牵引和跟踪，并将基准信号译码得到GPS卫星星历。当同时锁定4颗卫星时，将C/A码伪距观测值连同星历一起计算测站的三维坐标，并按预置位置更新率计算新的位置；根据机内存贮的卫星历书和测站近似位置，计算所有在轨卫星的升降时间、方位和高度角；根据预先设置的航路点坐标和单点定位测站位置计算导航的参数航偏距、航偏角、航行速度等，并将有关信息通过显示屏显示出来。

12.4.5 供电电路的原理分析

蓝牙、WiFi、GPS电路U7100内部有独立的供电电路，负责对蓝牙、WiFi、GPS电路供电，如图12-18所示。

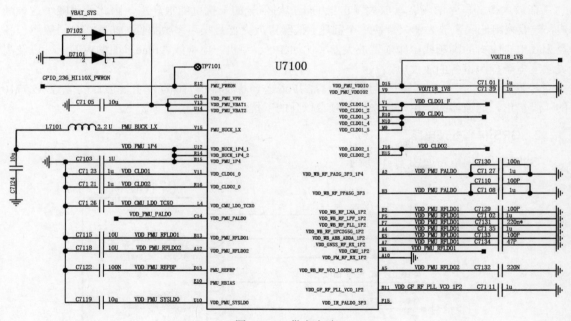

图12-18 供电电路

供电电压VBAT_SYS送到U7100的C16、V13、U14脚，为U7100提供供电电压，GPIO_236_HI110X_PWRON为U7100的启动信号，启动U7100内部供电电路。

第 5 节　接口电路原理分析

本节主要介绍接口的基础知识及电路原理,包括SIM卡电路、Micro SD卡电路及线性马达电路。

12.5.1　SIM 卡电路原理分析

1. 手机 SIM 卡基础知识

SIM（Subscriber Identity Module,客户识别模块）卡也称为智能卡、用户身份识别卡,智能手机必须装上此卡方能使用。它在电脑芯片上存储了数字移动电话客户的信息、加密密钥和用户的电话簿等内容,可供运营商对网络客户身份进行鉴别,并对客户通话时的语音信息进行加密。

（1）SIM 卡的内部结构

SIM卡里边有三种材料,即表面金属线路板、集成电路、黑色保护硬胶。三种材料各司其职,表面金属线路板负责集成电路与手机的传输工作,黑色保护硬胶纯为保护集成电路,而集成电路是整块SIM卡的灵魂所在。一张SIM卡如非刻意破坏折曲,正常使用十年以上完全没有问题。

目前智能手机使用的SIM卡供电分为 3V 与 1.8V 两种,大部分SIM卡的供电为 1.8V,SIM卡必须与相匹配的手机配合使用,即手机产生的SIM卡供电电压与该SIM卡所需的电压相匹配。

SIM卡插入手机后,电源管理电路提供供电给SIM卡内各模块,检测SIM卡存在与否的信号只在开机 3s内产生,当开机检测不到SIM卡存在时,将提示"InsertCard（插入卡）";如果检测到SIM卡已存在,但机卡之间的通信不能实现,会显示"CheckCard（检查卡）";当SIM卡对开机检测信号没有响应时,手机也会提示"InsertCard（插入卡）";当SIM卡在开机使用过程中掉出、由于松动接触不良或使用报废卡时,手机会提示"Bad Card/SIM Error（坏卡/SIM卡错误）"。

（2）SIM 卡的基本功能

①存储用户相关数据

SIM卡存储的数据可分为 4 类:第一类是固定存放的数据,这类数据在ME（Mobile Equipment,移动设备）被出售之前由SIM卡中心写入,包括国际移动用户识别号（IMSI）、鉴权密钥（KI）等;第二类是暂时存放的有关网络的数据,如位置区域识别码（LAI）、移动用户暂时识别码（TMSI）、禁止接入的公共电话网代码等;第三类是相关的业务代码,如个人识别码（PIN）、解锁码（PUK）、计费费率等;第四类是电话号码簿,是手机用户随时输入的电话号码。

②用户PIN的操作和管理

SIM卡本身是通过PIN码来保护的,PIN是一个四位到八位的个人密码,只有当用户输入正确的PIN码时,SIM卡才能被启用,移动终端才能对SIM卡进行存取,也只有PIN认证通过后,用户才能上网通话。

③用户身份鉴权

确认用户身份是否合法,鉴权过程是在网络和SIM卡之间进行的,而鉴权时间一般是在移动终端登记入网和呼叫时。鉴权开始时,网络产生一个 128bit的随机数RAND,经无线电控制信道传送到移动台,SIM卡依据卡中的密钥Ki和算法A3,对接收到的RAND计算出应答信号SRES,并将结果发回网络端，而网络端在鉴权中心查明该用户的密钥Ki，用同样的RAND和算法A3 算出SRES，并与收到的SRES进行比较，如一致，鉴权通过。

④SIM卡中的保密算法及密钥

SIM卡中最敏感的数据是保密算法A3、A8、密钥Ki、PIN、PUK和Kc。A3、A8 算法是在生产SIM卡时写入的，无法读出，PIN码可由用户在手机上自己设定，PUK码由运营者持有，Kc是在加密过程中由Ki导出的。

2. SIM 卡电路的工作原理

在本节中，以华为nove 5 手机SIM卡电路为例，分析SIM卡电路的工作原理。

手机与SIM卡电路的通信属于异步半双工模式，根据手机工作模式的不同，SIM卡使用3.25MHz或1.083MHz的信号作为SIM卡时钟信号。不论是使用 1.8V的SIM卡还是 3V的SIM卡，SIM卡的时钟信号的频率都是 3.25MHz。SIM卡接口电路的启动与关闭由应用处理器内部电路控制，当检测到SIM卡被安装在手机上时，启动应用处理器内部的SIM卡接口电路。SIM卡电源、SIM卡数据信号及SIM卡复位信号的电压幅度根据SIM卡的类型而不同，信号的电压幅度大概为 $0.9 \times$ SIM卡电源幅度。

华为nove 5 SIM卡电路如图 12-19 所示。

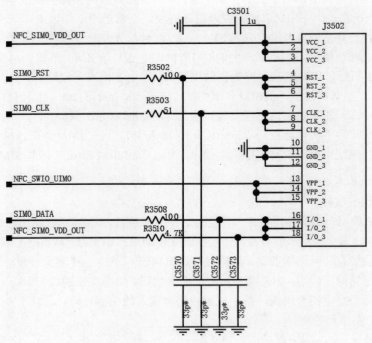

图 12-19　SIM 卡电路

应用处理器输出SIM卡供电电压NFC_SIM0_VDD_OUT到SIM卡座J3502 的 1、2、3 脚；应用处理器输出SIM卡复位信号SIM0_RST到SIM卡座J3502 的 4、5、6 脚；应用处理器输出SIM卡时钟信号SIM0_CLK到SIM卡座J3502 的 7、8、9 脚；SIM卡通过数据信号SIM0_DATA与应用处理器进行通信。

支持NFC功能的SIM卡通过NFC_SWIO_UIM0 与NFC电路进行通信。

12.5.2　Micro SD 卡电路原理分析

1. Micro SD 卡基础知识

（1）Micro SD 卡介绍

当智能手机存储空间不够用或将近耗尽时，在众多能够提升存储空间的办法之中，大多数人选择的是插入Micro SD卡，以此扩展额外的存储空间。

并非所有的智能手机和平板电脑都支持Micro SD卡，例如iPhone和iPad就不支持，但是市面上Android手机都支持Micro SD卡扩展。现在很多手机都是"Micro SD+SIM卡"二合一，就是在Nano SIM卡的卡托上也单独提供了放置Micro SD卡的位置，如图 12-20 所示。

（2）Micro SD 卡引脚功能

Micro SD卡有 8 个引脚与TF卡连接器进行连接，Micro SD卡触点如图 12-21 所示。

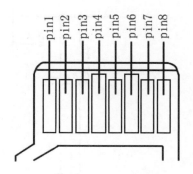

图 12-20　Micro SD+SIM 卡二合一　　　　图 12-21　Micro SD 卡的触点

Micro SD卡连接器引脚功能如表 12-1 所示。

表 12-1　Micro SD 卡连接器引脚功能

引脚编号	名称	类型	说明
1	DAT2	I/O	数据位[2]
2	CD/DAT3	I/O	数据位[3]
3	CMD	I/O	指令应答
4	VDD	电源	电源
5	CLK	输入	时钟
6	VSS	零线	电源零线
7	DAT0	I/O	数据位[0]
8	DAT1	I/O	数据位[1]

（3）Micro SD 卡检测原理

当插入Micro SD卡的时候，Micro SD卡将卡检测触点碰触闭合，然后输入到应用处理器一个检测信号，应用处理器检测到有Micro SD卡插入的时候，开始读取Micro SD卡内部资料。Micro SD卡的检测原理如图 12-22 所示。

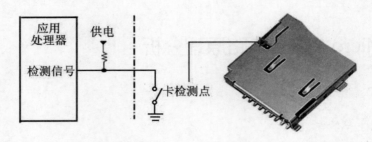

图 12-22 Micro SD 卡的检测原理

2. Micro SD 卡电路的工作原理

Micro SD卡电路如图 12-23 所示。

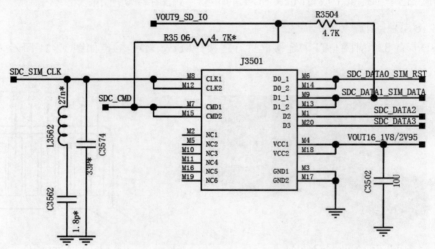

图 12-23 Micro SD 卡电路

当有Micro SD卡插入卡槽的时候，供电VOUT16_1V8/2V95 提供 2.95V供电电压送到J3501 的 M4、M18 脚，为Micro SD 卡提供供电。

应用处理器时钟信号 SDC_SIM_CLK 送到 J3501 的 M8 、M12 脚，复位信号 SDC_DATA0_SIM_RST送到J3501 的M6、M14 脚。

应用处理器通过SDC_CMD信号发送指令查看是何种类型的Micro SD卡，是单线还是多线，如果是单线就用SDC_CMD通信，如果支持多线就用 SDC_DATA1_SIM_DATA、SDC_DATA2、SDC_DATA3 进行通信。

Micro SD卡检测电路如图 12-24 所示。

当插入Micro SD卡的时候，将检测的卡信号GPIO_206_SIM_SD_DET送到应用处理器电路，应用处理器检测到有Micro SD卡插入的时候，开始读取Micro SD卡内部资料。

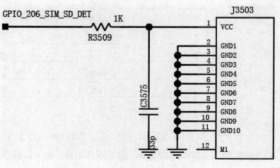

图 12-24 Micro SD 卡检测电路

12.5.3 线性马达电路原理分析

1. 线性马达基础知识

在中高端智能手机中，使用了一个比较新奇的器件——线性马达，手机线性马达实际上是一个以线性形式运动的弹簧质量块，它是可将电能直接转换成直线运动的机械能而无须通过中间任何转换装置的新型马达。由于弹簧常量的原因，线性马达必须围绕共振频率在窄带（±2Hz）范围内驱动，振动性能在 2Hz 处会下降 50%。另外，在共振状态下驱动时，电源电流可锐降 50%，因此在共振状态下驱动可以大幅节省系统功耗。

如果将线性马达比作是一辆高速运动车，普通的震动马达相当于价格实惠的紧凑型汽车。在 0~100km 的加速上，运动车的爆发力足以将后者远远甩在身后，并且在同时踩下刹车时，前者可以更快地制动，这也是线性马达的一项重要指标。也就是当用户手指按到屏幕上，线性马达可做出快速响应，同时在需要停止时又能以最快的速度刹车，这也是使线性马达越来越多地被一线品牌手机所采用的原因。

线性马达的实物图如图 12-25 所示。

图 12-25　线性马达

2. 线性马达电路原理分析

这里以 iPhone 手机为例，分析线性马达电路的工作原理。

在线性马达驱动电路中，使用了和音频放大电路相同的芯片，工作原理及外围元器件差不多，唯一的区别是，输入的是触觉反馈信号，输出的是线性马达驱动信号。

线性马达驱动电路如图 12-26 所示。

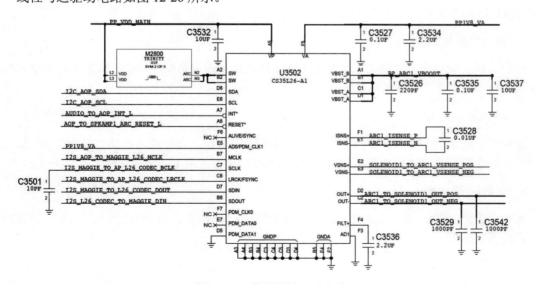

图 12-26　线性马达驱动电路

线性马达驱动电路的工作由 U3502 完成，U3502 供电有三路，一路是 PP1V8_VA，送到 U3502

的F5脚；另一路是PP_VDD_MAIN，送到U3502的A5脚；另一路是PP_VDD_MAIN电压经过由电感组件M2800及U3502组成的BOOST升压电路，然后送入到U3502的A2、B2脚，U3502的A1、B1、C1、D1脚外接的C3526、C3535、C3537是BOOST升压电路的滤波电容。

供电正常后，应用处理器向U3502发出复位信号AP_TO_SPKAMP2_RESET_L，U3502开始工作时，先向应用处理器发出一个中断信号AUDIO_TO_AOP_INT_L，应用处理器通过I²C总线I²C2_AP_SDA、I2C2_AP_SCL控制U3402的工作。

U3402与应用处理器及音频协处理器U3602之间通过I²S总线完成数字音频信号时钟同步，分别是I²S_AOP_TO_MAGGIE_L26_MCLK、I²S_MAGGIE_TO_AP_L26_CODEC_BCLK、I²S_MAGGIE_TO_AP_L26_CODEC_LRCLK。

U3402与音频协处理器U3602之间通过I²S总线完成触觉反馈数据传输，分别是：I²S_MAGGIE_TO_L26_CODEC_DOUT、I²S_L26_CODEC_TO_MAGGIE_DIN。

线性马达驱动信号从U3502的D2、C2脚输出，送到尾插接口J4101的40、42脚，线性马达的检测取样电压从J4101的43、44脚输出，送回到U3502的E2、E3，对线性马达的信号进行取样与检测。

第6节　功能电路故障维修思路与案例

本节首先介绍各功能电路故障维修思路，然后通过故障案例介绍具体的维修方法。

12.6.1　功能电路故障维修思路

对于WiFi、蓝牙、GPS、NFC、红外线电路故障的维修，首先要确认故障范围，这在实际维修中非常重要。WiFi、蓝牙电路如果出现故障，一般会在菜单中显示灰色，无法打开；GPS、NFC、红外线电路故障会导致功能无法使用。

1. 供电电压的测量

使用万用表测量电路的供电电压是否正常，供电是否正常是保证设备正常工作的关键，如果电压不正常，则要检查供电通路元器件。

2. 时钟信号的测量

在WiFi、蓝牙、GPS、NFC电路中，38.4MHz时钟是WiFi、蓝牙的启动和主时钟信号，如果该时钟信号工作不正常，WiFi、蓝牙、GPS、NFC电路则无法正常工作。

3. 天线部分的测量

WiFi、蓝牙、GPS、NFC电路均有天线，如果天线部分不正常，则会引起信号不正常，严重的会造成手机无法工作。

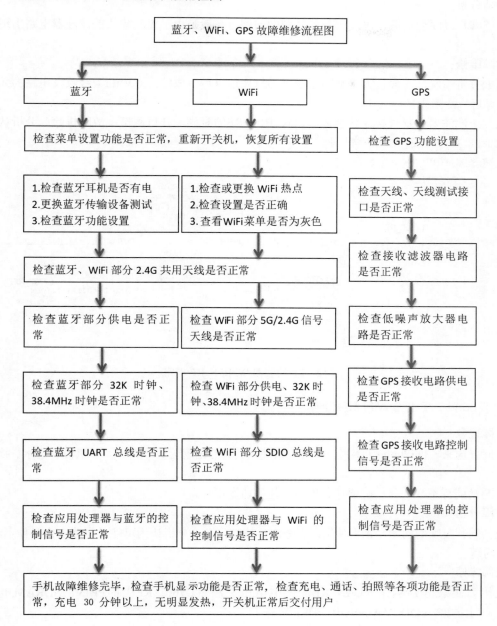

4．蓝牙、WiFi、GPS 故障维修流程图

蓝牙、WiFi、GPS 故障维修流程图

蓝牙	WiFi	GPS
检查菜单设置功能是否正常，重新开关机，恢复所有设置		检查 GPS 功能设置
1.检查蓝牙耳机是否有电 2.更换蓝牙传输设备测试 3.检查蓝牙功能设置	1.检查或更换 WiFi 热点 2.检查设置是否正确 3.查看WiFi菜单是否为灰色	检查天线、天线测试接口是否正常
检查蓝牙、WiFi 部分 2.4G 共用天线是否正常		检查接收滤波器电路是否正常
检查蓝牙部分供电是否正常	检查 WiFi 部分 5G/2.4G 信号天线是否正常	检查低噪声放大器电路是否正常
检查蓝牙部分 32K 时钟、38.4MHz 时钟是否正常	检查 WiFi 部分供电、32K 时钟、38.4MHz 时钟是否正常	检查GPS 接收电路供电是否正常
检查蓝牙 UART 总线是否正常	检查 WiFi 部分 SDIO 总线是否正常	检查 GPS 接收电路控制信号是否正常
检查应用处理器与蓝牙的控制信号是否正常	检查应用处理器与 WiFi 的控制信号是否正常	检查应用处理器的控制信号是否正常

手机故障维修完毕，检查手机显示功能是否正常，检查充电、通话、拍照等各项功能是否正常，充电 30 分钟以上，无明显发热，开关机正常后交付用户

12.6.2 功能电路故障维修案例

1．iPhone 7 手机 WiFi 信号弱故障维修

故障现象：

一客户送修一部iPhone 7 手机，反映手机WiFi信号弱，使用一直正常，摔过一次后出现这样的

问题。

故障分析：

根据客户反映的情况，出现WiFi信号弱的问题，一般是由于WiFi模块的滤波器电路出现问题造成的。

故障维修：

根据分析情况，一般认为该故障是由于手机摔过以后造成的，对WiFi天线收发电路的元器件进行补焊后，故障未排除。

对几个滤波器进行代换，代换滤波器W2BPF_RF的时候，开机测试，故障排除。分析认为滤波器W2BPF_RF损坏造成WiFi信号弱。

滤波器W2BPF_RF电路如图 12-27 所示。

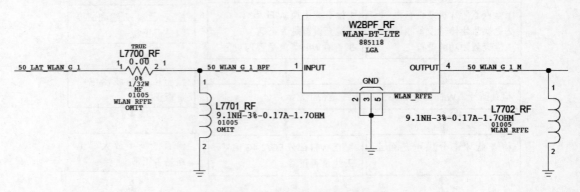

图 12-27　滤波器 W2BPF_RF 电路

2. iPhone 7 手机无 WiFi 故障维修

故障现象：

一同行送来一部iPhone 7 手机，一直正常使用，突然出现无WiFi问题，手机没有进水、摔过问题出现。

WiFi功能打不开，菜单选项是灰色的，其他功能正常。

故障分析：

根据同行反映的问题，正常使用，无进水、摔过问题，分析认为可能是电路工作条件不满足，出现了问题。

故障维修：

使用万用表分别测量WLAN_RF的供电电压，测量C7601_RF上的PP1V8_SDRAM电压、C7602_RF上的PP_VDD_MAIN电压，均正常。

测量C7604上的电压的时候，用万用表表笔一拨动L7600，发现其松动，仔细观察发现已经断裂。L7600为WLAN_RF内部LDO电路的滤波电感，如果开路，则会出现供电不正常现象。

更换L7600 以后，开机测试WiFi功能正常。

L7600 电路图如图 12-28 所示。

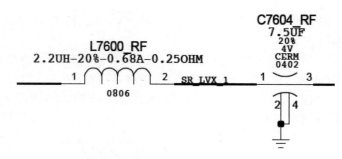

图 12-28　L7600 电路图

3．iPhone 7 手机 NFC 功能失效故障维修

故障现象：

一客户送修一部iPhone 7 手机，反映NFC功能无法使用，开始以为是设置问题，经反复操作后，该功能仍无法使用。

故障分析：

根据客户反映的问题，分析认为故障应该在NFC电路，首先检查NFC电路供电、控制信号是否正常。

故障维修：

拆机仔细观察手机主板，未发现有进水、摔过现象，检查各路供电，发现SE2LDO_RF信号无输出电压，检查输入电压PP_VDD_MAIN及控制信号均正常，更换SE2LDO_RF后，开机测试NFC功能正常。

SE2LDO_RF原理图如图 12-29 所示。

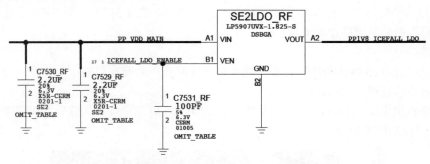

图 12-29　SE2LDO_RF 原理图

4．iPhone 7 手机 NFC 短路引起大电流故障维修

故障现象：

一客户送修一部iPhone 7 手机，反映手机轻微进水后发烫，没敢继续使用。

故障分析：

根据客服反映的问题，分析认为故障应该在供电电路，首先检查各功能电路供电是否正常，重点检查是否存在进水痕迹。

故障维修：

拆机仔细观察手机主板，发现NFC_RF附近有进水痕迹，加电开机，电流在 500mA以上，检查过程中发现NFBST_RF芯片烫手，测量其输出电压为1.1V，正常应为5V。测量C7517_RF的对地二极体值，发现比正常值低很多。

更换NFBST_RF芯片后，故障未排除，更换电容C7517_RF后故障排除，测量发现电容C7517_RF短路，分析认为是由于电容C7517_RF短路造成NFBST_RF芯片发烫。

NFBST_RF芯片是升压电路，输入3.7V，输出5V，给NFC_RF芯片供电。

NFBST_RF芯片原理图如图12-30所示。

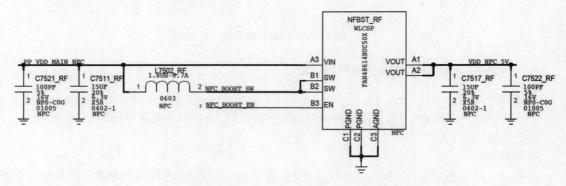

图12-30　NFBST_RF芯片原理图

5. 华为P30手机无蓝牙故障维修

故障现象：

同行送来一部华为P30手机，蓝牙功能无法正常使用，称手机一直正常使用。

故障分析：

根据同行反映的问题，检查发现WiFi功能也无法使用，在华为P30手机中，蓝牙和WiFi共用一个芯片，可能是公共电路出现问题。

故障维修：

拆机检查蓝牙电路周围未发现明显的进水、维修痕迹，主板看起来非常干净，分别测量天线回路、时钟电路未发现异常问题。

检查各路供电电压也正常，更换蓝牙/WiFi模块U5100后，开机测试蓝牙功能正常。

蓝牙/WiFi模块U5100位置如图12-31所示。

图12-31　蓝牙/WiFi模块U5100位置

6．华为 P30 手机 GPS 失灵故障维修

故障现象：

客户送修一部华为P30 手机，称GPS功能失灵，无法正常使用，平时不怎么用，也不知道什么时候出现的问题。

故障分析：

GPS电路和蓝牙、WiFi电路共用一个芯片，首先测试蓝牙和WiFi功能均正常，应该是GPS接收电路问题。

故障维修：

拆机后分别检查GPS接收电路元器件，发现滤波器Z5403 焊盘脱落，短接后，开机测试GPS功能正常。

GPS接收电路如图 12-32 所示。

图 12-32　GPS 接收电路

7．华为 P30 手机闪光灯故障维修

故障现象：

客户送修一部华为P30 手机，手机闪光灯打不开，没有任何反应，一直正常使用，没有磕碰过，也没有进水。

故障分析：

闪光灯电路相对比较简单，主要检查闪光灯、驱动芯片、供电电压、控制信号等是否正常。

故障维修：

单独给闪光灯芯片J1902 加电，闪光灯能够正常点亮，怀疑驱动芯片有问题，检查驱动芯片U1901 的供电电压正常，更换一个驱动芯片后，开机测试闪光灯功能正常。

闪光灯电路如图 12-33 所示。

图 12-33　闪光灯电路

8．iPhone XS Max 手机后置摄像头无法打开，广角和长焦镜头都无法使用

故障现象：

客户送修一部iPhone XS Max手机，后置摄像头无法打开，广角和长焦镜头都无法使用，手机没有维修过。

故障分析：

根据客户反映的情况，分析认为后置摄像头组件可能有问题，主板摄像头电路异常，可以先替换后置摄像头组件。

故障维修：

替换摄像头组件后，故障仍然存在，说明不是摄像头组件问题引起，使用万用表分别测量摄像头接口J3900 对地二极体值，发现 27 脚、28 脚二极体值为无穷大，该两个引脚为 1.1V供电引脚，检查外围电路元件，发现摄像头接口J3900 附近一个电感开路，更换后摄像头功能正常。

摄像头接口J3900 位置如图 12-34 所示。

图 12-34　摄像头接口 J3900 位置

附录

本书教学视频二维码

为方便读者掌握本书内容，随书提供了前 5 章的教学视频，由本书编者侯海亭老师亲自现场讲解、读者扫描下述二维码即可观看。后续各章的教学视频会陆续推出，读者可以访问智能终端技术与应用专业教学资源网站学习（http://jinanzyk.36ve.com）。

第 1 章　智能手机构成

第 1 节　智能手机的机械结构

屏幕组件　　　　摄像头、扬声器、指纹　　　SIM卡、电池　　　主板、外壳、FPC

第 2 节　智能手机的电路结构

整机结构　　　射频处理器、应用处理器　　　其他电路结构

第 3 节　智能手机的操作系统

第2章 智能手机的元器件

第1节 智能手机基本元件

电阻外形结构及电路符号　　　　　电阻工作原理　　　电阻单位及标注方法

电阻在电路中的作用　　　电容外形结构及电路符号　　　电容的工作原理

电容单位及标注方法　电容在电路中的作用　电感的外形结构　电感的电路符号及工作原理

电感的单位及标注方法及在电路中的作用

第2节 智能手机半导体器件

什么是半导体及二极管外形特征　　二极管的电路符号及工作原理　　二极管在电路中的作用

场效应管的外形特征　　　　　场效应管的工作原理及在电路中的作用

第3节　智能手机专用元器件

时钟晶体　　　　　　ESD防护元件　　　　EMI防护元件、麦克风　　受话器和扬声器

第4节　智能手机集成电路

集成电路简介及其封装　　集成电路及其封装　　　　　　手机集成电路

第3章　智能手机维修工具

第1节　焊接设备的使用

常用焊接设备介绍　　　　　焊接辅料　　　手机贴片元件焊接工艺与BGA芯片焊接工艺

第2节　直流稳压电源的使用

直流稳压电源功能介绍与操作方法

第3节　数字式万用表的使用

万用表的选择与数字式万用表介绍　　数字式万用表操作方法与测量三极管　　指针万用表测量场效应管

第4节　数字示波器的使用

数字示波器工作原理　　　　数字示波器面板功能介绍　　　　使用数学示波器测量简单信号

第4章　智能手机故障检查维修方法
第1节　智能手机故障检查方法

观察法　　　　　感温法　　　　　二极体值法　　　　电压法

电流法　　　　信号波形法　　　　黑箱法

第2节　智能手机故障维修方法

清洗法、补焊法　　　　代换法　　　　飞线法、软件法

第 3 节　常见电路故障维修方法

手机供电电路的维修　　手机单元电路的维修

第 5 章　智能手机电路基础

第 1 节　智能手机电路基础知识

电的种类及特性　　　　电路的三种状态　　　　电压和电流

第 2 节　手机电路图的组成及分类

电路图的组成　　　　手机电路图的分类

第 3 节　手机常见电路的元器件符号

手机常见元件符号　　手机特殊器件符号　　手机电路符号

第 4 节　手机电路识图方法

射频处理器电路识图　　应用处理器电路识图　　电源管理电路识图　　音频处理器电路识图

显示、触摸电路识图　　　传感器电路识图　　　功能电路、接口电路识图

第 5 节　手机基础电路分析

电阻电路　　　　　　电容电路　　　　　　电感电路　　　电压比较器、缓冲放大器、
场效应管电路、电子开关电路

第 6 节　手机单元电路识图

单元电路图的功能和特点　　　识别单元电路图

第 7 节　手机点位图使用方法

软件注册